ICIMOD

本书是国际山地综合发展中心
和云南省社会科学院性别
与社会发展研究中心合作研究成果

云南妇女儿童发展研究系列丛书

气候变化影响与适应性社会性别分析

孙大江 赵 群 等/著

GENDER ANALYSIS
OF
CLIMATE CHANGE IMPACTS
AND
ADAPTATIONS
IN
CHINA WITH FOCUS
ON
YUNNAN

SSAP 社会科学文献出版社
SOCIAL SCIENCES ACADEMIC PRESS (CHINA)

本书是喜马拉雅气候变化适应性（HICAP）项目的一部分。该项目由挪威政府（the Government of Norway）和瑞典政府（the Government of Sweden）支持，是国际山地综合发展中心（ICIMOD）、联合国环境署全球资源信息数据库－阿伦达尔中心（Grid-Arendal）、奥斯陆国际气候与环境研究中心（CICERO）和当地伙伴联合开展的合作项目

序

在过去20年，水危机已经上升为全球性危机。气候变化及由此引发的脆弱性更进一步增加了这种威胁。作为水的收集者、使用者和管理者，女性正在花费越来越多的时间寻找水资源，并远距离搬运所需用水。普遍存在的社会不平等意味着妇女通常有更少的方法和更低的能力以应对日益激烈的竞争与气候变化带来的过度负担。

兴都库什－喜马拉雅地区，也被称为“第三极”，是亚洲主要河流的源头，发挥了为高地和低地人口提供重要的生态服务的功能。然而，兴都库什－喜马拉雅地区地质结构的脆弱性也使得这一地区易受各种各样自然地质危害和气候变化的影响。

在中国的云南省，怒江－湄公河上游流域已经见证了气候模式特别是变暖趋势的变化。云南的水资源总量在中国各省份中位列第三。但是自2009年秋至2010年春，云南经历了80多年来创纪录的持续气象干旱。这次百年一遇的严重干旱一直持续至2012年，对数百万人口、大量牲畜和农作物造成广泛影响。近年来，在云南，被这场干旱影响的区域面积不断扩大。在这一背景下，本书就人面对气候变化的脆弱性以及基于性别角色和关系如何应对这变化展开了重要的讨论。

国际山地综合发展中心（ICIMOD）与其合作伙伴开展了为期6年的研究及认知项目——喜马拉雅气候变化适应性（HICAP）项目。该项目的研究横跨兴都库什－喜马拉雅地区的五个流域，包括云南省的怒江－湄公河上游流域。该项目专门针对性别问题与气候变化适应性开展了研究工作。

本书是国际山地综合发展中心与中国合作伙伴的合作成果，给出了一个综合框架，从而以性别的视角分析云南省的气候变化表现形式及相关政策。大量的案例研究突出了实际和潜在的气候变化影响，特别是水对女性脆弱性的压力。利用相关的理论框架和实地研究，参与研究者说明了理解性别问题是如何增进人们对气候变化是怎样对女性造成负面影响的认识的。他们设法通过向那些针对妇女及其社会角色敏感的实践和政策提出建议来应对这些影响。

我很高兴国际山地综合发展中心支持这些工作。对我们来说，遵从和学习呈现在本书中的经验非常重要。我坚定地相信：鉴于女性在农业、粮食安全、家庭生计以及劳动生产率方面扮演的重要角色，女性需要成为气候适应工作的排头兵。

我希望本书将帮助读者理解与认识男性和女性间的社会不平等是如何影响他们应对水资源变化的方式的；我也希望本书将启发政策制定者采取更多的行动去应对那些不平等以更广泛地寻求性别公正。

David Molden

国际山地综合发展中心主任

前言

任佳　赵群

气候变化已成为全球重要的发展议题，气候变化引起的极端天气导致非常多的自然灾害，对全球经济、社会的发展提出了诸多挑战。因此，回应气候变化对人类提出的挑战不能再局限在自然科学的思路中，而需要更加综合、全面、富有远见地去考虑人类如何适应气候变化。

在过去100年中，气候有了明显的变化。2007年制定的《中国应对气候变化国家方案》指出，普遍性升温、降雨量在区域间显著波动以及极端天气和气候事件发生的频率增加与强度增大将是中国未来气候变化的主导趋势。这些变化趋势将对整个社会经济发展和人民的生活产生很大的影响。

中国政府面对气候变化采取了积极负责任的态度，为履行对《联合国气候变化框架公约》的承诺，从国家到省一级政府采取了一系列行动应对气候变化：成立专门的协调机构，负责气候变化国家战略的系列工作；从2001年开始组织《中华人民共和国气候变化初始国家信息通报》的编写工作；2007年制定《中国应对气候变化国家方案》；从2008年开始国家发改委发布中国应对气候变化的年度报告；编制《国家应对气候变化规划（2014～2020年）》；等等。积极应对气候变化的挑战是中国实现可持续发展的战略要求，已成为中国政府优先关注的目标之一。然而，在积极应对气候变化的过程中，中国在规划、策略、政策和措施方面与世界其他国家和地区一样存在不足，那就是缺乏社会性别敏感性。

正如许多推进社会性别平等和可持续发展的学者以及社会活动家所看到的，国际气候政治中的社会性别主流化研究起步较晚。1994年生效的《联合国气候变化框架公约》及1997年第三次缔约方大会通过的《联合国气候变化框架公约的京都议定书》（以下简称《京都议定书》）这两个凝聚了国际共识的核心政策框架都无视社会性别平等，包括性别平等在内的社会问题被严重边缘化。20多年来，在国际多边气候磋商和决策过程中，一些民间妇女组织、联合国机构以及女性领导人在气候谈判前后和期间开展了大量游说与倡导工作。2012年11～12月在卡塔尔多哈举行的第18次缔约方大会进一步做出了“促进性别平衡和改善妇女参加《联合国气候变化框架公约》的谈判以及代表缔约方参加公约和《京都议定书》所设机构会议的状况”决议草案，明确承认妇女在《联合国气候变化框架公约》和《京都议定书》所设机构中的代表性仍然不足，呼吁以平等关注妇女和男性的需要为出发点完善气候政策。这为国际气候政治关注社会性别问题奠定了坚实的基础。

尽管环境保护、性别平等及改革开放等同为中国的基本国策，但无论在主流学术研究还是在相关公共政策中，社会性别与环境这两个发展领域一直是被割裂开来的。迄今为止，相关的发展规划和政策依然缺乏社会性别敏感性，在有关气候变化的主流政策、社会研究和讨论中，妇女和性别议题依然“缺席”。社会性别的视角还没有在国家和区域层面应对气候变化的政策框架中得到反映，在讨论气候变化的影响时，政策框架中更多引用的是自然科学的数据，未关注气候变化影响的社会性别差异以及妇女面对气候变化影响的脆弱性。政策框架中气候变化适应性政策更多地反映了从技术创新到经济结构调整等方面减轻气候变化的影响所做的努力，未涉及社会性别敏感性的气候变化减缓和适应性的措施与策略。作为应对气候变化主体的男性和妇女在利用环境资源、参与公共决策、承担社会角色等方面的差异依然未被关注，由此产生的男女两性在应对气候变化过程中的需求和能力上的差异也未受到重视。

云南省社会科学院性别与社会发展研究中心自2013年开始和国际山地综合发展中心合作开展“喜马拉雅气候变化适应性（HICAP）——适应性中的妇女和性别角色”相关研究，旨在通过研究，促进各级政府在应对气候变化的过程中重视社会性别敏感性。中心的研究团队依靠其成员的专业精神和素养，成立20多年来，在促进社会性别平等方面做出了富有成效的努力，在性别与贫困、人口流动、农村发展、儿童发展等领域成为国内业界推动社会性别主流化的一支重要的专业力量，在推动云南省社会性别平等研究、政策倡导、社会行动各个方面都可以看到他们所做出的卓越的努力。本书是该团队集体智慧的结晶，书中富有创造性的个案研究不仅显示了妇女在气候灾害中所面临的威胁和脆弱性，也充分体现了她们在应对气候变化过程中所拥有的知识、智慧以及良好的组织基础，充分展示了妇女在应对气候变化过程中的能动力量。所以，各级政府部门应该充分认识到，增强妇女参与决策的能力、增加妇女在应对气候变化的过程中利用各类资源的机会、关注她们不同于男性的需要，是增强各级政府、社会组织、家庭及个人应对气候变化能力的必由之路。

目　录

导 论

一　研究概念性框架

（一）社会性别、农村生计与气候变化影响

全球范围内的学者、专家和各国政府在气候变化对生态环境和人类生活的影响方面日益达成共识。气候变化导致极端天气事件频发、气温升高、降雨时空分布不均等气候问题，这些气候问题进而引发和加剧了一系列的环境问题（如洪水、干旱、滑坡、泥石流、荒漠化、冰川消融等）。从长远来看，恶化的环境持续威胁农业生产和农村居民生计，因为其赖以维持的生态系统的稳定性和自然资源的可获得性正在下降。气候变化对人类的生态环境、社会经济发展乃至政治产生了不可忽视的影响。粮食生产、水资源的可获得性、农业和农村生计安全等方面受到气候变化的影响尤为明显。

农业仍然是中国广大农村人口生计的一个重要来源。在非农收入日益成为家庭的重要现金收入的今天，农业依然是很多家庭抵御市场风险、保障生计安全的重要手段和最终的依靠。然而，农业生产与天气条件密切相关，农业受气候和天气条件的影响十分明显，农民的生计对自然资源的依赖程度很大。

气候变化不仅长期影响农村人口减贫、发展，以及环境保护，而且对农村家庭的生计安全构成现实的威胁。特别是以小农经济为主要农业生产方式的广大山区农村，极易遭受气候变化导致的各种环境灾害的影响。由于自然条件恶劣，山区农村所能利用的资源极为有限。基础设施建设滞后以及公共服务提供严重不足等制约因素使得山区农民的生产生活极易受到气候灾害的打击，而且气候灾害往往加剧他们生计不安全的脆弱性（FAO，2015）。

社会弱势群体（如妇女和贫困人群）由于缺乏足够的应对能力和适应性策略，受到气候变化的影响更为严重。除了基础设施和公共服务不完善的局限条件以外，妇女和贫困人群缺乏适应能力的主要原因是他们缺少能力发展的机

会，在使用和获得自然和社会资源的管理与决策方面很少有他们的话语权。《人类发展报告（2007~2008年）》指出妇女有限的对资源的可及性，受限制的政治、社会经济权利，以及在决策层面没有话语权的社会弱势地位，使得妇女面对气候变化时尤为脆弱。气候变化有可能加剧现有的妇女弱势地位（UNDP, 2007）。

在当下的中国农村，农业女性化已经是一个普遍的现象。男性大量外出打工，妇女留守在农村，不仅承担传统的家庭角色，而且承担了农业生产的大部分活动。农村妇女在农业生产和保障家庭生计安全方面扮演着重要的角色。因此，妇女比男性更容易受到气候变化的直接影响。妇女面对生计不安全的风险时更加脆弱，因为妇女更多、更直接地受到自然资源短缺的影响，她们同时也承担了更多的应对气候变化的角色和任务，比如妇女在干旱的时候要付出更多的劳动和时间收集水资源以满足家庭生活所需。

（二）社会性别与气候变化导致的自然资源短缺

有研究表明，气候变化使得水、土地、森林、能源和食物资源的短缺问题正在变得日益严峻（IFAD, 2010；Bates et al., 2008；ADB, 2013）。自然资源短缺带来的影响和对农村生计安全的威胁有着明显的社会性别的含义。气候变化加剧资源的短缺，进一步使妇女对生产性资源，如土地、水、市场和信贷等的有限的可及性变得更加困难，同时使得妇女在应对气候变化影响方面更加脆弱。中国农村正在经历从农业就业向非农就业的家庭收入结构转变的转型期。但是，女性外出务工无论规模还是时间长度都远不及男性。大量的妇女留守在农村承担农业生产和照顾家庭的双重角色。气候灾害有可能给妇女造成更为严重的经济收入方面的负面影响。而且，由于寻找另类生计的能力和机会不如男性，妇女生计不安全的风险可能增加。在水资源和薪柴日益匮乏的情况下，妇女不得不到更远的地方去取水和收集薪柴（UN Women Watch, 2009）。在这种情况下，妇女的劳动量和生计压力将会比男性增加许多。取水和收集薪柴挤占了妇女用于其他增加收入的生产性活动的时间，比如外出打工、能够带来现金的经济作物的种植等。除了为家庭提供生活用水之外，妇女还需要为农业生产、牲畜饲养、经营小规模生意以及庭院经济提供水资源。为应对水资源匮乏增加了妇女的劳动量，妇女花费大量的劳动用于取水、储存水、分配水和保护水源。妇女对水资源的可及性与对土地的可及性密切相关。然而在很多农村地区，妇女依赖婚姻关系形成不稳定的土地权利，或是从夫居的传统习俗阻碍了妇女对其土地权利的充分实践（Li, 2002；Li, 2006）。

气候变化引起森林资源和生物多样性减少，而这些是农业生产和农村人口所依赖的环境和条件。而且生物多样性丰富的地区往往是贫困人口的集居区。他们的生产生活高度依赖森林提供的生物量（如薪柴、野菜、菌类等丰富的林副产品等）维持生计。因此，生物多样性减少对这些群体的影响尤为直接，而且妇女受到的影响可能会凸显，因为一方面妇女承担了大多数寻找薪柴的劳动，另一方面妇女的收入来源于采集并出售林副产品。

（三）气候变化背景下的社会性别与人口流动

气候变化导致的人口流动近年来受到多方关注。人们常常通过流动到别的地方寻找新的生计来源以应对环境的恶化。比如严重洪水、滑坡、泥石流导致房屋被毁，人们不得不搬家。这样的流动方式是由于生计损毁而采取的生存回应。很多农村社区采取外出打工的方式应对气候灾害导致的农作物减产和农业收入减少，外出打工成为农村家庭寻求另类生计的主要方式。这种类型的流动可以看作是农村家庭对日益加强的气候变化影响带来的压力和冲击所选择的适应性策略。

无论是永久性的迁移还是外出打工寻找另类生计对男女两性产生的影响是不同的。永久性迁移不仅影响了妇女的物质福利，而且影响了妇女在新的环境下对安全、社会网络和适应性政策资源的可及性。当外出打工成为家庭应对气候变化的策略选择时，多数家庭优先让男性外出寻找非农收入，妇女不得不承担更多的家庭和农业生产角色。而且，在男性缺席的情况下妇女还必须独自承担应对气候灾害和环境变化的压力。农业生产和家庭的双重角色使得妇女的工作量极大增加。同时，由于传统文化限制妇女的土地权利和其他财产权，妇女还面临对土地和其他生计资源可获得性方面的困难，这加重了妇女在适应气候变化方面的脆弱性（BRIDGE，2008）。

（四）社会性别与自然灾害

气候变化诱发的全球范围内的自然和环境灾害频发对经济和社会产生了广泛的影响。自然灾害的影响并非性别中立的。当灾害来袭的时候，贫困人群和社会弱势人群（如妇女）遭受灾害影响最为严重，然而他们却缺乏足够的能力去应对灾害。例如，妇女在灾害来袭的时候缺乏足够的迁移能力。而且在灾害之后恢复重建的过程中，妇女需要投入大量的劳动和时间用于房屋修缮，为家庭收集水、薪柴和准备食物等生计恢复的生产活动（WEDO，2008）。

（五）社会性别、贫困与气候变化

性别和贫困双重因素的相互叠加加重了妇女应对气候变化的脆弱性。妇女应对气候变化的脆弱性常常根植于妇女的贫困状况，因此性别与贫困的双重因素成为妇女应对气候变化脆弱性的结构性原因。贫困妇女的生活和家庭生计非常依赖于生产力低下的农业和小规模的土地资源，她们最容易受到气候变化的影响。而且很多贫困妇女居住于偏远地区，她们很难获得足够的政府资金支持和服务。这就意味着贫困妇女应对气候灾害时更加脆弱，适应能力更低。气候变化长期而持续的影响可能增加妇女的生计风险，如农业收入减少、房屋损毁、水资源短缺、土地资源退化、生态环境恶化等。

二　研究方法和分析框架

本书采用案例研究方法，从社会性别的视角来考察气候变化对农村妇女和男性的可持续生计发展产生的不同影响，以及两性应对和适应气候变化在能力、需求和面临的困难等方面的差异性。微观的个案调查，为在宏观的缓解和适应气候变化的政策方面加强社会性别的敏感性提供有力的实证和事实依据。案例研究数据的来源包括云南和陕西田野调查的定性和定量的数据，相关研究机构和环境保护机构正在进行的研究项目的访问，以及相关文献的回顾与梳理。

本书运用社会性别和农村生计分析框架，结合气候变化的脆弱性和适应性分析方法分析社会性别、气候变化影响与农村生计安全之间的关系，揭示气候变化对男女两性，特别是对妇女维持家庭生计安全的具体影响。在此基础上进一步评估气候变化脆弱性与适应性两个方面的性别差异。政策取向性是本书的研究倾向，因此每个案例研究的结果都对相关的政策提出了针对性的增强社会性别意识的建议。

（一）社会性别相关概念

“社会性别”一词是指社会建构的男女两性的社会角色和社会关系。两性的社会角色和社会关系定义了男性和女性在特定的文化和地理环境下承担的不同的责任。两性的社会角色和社会关系的内涵随着地理环境的改变和社会经济文化的变迁而不同。社会性别关系规定了男性和女性在社会中的不同地位，定义了男性和女性在自然资源和社会资源获得、使用和控制方面的不同权利，规范了两性在公共资产和公共服务的获取、使用、管理和决策方面的不同权利。正如 Kabeer（2003：193）指出的：“社会性别关系就像其他社会关系一样，呈现多重的特征，它体现于人们的思想、价值观和性别身份认同中。社会性别关系对男性和女性的角色、任务、劳动和活动范围进行了分配，对自然资源和社会资源在两性之间的使用进行了分配，而且性别关系决定了两性在公共事务管理中的不同的决策权利。这意味着性别不平等具有多重的结构性的特征，不可能依靠单一的限制因素的改变如物质方面的或是观念方面的得到减弱和消除。这也说明了社会性别关系不总是内部一致的，这种关系可能包含了矛盾和不平衡，特别是当广泛的社会经济环境发生转变的时期。” Agarwal（1994）指出社会性别关系是男性和女性之间的权利关系，这种权利关系体现在人们的观念、行为和表达中，包括社会性别分工，两性之间的资源分配，甚至是两性的能力、态度、愿望、性格特征和行为方式。一方面，社会性别关系由这些思想观念和实践构成；另一方面，社会性别关系也形成了这些思想观念和实践。社会性别关系与父权制社会的其他结构，如阶级和种族等相互作用，因此，社会性别关系是社会建构的而不是生物决定的，它随着时间和空间的变化而变化。社会性别关系的特征是既有合作也有冲突。社会群体通过谈判、沟通与妥协推动社会性别关系内部的经济、政治和社会权利分配发生变化。社会性别关系建立的社会性别等级一直处于维持与变化的过程中。有时候维持的一面表现得更加明显，有时候变化的一面更令人瞩目。

（二）气候变化背景下社会性别角色分析

社会性别的分工关系决定了两性在农业生产中的不同活动。妇女为家庭食物而劳动，男性为家庭现金而劳动是传统农业社会延续的男女在社会中的不同角色和任务。社会性别的分工决定了妇女的首要责任是提供和满足家庭的消费需求。但是消费需求的多样性说明消费需求不仅是家庭层面的个人需求，而且包含社区层面的集体消费需求。

然而，Caroline Moser 发现妇女实际上承担着三重角色（Moser，1993），特别是在低收入和贫困家庭。妇女的工作不仅包括再生产工作（养育孩子和维持家庭劳动力的再生产），而且包括生产工作。很多低收入和贫困家庭的妇女的生产角色与男性一样重要。她们经常在非正式的经济领域工作，比如以家庭为主的小作坊，以社区为主的小企业，或者是经营自己的小生意等。除此以外，妇女还经常承担社区性的工作，为社区组织的集体活动提供服务，比如婚礼、丧事和宗教仪式活动。相比妇女而言，男性一直被定义为家庭的主要收入来源者，即使在男性没有收入，而女性的收入实际上成为支持家庭生计的主要来源的情况下，男性是家庭经济支柱的观念依然存在。然而，男性没有明确的再生产角色要求，尽管他们也参加照顾小孩和其他家庭劳动。男性与女性一样，也承担社区角色，但不同的是，男性的社区角色是领导者，负责组织社区活动，他们是社区事务管理的主要决定者。

1. 妇女的再生产角色

妇女的再生产角色包括生育、哺育和其他家庭劳动。这些工作是为了保障劳动力的再生产能力。妇女的再生产工作不仅是指妇女生物意义上的再生产，更重要的是维持和照顾现有劳动力（丈夫和工作的孩子）和保障未来的劳动力（婴儿和上学的孩子）的社会再生产的工作。妇女的再生产角色不是母性的本能，也就是说不是生物性质的再生产活动，而是社会意义上的再生产活动。男性中心主义的价值观把妇女的再生产角色家庭化，妇女再生产活动的社会性没有得到主流社会的认可。

2. 两性生产角色

生产角色指男女两性为了获取现金和食物而进行的生产性活动和工作。这些活动和工作包括生产市场所需的产品获得交换价值，生产家庭生存所需的食物获得使用价值。发展中国家的妇女承担着重要的生产角色。她们既是农业生产的主要承担者，特别是在大量男性劳动力转移到非农领域的地区，又是现金收入的主要创造者。随着农村家庭对现金收入需求的增大，妇女的创收活动对家庭经济发展起到很大的作用。比如妇女经常在社区附近的小企业工作，或是在家庭式作坊里工作以换取现金收入。Caroline Moser 认为妇女的生产角色大多数是妇女家庭角色在公共领域的延伸，也就是说，妇女的生产活动主要表现为低技术和低收入的工作，而农业生产中有技术含量的工作则由男性承担，出售大型农产品主要由男性负责。这种延伸也表现为妇女的劳动报酬比男性更低。妇女的生产活动主要是满足家庭的生存需求，而不是家庭的发展，妇女这些活动的重要性被严重低估。

3. 两性社区管理角色

妇女社区管理的角色指妇女承担社区集体活动的服务工作。集体活动包括婚、丧、嫁、娶和社区的传统文化与宗教活动。妇女在这些社区活动中常常承担准备食物和照看小孩的工作，这些工作大多数是没有酬劳的。男性也承担社区管理的角色，但内容与妇女不一样。他们主要负责社区集体活动的动员与组织，社区的集体决策和日常行政管理。这些工作要么直接有报酬，要么间接提高他们在社区的地位、赋予他们更大的权力。

人们对妇女社区管理角色的认识远远不够，普遍的观念认为妇女的社区管理角色只是家庭再生产角色的延伸，这样就容易把妇女在社区的工作变成“看不见”的工作。Caroline Moser 建议在做社会性别计划的时候，必须清楚地认识到妇女的社区管理角色，承认妇女的社区管理活动是一项重要的工作。

在农村日益向城镇转型的过程中，社会性别角色发生了变化，农业生产活动的社会性别角色分工非常灵活而并非僵硬的传统农业社会的“男主外，女主内”的社会性别分工模式。比如，很多农村妇女与男性一样参与非农工作，在建筑和服务行业的妇女就业人数很多。也有很多妇女受雇于有酬的农业劳动，这些工作在传统的农业社会里属于男性的范围。另外，传统的照顾家庭成员的责任可能限制了妇女在灾害恢复中外出寻找工作的能力。传统的家庭角色也可能限制妇女在农业收入减少的时候选择其他的收入来源，这有可能进一步对妇女在家庭中的权利产生不利影响（WEDO，2008）。

在气候变化的背景下，妇女在灾害发生时扮演了保护和管理家庭财产，以及努力恢复收入和生计的重要角色。社会性别不同的角色与责任在不同的领域呈现不同的表现形式。因此，识别社会性别化的责任是研究社会性别与气候变化关键的第一步，尤其需要对具体的气候变化条件下不同领域妇女的生产性活动和责任进行分析。对责任的分析可以使我们理解和评估妇女的劳动量，可以了解两性对自然资源不同的使用和控制。社会性别不同的责任也可以揭示社会性别责任与权利之间存在的差距，而这可能恰恰是制约妇女应对和适应气候变化的因素。

（三）社会性别视角下脆弱性分析

脆弱性是指暴露于风险、打击和压力下导致的食物和生计的不安全（Chambers，1989）。脆弱性包括两个方面的因素：一方面是外部威胁和打击导致生计不安全，比如气候灾害、自然资源匮乏等；另一方面是来自内部的应对能力，主要是指对可动员以应对外部威胁的财产和资源的拥有权与使用权（Ellis，2001）。除了以上两个方面的因素以外，脆弱性还具有更广泛的社会含义，即脆弱性可以定义为影响个人或群体应对自然灾害并从灾害中恢复生计的能力的社会经济特征的关键因素（Blaikie et al.，2003）。脆弱性分析框架认为脆弱性与广泛的政治、经济和环境相关联，而且常常被社会文化和政治过程所定义，这完全超越了灾害本身的物理性质的脆弱性。因此，脆弱性分析框架把气候变化纳入一个广阔的政治、经济、社会文化和环境变迁的背景中进行分析。分析的问题涉及人们的社会地位、性别身份、生计类型、基础设施和公共服务的条件，以及人们身处的环境决定他们不同的对资源的可及和控制权利的社会机制过程中（Adger，1999）。

社会性别视角下的脆弱性不是单一的影响因素，而是反映了影响社会机制过程、文化和个人生活的社会历史特征（Enarson，1998）。社会性别关系将重新塑造妇女和男性不同的脆弱性。现有的不平等的社会性别关系创造了新的对妇女的社会伤害，把妇女放在一个更具风险的社会位置（Enarson，1998）。

农村人口，特别是山区农村人口常常面临生计困境。陡坡地形，有限的可耕土地资源，远离公路，基础设施薄弱，不稳定的农业产出，信贷、市场、信息和技术等资源的可及程度低等，加上公共社会服务能力低下的困难因素使得山区农村人口的生产生活非常困难。极端天气事件引发的洪水、干旱、泥石流和滑坡等自然灾害给山区农村带来的冲击比平原地区更为严重。虽然农村，特别是山区农村，无论男性和女性都同样地暴露于气候灾害威胁，但是，男性和女性由于资源的可获得性存在差异，因此两性的脆弱性程度是不相同的，进而他们的适应性能力也不相同。

而且，妇女的脆弱性远远不只是她们身体方面的脆弱性。妇女脆弱性的主要影响因素是她们对用于维持生计的财产和资源的充分可获得性和控制权不及男性，结果就是妇女面对外部气候灾害的打击缺乏足够的适应能力。因此，社会性别视角的脆弱性分析，必须在气候变化背景下深入考察妇女和男性生计资源可及性面临的不同问题，比如土地、水资源、信贷、农业生产资料、农业技术、市场信息、技术服务等方面的差异和因此带来的不同影响。

妇女和男性遭受气候变化的影响因地理位置和社会经济文化因素不同而不同。因此，社会性别关系分析是气候变化影响的社会性别分析的重要的理论和分析框架。社会性别关系分析强调考察家庭内部和社区层面妇女与男性不同的地位，包括不同的角色、任务和责任。社会性别角色考察既要看农业领域，又要看非农领域。最重要的是，考察妇女和男性以不同的方式如何实践他们的决策、管理的权力。同时需要考察社会性别关系在不同社会机制中的多样性，比如在社区和家庭谁负责取水，谁负责食物准备，谁拥有对自然资源和其他生计必需资源的控制权和决策权。社会性别关系分析还需要考察不同的社会机制在决定两性在自然资源管理中的责任与角色，以及两性在家庭和社区福祉方面的责任与角色，尤其是非正式的社会机制如传统习俗、婚姻习俗、家庭关系、社区村规民约等如何规定两性在生计资源使用方面的角色与权利。因为在很多地方和很多时候，妇女常常依赖这些非正式的社会机制获得生计资源，同时，这些非正式的社会机制也是限制妇女获得足够的资源和自身发展机会的主要制约因素（Cornhiel，2005）。

脆弱性分框架把社会性别分析与生计分析（Frank，2001）相结合，运用社会性别视角分析男性和女性对关键的生计资产的使用、拥有和决策的状况。人们拥有更多的生计资产，其脆弱性就会降低。反之，人们生计资产的使用、拥有和决策的状况越脆弱，其生计安全的风险越高。脆弱性分框架把生计资产分为物质资产、人力资产、金融资产、社会资产以及环境资产。这五种生计资产在两性之间使用、拥有和决策的状况可以帮助我们更全面地理解两性面对气候灾害以及未来的气候变化趋势和影响的脆弱性，理解两性采取的不同应对措施，以及两性长远应对气候变化的适应性策略。

物质资产包含房屋、灌溉设施、公路、生产工具和机械设备、市场、电、供水、学校、医院和农业产品等，这些资产常常用于创造收入和维持家庭福祉。妇女，尤其是山区妇女和贫困妇女，她们的家庭可能处于灾害易损或是地形环境脆弱的地方，比如房屋建在坡上，或是河流岸边，这些地方极易发生土壤侵蚀、滑坡和洪水，因此物质资产受损的风险很高。

人力资产包含家庭劳动力以及劳动力所获得的知识、技能和劳动力的健康状况（Frank，2001）。人力资源作为一种资产对农村家庭十分重要，尤其是山区农村。因为山区的农业生产和家庭劳动需要投入更多的劳力和时间，很多农业生产比如烤烟、甘蔗等需要的劳力投入更为密集。人力资产对农村妇女而言有着重要的意义。由于妇女是家庭工作的首要承担者，家庭工作因具有琐碎和重复性特点而占据了妇女的大部分时间，妇女的脆弱性更多来源于妇女的时间贫困和劳力贫困（FAO，2008）。在以男性为主的外出打工的生计模式越来越普遍的当下农村，妇女在农业生产和其他生产性的活动中承担了关键的角色。因此，有必要细致分析妇女在家庭（再生产领域）和农业与创收活动（生产领域）两个方面的角色和任务，从中可以清楚地看到气候灾害和环境压力是如何侵蚀妇女的人力资产。比如，照顾家庭成员的责任使得妇女在水资源和森林资源日益退化的情况下，需花费更多的时间和劳力去离家更远的地方寻找水源和薪柴，这样的压力可能使得妇女因劳累过度而生病（BRIDGE，2008）。多数情况下妇女面临的一个普遍障碍是她们相对于男性受教育程度低，这导致妇女比男性更难于获得技术、信息和培训机会。

金融资产包括农业收入、储蓄、现金收入、贷款和（外出打工寄回家庭的）汇款收入等。妇女普遍比男性存在获得贷款困难的事实，这种困难限制了妇女应对灾害和灾后恢复生计方面能力的发挥。妇女常常承担无报酬的照顾家庭成员的工作，意味着妇女没有充足的时间从事直接为家庭创造收入的工作。妇女在家庭里常常承担价值小的农业产品（如鸡蛋、小规模蔬菜、玉米等）的出售。相反，男性往往能够主导家庭大宗产品（如猪、牛、羊）和其他高附加值的经济型农业产品的出售，意味着妇女为家庭创造的收入不如男性多。而且，通常情况下劳动力市场存在女性平均工资水平不如男性高的事实，这也是导致妇女金融资产较低的一个原因。

社会资产通常是指无形的资产，如获得信息、技术、培训、农业推广服务，参与公共资源的管理和决策等。除此之外，用于支撑个人和社会群体的社会关系也是极为重要的社会资产。社会关系包括家庭关系、家族关系、社群关系等。相比于男性，妇女往往在社区和更高层面的决策体系内的参与率和代表率偏低，她们也常常被排除于顶层的政治和经济决策；妇女由于传统的家庭再生产角色的制约，很少有机会外出寻找另类生计，长期以来形成了妇女的生活半径窄、社会关系网络小的现实。妇女受限制的社会关系可能进一步制约她们应对气候灾害和灾后恢复生计的能力。

环境资产主要指生计发展所必需的自然资源，如土地、水、树、森林、生态资源和矿产资源等。水、土地和森林是山区农村家庭最根本的生产性资源。环境资源的可获得性、可及性，以及对资源的管理和控制的权力是脆弱性评估过程中需要仔细关注的要素，可以帮助我们发现妇女和男性如何利用这些资源完成他们各自的角色和任务，妇女和男性是否享有足够的对资源的使用和决策权力，水、土地等自然资源是否在数量和质量上能够满足妇女和男性维持和发展家庭生计所必需，在气候变化背景下，资源的短缺状况如何以不同的方式影响妇女和男性等问题。

分析以上五种生计资产的使用、管理与决策过程在两性之间如何进行分配可以说是在微观的层面反映了两性拥有生计资产的差异性和社会性别关系的不平衡。社会性别关系分析还需要考察宏观的社会关系、社会制度、国家的法律体系以及文化习俗等如何影响社会性别关系的定义，因为这些社会机制决定了生计资产的使用和决策权如何转化成现实的生计活动，也决定了妇女和男性如何在现实中获得并使用这些资产（Frank，2001）。

国家法律法规、宗教制度、地方文化习俗和社会规范等社会机制都是影响社会性别关系的重要因素。这些社会机制规定了生计资产在两性之间如何进行分配，谁能够获取并使用，谁对具体的资产拥有控制和决策的权力等。家庭和社区是两个实践习惯风俗、社会规范和文化观念的重要场所。在那里，社会性别化的社会习俗和价值观在规定土地和其他资源的权力方面有决定性的作用，这些习俗和价值观在家庭和社区规定了谁有决定权、管理权和分配权。男性和女性被赋予了不同的社会价值（Cornhiel，2005）。比如，家庭常常是主导劳动力分配和收入分配的重要的社会机制，而社区在公共资源的使用和分配上扮演了重要的管理和决策角色，比如土地资源、水设施、灌溉沟渠、道路、森林等。所有这些社会机制相互作用并影响着社会性别关系的建构和改变。妇女和男性的生计资产权力常常受到多个而不是单一的社会机制的支配，两性的资产利益也因此是这些社会机制相互作用的结果（Wieringa，1994）。

社会性别角色和社会性别关系随着宏观的社会经济变化和环境变迁而发生改变。广阔的市场和现金收入机会的增长同样影响两性与环境的关系（Leach，Joekes，and Green，1995）。例如，当家庭里的男性外出寻找更广阔的经济发展机会时，妇女留在乡村必然承担更多的环境管理和保护的工作。这种情况可能促使传统的社会性别角色发生改变。

因此，在气候变化影响农村生计的背景下，分析社会性别角色和关系的变化可以更好地理解哪些结构性的因素加剧了两性在五种生计资产的使用和控制方面的不平等，从而加强了妇女应对气候变化影响的脆弱性。

（四）社会性别敏感的适应性评估

政府间气候变化专门委员会（IPCC）认为，适应性是指生态和社会经济系统的调整以回应现实的和预期的气候变化和由此产生的影响与作用。适应性是一个实践和结构调整的变化过程以减轻潜在的损害或是受益于气候变化带来的机会（IPCC，2001）。联合国发展计划署（UNDP）适应性政策框架把适应性看作是一个长期的变化过程，在这个过程中个人、社区和国家寻找措施以应对气候变化产生的结果和影响。联合国发展计划署适应性政策框架认为，适应性不是一个新的概念，历史以来人类就不断学习适应变化的环境和气候；适应性是一种变革，要求把未来的气候风险纳入政策制定中。联合国粮食及农业组织指出："适应性的目标是帮助那些依赖天气条件和自然资源维持和发展生计的人们减少其因气候变化引起的脆弱性，并增强他们适应气候变化的能力。"（FAO，2007）

然而，缺乏社会性别敏感的适应性政策、策略和项目可能不仅不能增强妇女的应对能力，反而加强了现有的社会性别不平等的对资源使用和控制的关系，进一步增加妇女在维持生计和发展农业生产方面的风险（Skinner，2011）。因此，适应性政策过程中关注和强调妇女面临的脆弱性十分重要。

1. 适应性需求的性别差异

由于妇女和男性在家庭和社区承担着不同的角色与任务，因此他们适应气候变化的需求和优先应对措施不尽相同。妇女在农业生产和生计发展的长期实践中积累和形成了丰富的乡土知识和经验，这种乡土知识和经验与男性不完全相同，因此她们有不同的对灾害和气候变化的认识、知识和经验。适应性需求的性别差异分析主要包括以下六个方面。

（1）在家庭、农业生产、粮食保障、社区管理中的社会性别分工与角色决定了妇女和男性在这些领域内承担不同的角色和完成不同的活动。气候变化很有可能改变现有的角色与分工格局，给两性带来不同的新的任务和机会。但是，由于传统的妇女家庭角色的限制，多数家庭可能选择男性外出打工，寻找非农就业机会，而女性留守农村，维持家庭生计的新的生计模式。而这样的生计模式意味着妇女需要投入更多的时间和劳动用于应对气候变化引发的自然灾害和自然资源短缺的困难。

（2）妇女和男性对五种生计重要资产的使用、获取和控制的方式和充分程度的差异性在气候变化背景下转化为两性减缓气候灾害，应对和适应气候影响的不同需求、优先关注点和选择不同的应对措施。

（3）妇女由于受教育程度普遍低于男性，在气候变化的知识和应对技能的培训方面有着具体的需要。了解妇女的教育背景，以及妇女对培训内容和方式的具体要求可以帮助妇女更好地从培训中受益，同时提高培训的有效性。

（4）妇女由于角色、教育背景等的限制，常常难以获得充分的公共服务。分析妇女获取公共服务困难的原因，可以全面了解妇女在公共服务可及性方面的要求，可以制定更有效的适应性策略。比如，增强妇女获取气候灾害的信息，提高妇女对气候灾害预警系统的可及性等。

（5）在社区层面，妇女和男性已经采取了应对措施去适应变化的气候条件，比如尝试改变他们的农业生产方式、家庭用水方式等。妇女和男性在农业生产、生计发展和环境管理方面拥有不同的知识、技能和经验。在应对气候变化影响的过程中，两性不同的知识系统是他们选择不同应对方式的基础。但是，两性知识系统的差异性在特定的气候变化条件下既有可能是两性提高其适应性能力的有利因素，也有可能成为两性适应气候变化的局限条件。

（6）妇女在社区公共资源管理与决策中的参与度普遍不及男性。妇女对气候变化的认识，妇女适应气候变化的能力建设需求，妇女应对气候灾害的优先需求等往往在气候变化适应性决策过程中得不到表达。妇女作为应对气候变化的重要参与者和实践者的利益可能被气候变化适应性决策过程忽视。

2. 社会性别敏感的适应性政策与机制

妇女和男性社会角色的差异性不仅产生了两性应对气候变化影响的不同的脆弱性和风险，而且产生了两性具体的不同的适应性能力需求。现存的不平等的社会性别关系塑造了妇女对五种生计资产的获取、使用、分配和控制相比男性而言的有限权力，增加了妇女应对气候变化的脆弱性，同时制约了妇女利用可用资源减少气候灾害和适应环境变迁的能力发展。妇女在社区公共资源管理中的普遍缺席以及她们在国家政策决策体系中的参与程度低的现实，可能导致气候变化适应性政策框架缺少社会性别的视角，适应性策略制定过程缺乏对妇女的需求、期望和优先关注领域的评估。

增强适应性政策与机制过程中的社会性别敏感性应该充分认识到气候变化带来的影响是人类发展面临的一个问题，这个问题本身具有社会性别的含义，同时强调妇女是气候变化适应性决策与行动过程的一个重要的利益相关群体。一方面，妇女应该与其他社会群体一样成为适应性政策、策略和项目的受益群体；另一方面，重视妇女在减缓气候变化的影响和增强家庭生计长期适应气候变化的能力中扮演的重要角色。具有社会性别意识的适应性政策与机制设计包括国家层面和社区层面的一系列支持行动与干预措施。在国家层面，由于气候变化影响涉及政治、社会经济和环境等诸多领域，因此需要采取多部门合作的适应性策略，可能的行动干预包括以下几个方面。

（1）促进妇女在气候变化适应性政策制定和项目设计的不同层面的决策过程中的参与，保证妇女的声音被听到，妇女的需求得到表达，妇女的关注点被强调。

（2）支持把社会性别视角纳入国家气候变化政策、相关的法律和规划中。特别是加强妇女对金融资源和服务的可及性，以及对气候变化的信息、知识和适应性技术的可及性的保障政策。

（3）设计针对妇女适应性能力建设的项目，支持妇女通过增加知识、积累经验、增强应对能力以更有效地发展家庭生计，抵御自然灾害和保护环境，实现可持续发展的目标。

（4）加强性别敏感的适应性政策研究，为各级决策者提供气候变化影响对妇女和男性不同影响的具体实证信息，推动政策制定更具有社会性别敏感性。现实中妇女和男性拥有不同的知识和技能来应对环境变迁的影响，研究社区层面妇女和男性正在采取的不同适应性措施，可以帮助政策制定更能回应两性不同的需求，特别是适合妇女的适应性优先措施。适应性政策研究能够提供在特定的生计和气候变化背景下脆弱性的性别差异信息，以及妇女和男性适应环境变迁和生计转型不同的机会、挑战、潜力和风险等知识，这些信息和知识是制定可行的符合两性需求的适应性国家政策和策略的依据。

以社区为本的适应性策略是一种重要的基层机制，它能够更及时、更有针对性地回应社区的需求。国家层面的适应性政策是一种自上而下减缓气候变化影响的方式，这种方式在宏观的整体的层面扮演着重要的角色，但是这种方式常常忽视社区、贫困妇女和家庭的需求和期望。而社区为本的适应性策略能够更直接有效地关注他们的利益和需求。在社区层面，可能的行动干预包括以下几个方面。

第一，支持以社区为本的适应性生计策略和项目，把妇女作为社区适应性生计策略和项目的一个目标群体。

第二，运用参与式方法鼓励妇女参与社区策略和项目的需求评估、目标设定、实施和监测等活动。

第三，认识妇女在特定的气候变化和社会经济文化背景下的社会经济方面的脆弱性，培训妇女对自身的脆弱性进行评估，制定适合妇女适应性能力提高的行动计划。

第四，支持对社区妇女组织和社会网络进行设计以回应妇女的需求和期望的项目和行动。

第五，鼓励妇女参与社区公共资源的管理、决策与环境保护的活动。

三 本书结构与章节要点

气候变化日益成为全球关注的影响人类发展的重要环境问题。气候变化引发的环境灾害正在对人类的社会经济生活产生广泛而持续的影响。特别是很大程度上依赖环境与资源的农业和农村生计，遭受气候变化的威胁更为严重。本书通过六个云南农村和一个陕西农村的案例调查，研究分析了气候变化背景下农作物变化、水资源短缺、农村生计安全风险增加、迁移类型改变等方面如何对妇女和男性产生不同的影响以及两性应对气候变化不同的能力建设需求。本书专门讨论了在缓解和适应气候变化的政策框架内加强社会性别敏感性的必要性和建议。

本书分为三编。第一编是背景研究，包括三章。第一章回顾有关社会性别、气候变化与妇女适应性关系的文献，涉及气候变化与两性差异、气候变化对妇女的影响以及妇女应对气候变化，在回顾和评述相关研究后，对相关领域的研究做了概括，并针对未来研究提出具体建议。第二章通过评估目前正在进行的相关研究和已有的政策文件，综述了与气候变化影响有关的重要社会性别问题，特别是对妇女的影响和妇女减缓与适应气候变化的能力建设；分析了几个关键的对妇女产生影响的领域。这些领域不仅是妇女生计依赖的领域，而且是严重受到气候变化威胁的领域。最后研究提出并讨论了气候变化的社会性别影响分析的几个关键要素：在气候变化背景下的社会性别分工的再研究；妇女对生计资源拥有的权力的研究；对更广阔的社会、经济以及环境变迁的趋势的研究。这些要素的研究对了解气候变化带来的社会性别问题，以及在不同层面制定适应性政策都具有普遍的意义。第三章是对怒江－澜沧江流域极具代表性的云南省 65 个村庄 1950 户农户进行脆弱性评估调查的成果。在气候变化的影响下，两性对气候变化的感知和认知有差异。以这些数据为基础，第三章从社会性别的角度分析了气候变化对男女两性的不同影响，及社区中不同性别的人的适应措施，最后给出了政策建议。

第二编的研究主题是水资源与农村生计和社会性别。在气候变化背景下，水资源短缺是农村生计和农村家庭面临的最大挑战之一。特别是妇女，由于照顾家庭的再生产角色的要求，获取水资源对于她们维持农业生产和家庭日常生活都是至关重要的。第二编包括第四、五、六、七章。第四章以 2009 年秋季至 2012 年云南省遭受百年未遇的干旱为背景，选择云南省保山地区不同海拔的两个村庄开展研究，通过运用社会性别分析的相关研究方法，评估了男性和女性在面对干旱和气候变化，及其带来的水资源短缺困境时的不同看法，并在此基础上探讨了不同性别的人在农业生产和家庭用水方面采取的差异化干旱应对措施，分析了两性在家庭和社区层面应对水资源短缺困境采取的不同策略。研究发现，政府鼓励或提倡的适应性策略可能并不太符合妇女的优先需要，而且可能无法使妇女在水管理方面的贡献得到应有的回报，反而会进一步加剧农村妇女在公共事务中的边缘化。第五章讨论水资源紧张与妇女的生计安全问题。研究证实了干旱加剧了水资源短缺导致妇女的劳动量增加，并且进一步导致妇女劳动力短缺。水资源紧张、劳动力短缺、农业产量减少、贫困等因素相互叠加，增加了妇女保障家庭粮食安全和维持生计的压力和风险。研究还发现，水资源的利用与管理的机制性问题是制约妇女对水资源的可及性的主要因素。尽管中国在减缓气候变化带来的影响方面做出了很大的努力，但是在农村地区仍然缺乏适应气候变化的策略和行动，特别是缺少对妇女的脆弱性和适应性的认识。第六章针对妇女的脆弱性和适应性，基于在陕西省七个县开展的相关调查，分析了在农业和农村生计方面气候变化对妇女的影响以及妇女适应气候变化所面临的挑战。案例加深了我们对气候变化和社会性别之间关联性的理解，特别是这种变化对中国农村地区妇女的农业生计的影响。研究发现，农作物减产或歉收导致妇女失去农业收入。研究者认为，妇女在家庭中的地位可能会由于失去她们自己的收入而受到负面的影响。研究发现，妇女正在改变她们的农业生产活动，比如引进抗旱作物品种，修建水利工程，套种、间种，等等。研究者提出了有助于制定农村妇女适应气候变化策略的政策方面的建议：在社区层面建立气候信息系统，改善社区层面的灾害管理，以及加强妇女适应气候变化的能力建设，等等。第七章选择了云南大理有 3000 年农耕历史的剑川县两个村庄开展调研。研究显示，由于气候变化，无论坝区还是山区都缺水，严重地影响了农作物的生长，妇女要付出更多的劳动去取水抗旱。研究揭示了种植业结构的改变和社区的善治是非常重要的适应气候变化的策略，其中，妇女承担了非常重要的角色，她们的能动性对社区和家庭的适应性有重要的贡献。研究建议当地政府增强应对气候变化的意识及社区治理能力，以更好地应对气候变化。

第三编的研究主题是社会性别、气候变化与人口迁移，包括三章。第八章从社会性别的角度回顾了气候变化政策与农村劳动力迁移政策，通过相关政策回顾发现中国有关气候变化的政策文件是与节能减排及生态环境建设紧密相联，与国际气候议题相关，但是将气候变化、人口迁移以及社会性别三方面的议题统一在一起的国家政策文件还没有出台。第九章尝试比较外出务工和非外出务工两类家庭应对干旱的措施。调查发现，外出务工家庭带回来的汇款对应对干旱有积极的作用，但汇款往往不是直接用于应对干旱。妇女和男性对于应对干旱有不同的观点和看法。第十章专门讨论相对于没有外出打工经历的女性来说，有打工经历的女性是否具有更强的应对气候变化的能力与更多的资源。妇女应对干旱和缺水的策略十分有限，且这些策略都集中在个人及家庭层面，普遍缺乏社区成员之间的相互支持与合作。

第一编
背景研究

第一章　社会性别、气候变化与妇女适应性文献研究

一　背景介绍

气候日益变暖、干旱持续和频发，成为近年来云南气候变化的显著特征。2015 年发布的《第三次气候变化国家评估报告》显示，1909 年以来中国每百年升温在 0.9 ~ 1.5℃，高于全球平均值。[①] 从 1961 年有气象记录以来，云南年平均气温呈不断上升的趋势，49 年中云南年平均气温上升了 0.74℃。在季节分布上，各季节平均气温均呈上升趋势，其中冬季最明显，其次是秋季，最后是春季。另外，云南年降水量变化呈现弱减少趋势，而年际振荡较大，49 年来年降水量减少了 39mm。从各个季节来看，降水量的变化趋势明显不一致。春季和冬季降水量的变化呈现弱增加趋势，夏季和秋季却呈弱减少趋势。也就是说干季是弱增加，湿季则是弱减少趋势（程建刚等，2010）。而极端气候事件也呈增强和增多的趋势，极端高温事件呈上升趋势，且强度逐渐增强。

本章将回顾有关气候变化与社会性别的文献，涉及人们对气候变化及适应性、气候变化与两性差异、气候变化对妇女的影响以及妇女应对气候变化等。在章末回顾和评述相关研究后，对相关领域的研究做了概括性的结论，并提出未来研究的具体建议。

在中国气候变化研究中，已有的有关气候变化研究多数集中于自然科学领域，具有社会科学视角的研究成果较少，大多集中于气候变化对产业布局调整、宏观经济管理和国际贸易等方面的影响的研究。而对气候变化与社会发展、农户生计方面的微观分析则微乎其微（李小云等，2010）。

---

① 王静：《第三次气候变化国家评估报告发布》，http://news.sciencenet.cn/html/shownews.aspx?id=332234，最后访问日期：2016 年 6 月 8 日。

在有限的研究中，人们已经认识到气候变化对人类环境、经济和社会系统产生的重要影响（Acosta，Kelkar，and Sharma，2008）。社会和个体都应积极适应这种变化，减缓其产生的潜在危害，或积极利用其带来的有利机会（居煇等，2008）。而学界对于“适应”采用的是国际上通用的概念，认为适应是指自然或人类系统对新的变化或变化的环境进行的调整过程（IPCC，2001）。没有适应，气候变化是有害的，其程度主要取决于受影响群体的适应能力，受影响群体适应能力强，可以显著地减小区域气候变化所带来的脆弱性（Gbetibouo，Rashid，and Claudi，2010）。

李小云等系统地回顾了国际发展和气候变化的研究文献，对构建中国气候变化与适应性问题的研究和公共治理提供了有价值的借鉴。他们提出了几个有价值的观点：①将气候变化与适应性研究的内容概括为气候变化风险、影响、脆弱性分析、适应与发展问题及政策、体制与治理等问题，并将这些问题看作是紧密相关的，层层递进的；②进一步强调“气候变化”问题本身是社会构建的社会现象，脆弱性和适应性问题构建了“气候变化”这个自然问题与“人类社会发展”问题之间的界面和联结，并通过“自主性适应机制”和“计划性适应机制”构建了相关公共政策制定与执行之间的联系；③提出相对于减缓而言，适应能力是气候变化与发展研究中的核心概念，认为气候变化的适应性研究与实践很难推进的原因与其相应的治理结构尚未构建有关，这进一步提醒政府和各个与气候变化相关的利益共同体构建与气候变化相适应的社会、经济、政治的治理结构是当务之急；④认为脆弱性分析框架为在广泛社会、政治、经济结构（政府、市场、家庭、企业等）背景下分析气候变化与适应性之间的关系提供了方法上的启示；⑤提出在研究中未来要加强对社会性别、贫困、民族、年龄等社会结构要素的关注，开展深入、细致、具体的案例研究和实证研究（李小云等，2010）。

现有文献对适应性的实证研究依然非常有限。而这些有限的成果主要集中在农民对气候变化的认知、主要采取的适应性行为以及影响农民对气候变化认知和适应的因素的定量分析和研究上；同时，对在农户层面上适应性行为的不足和在政府层面需要适应策略的规划和引导方面做了初步的尝试，给出了一些建议；另外，重视将传统乡土知识的运用作为应对气候变化的重要策略也被提及。

尹仑通过对云南德钦果念藏族村落定性研究的田野调查发现，藏族在日常生产生活中对近十年来的气候变化有深切的感受，包括气温升高，气候不稳定，降雪、降雨减少，冰川强化等，这些变化对藏民的农业和牧业以及日常生活产生极大的影响，包括农作物病虫害频发、农作物产量和质量下降、放牧时间改变以及动物疾病变化等（尹仑，2011）。

吕亚荣等对山东德州的296位农民开展问卷调查，从农民对气候变化的认知和适应性行为入手，发现农民对气候变化的认知与农民采取适应性行为有明显的关系。研究揭示了大部分农民对气候变化及其对农业的影响有认知，其中，性别、受教育程度、家庭人均收入和养殖业收入对农民有关气候变化的认知结果有显著影响。不到一半的被访者采取了适应气候变化的行为，多以调整农时、增加农药化肥投入等被动适应性行为为主，而以调整作物品种、修建基础设施、采用新技术、改善农田周边的生态环境等主动适应性行为为辅。农民对气候变化的认知水平、年龄和受教育程度对其是否采取主动适应性行为的影响显著（吕亚荣、陈淑芬，2010）。该研究还进一步发现，即使采取主动适应性行为的农户多数是以调整作物品种等为主，经济投入较低，并认为农户是否采取适应性行为、采取何种适应性行为，对家庭经济能力的依赖性并不强。这个结果解释了种植业收入占家庭总收入的比重对农户是否采取及采取何种适应性行为影响不显著的理由。所以他们的研究结论认为提升农户的受教育水平，对于提高农户主动适应性行为是有益的（吕亚荣、陈淑芬，2010）。

谭智心在山东德州的研究发现，87%的农民已经认识到气候变化将对农业生产产生影响，但只有48%的农民采取了调整农时、增加投入、调整作物品种等主动适应方式来应对气候变化的影响。他认为依靠以经验判断为基础的农民认知气候变化及其风险，不能满足适应气候变化的需要。为此，必须发挥政府在教育、宣传、指导等方面的作用，推进适应气候变化行为的合作（谭智心，2011）。

谢宏佐通过对江苏、安徽、山东30个县的调查数据进行研究，分析农村人口应对气候变化的行动意愿及其影响因素。他认为：①农村人口普遍有较强的应对气候变化的行动参与意愿；②女性应对气候变化的行动意愿比男性强烈，这可能与大量男性外出打工有关；③获得气候变化知识的途径越多的农民，应对气候变化的行动意愿越是强烈；④在认知方面，越是了解和关注气候变化及在气候变化对其生活、农业收入和农作物生长影响方面认知程度越高的农民，其应对气候变化的行动意愿越强烈；⑤对国际气候变化行动了解程度越高，对国际社会促进节能减排行动的期待程度越高，对国家应对气候变化行动越熟悉，对国内政府实施和促进农业清洁生产越积极，则其行动意愿越强烈

（谢宏佐，2011）。

研究者也对农民采取何种适应性行为及其影响因素做了研究。刘华民等通过对内蒙古鄂尔多斯农牧区的 10 个村、102 户农牧民家庭开展问卷调查和访谈研究发现：①农牧民主要通过打井灌溉、贷款和寻求农牧业以外其他工作的方式来应对气候变化；②限制农牧民采取适应性措施的因素主要是资金匮乏、技术缺乏或落后、水资源短缺；③养殖业收入越高、草场面积越大，农牧民对气候变化采取措施的适应性意愿越低，另外，种植业收入越高、家庭年纯收入越高、年龄越大，气候变化适应愿望越低；④ 性别是影响牧民气候变化适应意愿的主要因素，男性作为一家之主，无论是购买生产资料还是卖出农畜产品都与外界发生联系，拥有的信息量较多，具有更强的适应可能性。研究最后提出，未来气候变化适应性政策的制定和实施应更多地关注低收入人群（刘华民等，2013）。

气候变化与农户生计策略改变以及适应性策略方面也是学者关注和研究的重点。韦惠兰等通过运用可持续生计分析的框架对甘肃半干旱地区进行定量研究发现，气候变化对于半干旱区的农民在自然资本、物质资本、金融资本、人力资本、社会资本等方面均产生了消极的影响。伴随着气候变化对生计资本存量及增量的影响，农民的生计策略在改变，并逐渐形成新的生计模式，主要包括积极引进更适合当地气候的农作物品种、使用集雨窖、外出务工、搬迁以及减少人畜用水等。但该研究认为通过农民个体生计策略的调整已无法应对本地区未来气候的恶化，各级政府有必要在进一步研究的基础上制定战略、采取措施来应对气候持续变化对农民生计造成的影响与损失，引导农民主动适应气候变化。该研究建议适应气候变化的主要措施包括研究、推广抗逆集成技术，发挥政府主导作用，开展新的生计策略，形成生计多样化，帮助农民建立多样化水账户，采用参与式方法，调用民间智慧以及加大宣传力度，使社会心理由被动变为主动等（韦惠兰、欧阳青虎，2012）。

如何运用乡土智慧应对气候变化也是中国学者探讨的重要议题。付广华调研了龙脊壮族民众如何用他们的传统生态知识来应对各种气候灾变，并探讨乡土智慧所发挥的作用。该研究发现，龙脊壮族在频繁发生的气候灾变中，不仅继续维持复合型“取食”策略，还针对性地对水资源、森林实施有效管理，试图从根本上恢复区域生态系统的良性运行（付广华，2010）。

尹仑对藏区的研究发现，随着气候变化日益明显，当地藏民基于其传统知识，积极应对。一方面是设法减缓小气候变化的程度及其危害，进行小气候的维护、气候灾害的防治和基于传统知识的环境保护；另一方面是适当调整传统生计以适应变化的气候，根据当年气候变化的情况具体安排农、牧生产，以及调整畜牧种类、引进新的农作物、开展冬季旅游等（尹仑，2011）。

有的研究在分析各国适应性政策的现状和农业适应性行为研究进展的基础上，梳理农业适应性行为研究所用的主要方法和模型，总结中国农业适应性行为研究的成果，并对制定中国未来农业适应性政策提出建议；认为我国应积极开展农业适应性行为的研究并制定相关政策，在具体措施上，关注地区性政策，划定气候变化的易感地区，积极展开相关研究，提高农业适应能力（崔永伟等，2012）。

也有研究从中观层面对气候变化对农业的影响以及应对策略提出了看法，认为气候变化对云南省的农业生产包括对森林、水资源和土壤等都有重大影响，农业的种植制度将被改变，病虫害增加，畜牧业的综合生产力将下降等。同时，进一步提出应该加强对森林、土壤和水资源的保护，调整种植业耕作制度，充分利用期货资源，改善农业基础设施；畜牧业要推广粮草间作等对策（蒋燕兵、李学术，2012）。

二　气候变化与两性差异

相对于气候变化及适应性议题来说，中国探讨气候变化中两性差异的研究文献更少。施奕任在全球变暖的背景下探讨了全球变暖问题不论就其成因、影响及后续应对策略都具有性别意涵（施奕任，2009）。还有一些研究则对两性对气候变化的影响和两性对气候变化的认知差异进行概括性描述。

（一）气候变化对两性的影响

国内在两性对于气候变化的影响方面还缺乏研究。国外的一些研究揭示，两性的收入差异使其对气候变化的影响不同，男性收入和消费水平高于女性，所以根据男性不同消费种类计算出来的“碳足迹”比女性高（Raety & Carlsson-Kanyama，2010）。另外，有研究也提出，男性和女性生活方式差异导致对气候变化的影响不同。例如，在交通工具偏好（男性注重舒适、设计、技术创新和品牌，女性注重成本、耗油量和环保性）、使用汽车的频率、使用碳密度较低的交通模式倾向等方面，男性往往对气候变化的影响更大。[①] 再者，男

---

① Bundesministerium für Umwelt, Naturschutz und Reaktorsicherheit（BMU）. Umweltbewusstsein in Deutschland, Vertiefungsstudie. Berlin：BMU，2008.

性和女性对气候变化影响的差异还源于生活理念的不同。女性更关心环境和气候变化，这与她们较强的风险意识相关，她们通常也支持消费模式和生活方式的改变，而不是技术方法的改变。密歇根州立大学的一项研究显示，女性比男性更容易接受全球变暖的共识，它挑战了男性比女性更具科学敏感度这种传统观念。[①] 这种性别差异是“性别社会化”所造成的。相比男性而言，女性更注重归属感、同情心以及人与人之间的关怀，正是这些不同特质使得女性会更多地关心气候变化可能带来的可怕后果。此外，性别差异对气候的影响还体现在就业和决策领域。例如，在建筑业和低碳技术制造业等从气候政策获益的领域任职的女性越少，对减少温室气体排放越不利。例如，在德国可再生能源行业中，女性就业比例只有25%，能源顾问中女性比例不足20%。[②] 从世界范围来看，女性在就业和决策中的地位都弱于男性，这对她们应对气候变化带来的风险来说是一个不利因素。

（二）两性对气候变化的认知差异

对于社会性别与气候变化及其适应性的关系，不同的研究有一些明确的结论。主要的研究分析依然是从角色分工的角度入手。由于受到家庭劳动分工和角色的影响，男女对于气候变化的感知、关注度和影响存在差异。

胡元凡等通过对宁夏盐池县GT村的案例研究，运用IPCC的“气候变化风险－脆弱性－适应能力”的框架作为分析工具，尝试探索社区农户在面对气候变化时呈现的脆弱性和适应能力，并突出贫困农户受到气候变化和不平等的社会、经济、政治的双重影响。该研究清楚地发现在对于气候变化的感知方面有明显的性别差异，男性对于气候变化所产生影响的敏感性强于女性，包括“气温变化幅度的加剧”和“降水更具季节集中性”。研究者认为这主要是因为女性主要从事喂养牲口和家务劳动，没有直接参与种养殖活动的决策，对气候变化的关注度没有作为决策主体的男性高（胡元凡等，2012）。同时，他们的研究还发现在家庭中的角色不同，对于气候变化的认知也存在差异，比如有未成年子女上学的家庭对于风沙较为敏感，每天接送子女上下学途中风沙的影响较为明显。对于干旱，妇女和老人通常以“雨水少了，水窖里的水很难积起来”这样的回答作为他们的看法，但从事农活的男性会以“今年扬黄水少了2/3，有钱也买不到”和“小米灌浆期雨水少了一半”这样具有时间性和空

---

① 《女人比男人更易接受全球变暖这一科学共识》，http://www. tianqiyubao. cc. gg/climate/qhb-hyw/09 /1053275. shtml，最后访问日期：2016年6月6日。

② Wissenschaftsladen Bonn, Ausbildung und Arbeit für erneuerbare Energien, 2007.

间性的描述来回答。对两性在描述气候变化上的差别，胡元凡等认为男性的认识更为精确和理性，并提出只有经常从事农作的劳动力才对霜冻和干热风有较为清楚的认识，常年在家的妇女对此的印象只是“好像有，听当家的说起过”等。胡元凡等的研究已经发现不同农户的生计方式使得农户在衡量气候变化时也采用不同的标准，从事农业生产的农户以耕地面积的产量作为尺度，而从事牧业的牧民则采用牧草作为衡量的准绳，但是其没有进一步深入探寻不同生计方式的农户中两性衡量气候变化的差异。

刘华民等的研究证实性别是影响牧民对气候变化适应意愿的主要因素之一，男性作为一家之主，在购买生产资料和卖出农畜产品都与外界发生联系，拥有更多的信息量，所以认为男性具有更强的适应气候变化的可能性（刘华民等，2013）。

这些研究的一个基本分析的方法和视角是基于社会性别劳动分工和角色的角度，认为两性对于气候变化的感受、认知以及适应都受到其承担的劳动分工和角色的影响，并与其不同的生计方式相关。笔者认为这类研究虽然看到一些两性对气候变化的感知的差异，但是依然以男性中心的标准去评判女性对于气候变化的感受，而对女性感受的描述关注和分析明显不足，只是简单地认为“男性的认识更精确和理性”。另外，研究中缺乏关注社会性别在社会、经济、政治的结构性制度和文化方面的分析，特别是结构性的权力关系导致两性在面临气候变化的适应性差异，以及揭示女性在气候变化中的脆弱性。

三　气候变化对妇女的影响

虽然对气候变化和社会性别关系的关注在研究中有明显不足，但是在专门关注妇女群体的研究中，中国学者已经意识到气候变化对于妇女的独特影响。这种影响和不平等的社会性别制度结构相交叉，最终使妇女在面对气候变化的风险中更加脆弱。岑剑梅认为气候变化将加剧已有的男女不平等现状，它通过各种直接和间接风险，将影响到妇女的谋生机会、可利用时间以及对生活的期望（岑剑梅，2011）。胡玉坤认为，高度依赖自然环境和资源的贫困农村妇女在气候变化的风险中更加脆弱（胡玉坤，2010）。这里将从自然灾害、水资源短缺、气候变化与迁移、粮食短缺等方面，试图展示气候变化在这些领域对妇女的影响。

（一）自然灾害的影响

岑剑梅认为，尽管自然灾害对女性和男性都有重要影响，但女性在灾难中受害的程度高于男性（岑剑梅，2011）。她引用的证据是2004年东南亚海啸，死亡人数中女性高达70%；2005年美国卡特里娜飓风灾害中，受灾最为严重的路易斯安那州的新奥尔良市死亡人数中妇女占54%，被困人口中女性占80%（岑剑梅，2011）。

胡玉坤描述了中国农村在连年干旱、水资源缺乏和沙尘暴肆虐的情况下，妇女的困境更加凸显。为应对灾害危机男性大量外出，妇女因社会性别的文化规范和照料家庭的责任而滞留乡野，农业女性化的结果是乡村自然资源管理和使用的女性化。妇女独自承担生产和家务劳动，其负担更重。为了应对灾害，妇女在取水、饲料和取薪柴上花费更多的劳动和时间，因此不得不减少创收的时间；同时，灾害和重建过程增加了妇女照顾病患的压力，因病致贫的概率也增大了（胡玉坤，2010）。

尹仑等对德钦红坡村的案例研究揭示了雪灾、泥石流、滑坡对于妇女造成的影响，包括灾前预防和灾后救助过程中妇女生产劳动强度增大、农业经济收入的损失和身体健康的损害都非常明显。而由于当地农业生产主要由妇女负责，所以女性在气候变化引起的灾害面前的应急和长期脆弱性也异常明显（尹仑等，2012）。他们的研究揭示了红坡村在持续干旱后不仅减少了农作物和奶制品的产量，而且妇女为抗旱投入更多的时间和劳动量，并且在气候变化异常的情况下，原来妇女所掌握的半农半牧生计方式中丰富的传统知识，包括种养殖技术、对环境的认知、对自然资源的利用，以及农业种植的经验等都出现偏差，传统的知识运用在气候变化和异常的背景下失效了（尹仑等，2012）。

但是，这些研究依然没有揭示两性的性别关系在应对自然灾害中如何动态表现、男性和女性在应对气候变化和适应策略方面又是如何协商、有没有矛盾和差异、两性在协商过程和处理矛盾中如何较量等，动态的关系等方面更为深入的问题没有涉猎。

（二）水资源短缺对妇女的影响

随着气候变化的加剧，水资源的短缺成为一个重要的问题。目前，全球约有1/3的人面临水资源短缺的状况，到2025年，预计要增加到2/3；同时，气候变化还会引起更频繁和强烈的水灾和水资源的恶化。这些都将导致生态系统遭受更广泛和不可逆的变化。

由于妇女在家庭中承担家务劳动的角色，她们总是最先意识到水资源短缺和水质变化，而且水资源短缺给妇女造成更重的劳动负担，她们在日常生活中取水变得更为困难，并且要耗费更多的劳动量。水质的改变还导致相关疾病的传播，据统计，每年有 340 万人死于与水资源相关的疾病，其中大部分是妇女和儿童。[①]

中国研究者进一步证实在农村，气候变化导致的缺水使得妇女劳动量增大，并在维持家庭成员健康和家庭卫生方面付出更多（胡玉坤，2010）。这类研究依然是承继了性别角色分工的分析方法，看到在气候变化导致的水资源短缺过程中妇女承担的重负。

也有研究者从政策研究的角度回顾了中国水法和相关水资源的政策。研究发现，相关政策已经关注到社会性别的实用性需求，但是没有关注到社会性别的战略性需要。研究者认为，在 2002 年出台的水法中，没有针对社会性别、妇女和一些脆弱性的群体给予特别的关注。尽管在水权方面，农村和城市之间的不公平已被关注，但是没有关注在家庭层面、小规模农业活动中水的使用方面改变不平等的社会性别权力关系。由于农村水使用委员会及其机制中没有提及社会和性别的公平性，所以妇女和贫困人群作为弱势群体，被排斥在水管理委员会之外，没有机会参与被选举和水资源管理的决策过程，没有任何机制和制度确保妇女和贫困人群参与决策。所以，研究者倡议在水资源管理和相关的法律和政策中增强社会性别的敏感性，提高社会性别意识和主流化的能力在中国是非常迫切的（Lu Caizheng，2009）。这个研究结论非常重要，虽然该研究是分析中国水资源政策，没有气候变化的研究视角，但是它对社会性别不平等的权力关系影响妇女和贫困人群参与水资源管理问题的揭示，以及对相关政策和法律决策等治理层面机制化问题的讨论，对于在气候变化适应性治理结构的建设方向非常有启发。

（三）气候变化与迁移对于妇女的影响

气候变化带来的气候难民或是迁移问题是学者探讨的一个重要方面。岑剑梅引用了国际移民组织的资料指出，气温升高 4℃，就有 2 亿人失去家园。[②] 基督教救助组织预计，从 2007 年至 2050 年，将有 2.5 亿人因气候变化引起的水灾、旱灾、飓风、饥荒等自然灾害而被迫永久性离开家园。[③] 而在这众多的

---

① Cap-Net, GWA and UNDP. Why Gender Matters. A Tutorial for Water Managers (2006). http://www.genderandwater.org/page/5115.

② Oli Brown, Migration and Climate Change (2008), Geneva: International Organization for Migration, http://www.reliefweb.int/rw/lib.nsf/db900sid/ASAZ-7CGDBH/$file/iom_dec2007.pdf?openelement.

③ Christian Aid, Human Tide: The Real Migration Crisis (2007), http://www.christianaid.org.uk/Images/human-tide.pdf.

气候难民中，80%将是妇女；在紧急情况下需要帮助的人们中，70%～80%将是妇女；现有的2600万气候难民中，大约有2000万是妇女。[①]

气候变化导致家庭迁移对妇女的影响由于迁移的层次不同而不同。灾害导致粮食歉收而使丈夫外出谋生，而妇女留守家中，留守的妇女要承担更为繁重的家务、照顾家人和饲养牲畜。由于食物和生存资料的缺乏，不安全的隐患始终存在。另外，在留守的时候如果遇到二次灾害，无法生存，可能会举家二次迁移，妇女将面对新环境的挑战，包括周围的骚乱、缺乏安全感和水资源的不卫生，以及面临性侵犯的风险（岑剑梅，2011）。

研究者也进一步揭示了气候变化导致的灾害造成男性人口外出务工，使得农业女性化和老年化成为中国农村的又一特点，这进一步导致农村自然环境资源使用和管理的女性化现实（胡玉坤，2010）。

但是，气候变化导致迁移的研究在中国依然不够充分，无论是定量分析还是定性研究都特别缺乏。另外，迁移是多种原因造成的，如何将气候变化作为一种角度深入其中，并关注妇女的脆弱性和社会性别不平等所导致的问题，当前研究依然暴露出明显的不足。

（四）粮食短缺对妇女的影响

气候变化异常导致的灾害致使农作物减产和绝收，能源短缺和低碳政策致使石油价格上涨，可再生资源的研制占用土地，致使食物价格上涨，这些因素都对粮食安全造成影响。由于全球的贫困人口中70%是妇女，食物价格的上涨对妇女的影响会更大。

在价格上涨和食物短缺的情况下，贫困妇女可能会减少食物的购买量或选购质量较次的食物。同时，在家庭食物消费中会优先丈夫和孩子，削减自己的饮食量。长期的食物缺乏和营养不良会导致妇女体质变差，易感染疾病，在面临灾害时缺乏抵抗力；在医疗保障不普及的地区，气候变化会导致医疗费用增加（岑剑梅，2011）。

一方面，气候变化导致粮食短缺；另一方面，有学者认为提高农民对气候变化的适应性是落实粮食安全的重要举措（吕亚荣、陈淑芬，2010）。这从更加积极的方面去回应粮食安全和气候变化的思路。

同时，研究者也关注到食物缺乏和营养不良导致妇女感染疾病增多，更多

① Lorena Aguilar, Climate Change and Disaster Mitigation: Gender Makes the Difference (2004), http://app.iucn.org/congress/women/Climate.pdf.

的健康问题在健康保障未得到普及的地区，导致更严重的财政压力（岑剑梅，2011）。

四　妇女应对气候变化

妇女不仅仅是气候变化的被动受害者和更脆弱者，她们在回应气候变化中也发挥着重要的作用。

尹仑等在红坡案例的研究中揭示了妇女在应对气候变化中的重要作用和她们的具体应对措施，包括妇女个体应对和群体应对。妇女个体应对包括：以户为单位，在雪灾中应急抢救庄稼，为抵御雪灾后的泥石流修筑防洪堤和挡墙，为抵御旱灾而修水沟引河水以及选种和引种耐寒的农作物品种等。而妇女群体的应对则包括：通过传统自发组织的“姐妹会”在灾害救助中进行互助，并在干旱时协商水资源的分配。在长期应对气候变化的自然灾害中，“姐妹会”组织妇女治理滑坡、修建蓄水池和水渠、安装水管，同时在保护森林和恢复植被方面，都发挥重要的作用（尹仑等，2012）。他们的研究还进一步揭示了在政府的帮助下红坡妇女修建沼气、利用太阳能，运用温室大棚种植经济作物和药材，进一步减缓气候变化对当地的负面影响（尹仑等，2012）。

但是，另外的研究者也提出了一些影响妇女应对气候变化的结构性因素。第一，妇女在家庭和社区中获取和控制自然资源以及参与环境决策中处于劣势，妇女土地权利被侵害等原因，削弱了妇女应对气候变化的物质基础；第二，妇女在基层社区决策中的缺位或无权，使她们的环境知识、经验、关注和需要在应对气候变化中被漠视和低估；第三，一些结构性的因素也影响妇女应对气候变化的能力，如因贫困缺乏购置保护环境的物资投入，缺乏教育和技能，使得妇女缺乏收益高和应对灾害强的作物品种的替代技术，限制她们参与收入、报酬高的技术农活或非农转移等（胡玉坤，2010）。

研究者进一步提出应以妇女为中心研究气候变化，气候变化应对策略、减缓措施和适应措施均应致力于改变两性不平等的状况，从而降低气候变化可能带来的严重后果（岑剑梅，2011）。

也有研究者从救灾的角度提出了具有社会性别意识的灾后公共政策内容、方法和工具，认为在救灾工作中，要理性地将社会性别观念自觉纳入公共政策制定中，使两性灾民得到平等、公正的对待。具有社会性别意识的灾后公共政策从内容上应是实质优于程序的公平政策，从方法上则要对人群分类，关注不同人群的细致需求，将能力与脆弱性框架作为工具（陈秀娟、许立根，2008）。

总之，有限的研究不仅关注妇女在应对气候变化中的积极作用，也看到了阻碍妇女适应气候变化的社会性别的结构性因素：控制资源受限、决策参与被排斥以及知识、经验和需求被漠视，其背后更为深刻的原因在于不平等的两性权力关系，因此出路在于改变不平等的状况。如何在实践的层面实现具有社会性别意识的气候变化的应对策略，要进一步强调预防灾害和救灾公共政策中的社会性别意识，但是现实中缺乏更全面和深入的实证研究和实践。虽然目前有限的实践中关注到妇女作为群体的应对策略，但是如何运用赋权理论进一步考察妇女和个体的能动性，并且进一步影响从社区到宏观的政策措施方面的策略依然缺乏关注，也没有实践的路径和尝试。

有的学者从西方灾害应急管理理论对女性的关注中，看到了西方国家基于社会性别主流化完善灾害应急管理体系的努力，看到女权主义理论和女权运动对西方灾害应急管理社会性别主流化的贡献。研究女性应急技能与减灾技术学习、应对灾害的脆弱性、基于性别的备灾和减灾政策、基于社区的减灾、气候变化对女性减灾的影响等方面的社会性别分析，对于我国灾害应急管理具有重要的启示意义（张君羊等，2010）。

五　妇女参与自然资源管理与环境改善

在纳入气候变化视野之前，以往有关社会性别与自然资源管理的研究主要从性别分工的维度探讨妇女在自然资源管理中发挥的作用（夏园、李志南，2001）、妇女与森林的关系等（和钟华，2005）。研究大多利用参与性研究的工具，揭示了妇女是自然资源的主要使用者，在生产和生活中更依赖社区现有的自然资源，也更关注资源的利用和管理，是自然资源管理和维护环境的重要力量，所以强调妇女参与的重要性（孙秋，2002；李志南，2002；和钟华，2005）。有的研究者运用参与性的方法探索如何提高妇女参与能力的行动研究（孙秋，2002）。研究发现：首先，妇女受到男尊女卑的传统观念的束缚，这些文化和机制限制了妇女参与社区管理和活动；其次，缺少教育和培训的机会和增加收入的技能，导致妇女在社会和家庭中的地位较低；最后，繁重的家务、男性外出打工和自然资源环境的恶化，使妇女劳动负担加重，影响妇女的参与。研究进一步总结了增强妇女参与能力提高的主要策略，包括：了解妇女的需求、利益和兴趣，开展实用技能、组织管理和领导决策的培训和实践活动，提高妇女参与的能力；组织妇女开展增收的活动，采用减轻妇女劳动负担的技术；建立自然资源各类管理中妇女参与的机制（包括各种管理小组妇女成员不低于30%的比例，组建妇女互助小组等），为妇女参与创造条件。

研究者通过分析张掖市甘州区农村妇女参与农民用水户协会管理的现状和意愿，分析影响妇女参与协会管理意愿的因素，提出应从以下几个方面来促进妇女的参与：建立和完善用水户协会的运行机制，为妇女参与降低门槛，创造机会；提高妇女参与水资源管理决策的能力；发挥家庭的作用，为妇女参与用水户协会管理提供坚实的后盾；将性别平等纳入评价用水户协会运行和管理的指标体系等（郭玲霞等，2009）。

郭林霞等提出在集成水资源管理中的性别问题，有利于女性充分参与水资源管理，发挥妇女在水资源利用管理及环境保护中的重要作用，促进水资源可持续发展。并提出了在集成水资源管理中加强性别分析，设计促进性别平等的目标和指标，以及建立性别敏感的监测、评估等性别主流化的途径（郭林霞等，2013）。

这类研究为自然资源的利用和环境保护中的性别议题提供了背景，但是没有将气候变化的视角引入研究与分析，这对于目前自然资源管理来说无疑是一个缺憾。

六　结论性评述

气候变化作为一个公认的事实，在云南主要表现为温度的升高和季节性降雨的减少，特别是夏秋降雨减少，使得全省的持续干旱成为2009年来云南主要的气候灾害。

在气候变化的背景下研究云南农村的适应性与社会性别有关的研究非常稀少，由此我们将文献研究的视野扩展到全国，可以看到相关研究观点的基本轮廓，但是研究领域依然是零散而非系统的，研究的问题不够全面。

对于气候变化的适应性方面，除了接纳国际通用的适应性的概念外，尝试在文献研究的基础上建构气候变化与人类问题发展之间的联结，并借鉴脆弱性框架分析气候变化与适应性之间的关系，虽已经提到社会性别、贫困、民族和年龄的结构性因素，但是从这些社会结构方面深入的实证研究非常缺乏。而大量的研究是集中在微观和中观层面，研究农民对气候变化的认识和适应性行为的定量研究，有少数对于民族社区微观定性研究揭示了乡土知识在气候变化中的应对。这些研究在农户对气候变化的适应与认识之间建立起密切的关联，同时发现农户与农业生产有关的一些适应行为。而更广泛意义上的适应性策略，特别在国家宏观方面的适应性策略方面与农户适应性生计方面没有建立清晰的联结，这不能不说是至今为止研究中的一个明显缺陷。

有关气候变化和适应性研究中涉及社会性别的研究不多，很多研究只是关注男性、女性在对气候变化影响上的表面差异，而对于差异形成更深层的结构性原因和社会性别的关系运作则没有进一步关注与交叉分析，这不能不让人感到这些观点略显肤浅，且有受二元本质主义影响之嫌。在有限的运用社会性别的研究观点中依然只是单一依靠性别劳动分工和角色理论作为主要的分析方法和角度，并且有的研究还带有强烈的男性中心标准的色彩去评价女性的感受，而没有从女性的视角去关注女性的感知和经验，尊重女性独有的知识，更没有关注男性和女性不平等的权力关系的结构如何使女性更加边缘和脆弱，这不能不说是这类研究的短板与遗憾。

社会性别与气候变化之间关系研究的不足，在运用社会性别结构分析来考察气候变化对妇女群体的影响以及妇女应对气候变化中得到部分弥补。这些研究进一步揭示出中国农村妇女在不平等的社会性别关系中面对气候变化的影响更加脆弱和在应对气候变化决策中更加边缘的现实状况，无论是在自然灾害来临（包括旱灾、沙尘暴、雪灾、泥石流），还是在气候变化而导致的水资源短缺、食物短缺、迁移等方面都是如此；女性在这些具体问题中更加脆弱的具体表现，如劳动重负增加、营养下降、疾病增加、迁移中的不安全与性侵犯、决策的边缘化等。但是这些研究缺乏在中国背景下深入的实证研究，很多依然停留在经验性和理论性的逻辑推导。另外，虽然关注到社会性别不平等权力关系是导致妇女在气候变化中更加脆弱的基础性原因，但是缺乏对于两性关系在气候变化中的动态性考察，男性和女性如何在气候变化适应过程中协商、如何解决彼此的矛盾和差异、如何较量或能否建立重新建构社会性别的平等关系路径等深入的问题没有进一步涉猎。

对于妇女作为个体和群体应对气候变化方面，有限的定性的案例研究有所涉及，展现妇女在应对气候变化方面的积极作用和具体方法。同时，也有研究已经揭示影响妇女回应气候变化的结构性因素：应对气候变化资源获取和控制的有限，在基层社区决策中的缺席导致经验、知识和需要被漠视和获取应对能力的缺乏等。已有的研究缺乏运用赋权理论考察妇女群体和个体能动性，并将个体和群体应对的策略和从社区到宏观政策和措施中的策略建立连接，既没有对实践的考察和分析，也缺乏结构性策略的建构。

第二章　社会性别、气候变化与农村生计

一　引言

（一）研究背景

气候变化正在日益成为影响人类生存与发展的一个重要问题，气候变化引发的环境灾害对农业和农村生计造成严重的威胁。在中国的农村地区，以男性为主的大量农村劳动力被吸纳到城市就业，农村超过60%的劳动力是妇女，妇女已经成为农业生产活动的主力军。在农业生产和维持家庭生计方面，妇女正在承担日益重要的角色和任务。然而，从社会性别的视角来考察气候变化对农村妇女和男性产生的不同影响，以及两性应对和适应气候变化在能力、需求和面临的困难等方面的差异性却是一个相当新的研究课题。特别是社会性别与气候变化影响的关系结合农村生计发展的研究，无论是在微观的个案研究方面还是在宏观的缓解和适应气候变化的政策研究方面都非常缺乏。

“喜马拉雅气候变化适应性”项目是国际山地综合发展中心主持的一个研究课题。该课题特别关注兴都库什-喜马拉雅山区农民对气候变化的适应性研究。通过适应性研究探索增强喜马拉雅山区农村，尤其是妇女应对气候变化的弹性和能力的方法。研究内容包括：兴都库什-喜马拉雅山区农村生计的气候变化影响分析，以及脆弱性评估特别是妇女应对气候变化的脆弱性；山区农村适应气候变化的能力建设，以及建立气候变化影响的知识库用于支持在社区层面的适应性增强的措施，同时在宏观的层面为有关政策的制定提供研究的理论依据。

概论研究是该课题下的一个子研究内容，在研究范围上有三个重点：一是内容上考察社会性别、气候变化与农村生计的影响关系的研究成果，识别需要进一步深入研究的领域和问题，特别是在农业生产女性化现象普遍的当代农村，重点考察气候变化对妇女生计产生影响的研究与发现；二是时间上重点关

注目前正在进行的研究成果，而不是文献；三是在地域上，重点关注云南省的社会经济与环境条件下的气候变化与社会性别的影响关系。

（二）研究的具体目标与内容

概述研究的目的是建立并扩展关于气候变化与农村生计的社会性别影响分析的知识，更好地了解在变化的社会经济背景和环境改变的情况下，中国和云南省的农村妇女应对气候变化的脆弱性和面临的挑战，识别并分析妇女更好地适应气候变化的机会和潜能，以增强妇女长期应对和适应气候变化的能力。研究不仅回顾和评估了中国和云南省为适应气候变化而制定的政策和策略框架内的社会性别视角和内容，评估了目前正在进行的社会性别与气候变化的关系的相关研究，而且对今后深入研究的领域提出了建议。

主要的研究内容包括：①评估目前正在进行的相关研究和已有的政策文件，识别与气候变化有关的关键的社会性别问题；②评估气候变化影响农村生计的几个重要的与妇女生产生活关系紧密的领域，如水资源匮乏、自然灾害风险、森林退化等，评估现今的研究发现的基础上识别需要深入研究的领域，为今后研究提出值得关注的问题；③为在适应气候变化的政策和措施框架内纳入社会性别视角，增强社会性别敏感性提出政策建议；④识别正在从事社会性别与气候变化影响研究的关键的研究机构和学者。

（三）研究方法

本研究主要运用定性研究的方法，收集并分析四种类型的数据：回顾目前进行的实证研究的结果；回顾现有的中国和云南省的政策文件；访谈正在进行相关研究的机构和学者；举办全国性的专家研讨会，咨询并讨论目前气候变化对男性和女性的影响差异性。

1. 实证研究回顾

本研究回顾了目前进行的相关研究的成果，包括研究的主要发现、研究方法和可能的政策建议。资料来源主要是已经发表的研究论文和未发表的研究报告或成果总结等。

2. 政策回顾

从社会性别的角度对气候变化的议程和政策框架进行评估。用于评估的主要政策框架是全国和云南省已经公开颁布的有关气候变化的政策文件。

3. 机构访谈

本研究一共访谈了 30 个相关的研究机构。这些机构包括国际发展机构、研究机构、大学、云南省妇女组织和云南省的非政府组织等。大多数访谈通过面对面的讨论进行，有些访谈则是通过电话或是电子邮件问卷完成。参加访谈的机构中，有16个机构目前在他们各自的工作领域里已经开始回应气候变化的影响，如气候变化与农村生计的关系、气候变化对农业生产的影响、气候变化对生态系统的影响以及灾害管理等。然而，与气候变化有关的社会性别问题在目前的气候变化研究和项目中并没有得到足够的关注。

4. 全国性研讨会

全国性的社会性别与气候变化影响研究讨论会于2013年11月在昆明举行。研讨会把目前正在进行社会性别与气候变化研究的机构和学者聚集在一起，共同分享在研究和项目实践中的经验、体会、挑战和对进一步深入研究的想法。研讨会还重点讨论了在中国和云南地区的农村，正在出现的气候变化带来的对男性和女性的不同影响，以及两性应对气候变化的不同措施和需求等。会议专门讨论了妇女应该如何应对气候变化带来的影响，对妇女适应自然灾害频发和环境退化的长期的策略需求提出了建议等。

二　妇女发展概况

（一）中国妇女发展概况

2012年中国妇女占全国人口的48.75％（国家统计局，2013），宪法和其他保护妇女的国家法律赋予妇女与男性在政治、经济、社会和家庭生活等各个方面平等的权利。因此，中国妇女能够广泛地参与到社会、经济和政治活动中。根据2011年第三期中国妇女社会地位调查主要数据报告（以下简称调查报告）提供的数据，妇女的总体社会经济状况相比2000年得到了很大的提高和改善。

在健康方面，2010年女性平均寿命是77.37岁，略高于男性（72.38岁）。调查报告显示，年龄在18～64岁的妇女中，有64.2%的认为健康状况“良好”，比10年前提高了9.2个百分点。男女两性认为健康状况“良好”的自我评价的差距从12.7个百分点缩小到7.7个百分点。

在教育方面，调查报告数据说明女性的受教育状况得到了很大改善，男女两性受教育年限的差距明显缩小。18～64岁妇女的平均受教育年限是8.8年，相比2000年增加了2.7年。年轻女性的受教育年限明显高于中老年女性。两性的受教育年限差距从2000年的1.5年缩短到2010年的0.3年。有33.7%的妇女接受了高中及以上教育，比2000年提高了5.5个百分点；有14.3%的妇女接受了大学专科及以上的高等教育，比2000年提高了10.7个百分点。

在就业方面，调查报告显示，18~64岁妇女的就业率为71.1%。在第一、第二、第三产业从业的女性比例分别是45.3%、14.5%和40.2%。男女两性农村劳动力在非农领域就业的比例在不断增加。农村女性和男性劳动力在非农领域就业的比例分别是24.9%和36.8%。相比2000年，农村女性劳动力在非农领域就业增加了14.7个百分点，同时男性增加了17.9个百分点。

尽管妇女发展在健康、教育和就业等方面取得了很大的进步，但是社会性别差距和不平等依然存在。妇女在识字率、工资水平，以及管理岗位和决策机构的代表人数等方面仍然落后于男性。2012年，15岁以上的女性人口文盲率是7.32%，而相同年龄段的男性的文盲率只是2.67%。女性文盲率高于全国文盲率4.96%的平均水平（国家统计局，2013）。调查报告同样揭示了男性与女性在就业方面的差异。女性就业人数占女性人口比例是71.1%，而男性就业人数占男性人口比例是87.2%。该报告还进一步反映了两性工资水平的差异。女性平均工资水平相当于男性平均工资水平的65%，而且妇女大多数集中于低收入的工作岗位，超过60%的妇女从事低收入的工作。59.8%的城镇妇女属于低收入人群（城镇男性同等收入的比例为40.2%），30.9%的城镇妇女进入高收入人群（城镇男性同等收入的比例为69.1%）。农村妇女低收入人群的比例相比城镇妇女更高。65.7%的农村妇女属于低收入人群，而农村男性同等收入的人数占比仅为34.3%；仅有24.4%的农村妇女进入高收入人群，而农村男性同等收入的人数占比高达75.6%。只有9.0%的妇女获得商业贷款用于支持她们的生产和经营，而男性获得贷款的比例高达14%。尤其需要指出的是，中国妇女参与高层次的决策远不及男性，无论是全国人大代表还是村委会代表中的女性比例都远低于男性。

中国农村与城市的发展不平衡使农村妇女与城市妇女之间的差距不断扩大。例如，调查报告显示，在城市地区，就业妇女的年收入相当于男性收入的67.3%；而在农村地区，就业妇女的年收入相当于男性收入的56.0%。农村妇女的健康、教育和收入水平比城镇妇女低。妇女群体发展的不平衡也表现为不同区域之间的差异。中国的东部是经济发达地区，而西部是欠发达地区，区域发展不平衡的现实导致大量的贫困妇女主要集中于西部农村地区。表2-1反映了农村妇女与城市妇女之间在健康、教育和收入方面的发展差异。

表 2-1 农村妇女与城市妇女的发展差异（2011 年）

单位：%

发展指标	城市妇女	农村妇女
医院分娩	97.2	87.7
平均受教育年限	10.1	7.1
高中及以上受教育水平	54.2	11.6
大学专科以上高等教育	25.7	2.1
高收入人群	30.9	24.4
低收入人群	59.8	65.7

资料来源：第三期中国妇女社会地位调查课题组，2011。

（二）云南的农村妇女

云南省是一个边疆多民族的高原山区省份，山区和半山区占全省面积的94%以上，4000 多公里的边境线上分布着25 个边境县，人口超过5000 人的少数民族有25 个。云南省辖 16 个州（市），其中 8 个民族自治州、129 个县，其中国家级重点贫困县 73 个、省级重点贫困县 7 个、民族自治县 29 个。云南部分农村是集边疆、民族聚居与贫困为一体的地区。2011 年云南省妇女人口占全省总人口的 48.2%，超过 60% 的农村劳动力是妇女（云南省统计局，2012）。在云南农村，大多数妇女承担了维持家庭生计的主要任务。

2001 年，云南省通过制定并实施《云南妇女发展规划（2001～2010 年）》，使农村妇女的受教育程度、健康状况、生活水平等方面得到显著的改善。

然而，云南农村妇女的发展仍然面临很多挑战与制约，主要体现在以下三个方面：一是云南广大农村地区面临基础设施条件差、交通不方便、公共服务可及性较低、资源短缺、生态恶化、自然灾害频发等制约发展的问题，生活在其中的妇女的生产生活受到严重的制约；二是 50 岁以上的妇女由于年龄偏大、受教育水平偏低、缺乏专业技能等自身因素影响了她们获得就业的机会；三是虽然妇女发展取得了很大的进步，但是社会风俗和文化习惯仍然是阻碍妇女发展的主要因素，特别是农村社会面临转型的今天，尽管妇女劳动力已经占农村劳动力的大多数，妇女仍然在社区自然资源管理、社区决策过程、就业、获得农业技术推广服务、获得农村信贷服务等方面落后于男性。

中国农村正在经历快速地从农业就业向非农就业的转型期。云南农村与全国农村的非农转型情况大致相似。但是，女性外出务工无论规模还是时间长度都远不及男性。大量妇女留守在农村承担农业生产和照顾家庭的双重角色。以丽江市调查为例，妇女从事农业生产活动超过半年以上的比例是67.3%，远高于男性比例的38.5%（见表2-2）。相反，男性承担农业生产少于半年的比例达到61.5%，而只有32.7%的女性从事农业活动的时间少于半年（见表2-2）。丽江调查还发现，妇女承担的农业生产活动涵盖了种植和养殖两个农业的主要领域。妇女从事的种植业包括粮食作物和经济作物两大类；妇女主导的养殖业大多数是养猪、鸡和牛（见表2-3）。

表2-2　男性和女性的农业生产投入时间（2011年）

单位：人，%

性别	参与农业生产的时间	人数	比例
男性（N=96）	半年以上	37	38.5
	半年以下	59	61.5
女性（N=104）	半年以上	70	67.3
	半年以下	34	32.7

资料来源：2011年丽江家庭问卷调查。

表2-3　男性和女性的农业生产劳力投入（2011年）

单位：人，%

生产活动	女性（N=104）		男性（N=96）	
	人数	比例	人数	比例
种植粮食作物	67	64.4	34	35.6
种植经济作物	58	55.8	42	44.2
养猪	65	62.5	36	37.5
养牛	64	61.5	37	38.5
养羊	54	51.9	46	48.1
喂养家禽	69	66.4	32	33.6

资料来源：2011年丽江家庭问卷调查。

随着以男性为主的外出务工的现象出现，大量家庭责任转移到妇女肩上，引起了传统“男主外女主内”的家庭内部社会性别分工的改变。以妇女为主要劳动力的农业生计加上以男性为主的非农生计构成了当下云南农村大多数家庭的生计发展模式。

在云南，村一级领导位置上的妇女代表仍然很少，尽管妇女已经广泛地参与农村社区的公共管理，如组织传统节日庆典、结婚庆典和葬礼，在男性外出务工的时候代表家庭参加社区开会，以及为社区服务投工投劳（如参加社区道路的养护、小型水利维修）等，但是妇女很少参与社区公共事务决策，社区决策机构的妇女代表也很少，如村委会、村级水资源管理或森林资源管理等。

三　气候变化的事实、趋势和影响

（一）中国背景

气候变化已经日益成为最受关注的一个全球环境问题之一。中国在过去的100年经历了气候方面发生的明显变化。在过去的100年里平均气温上升了0.5～0.8℃，同时期全球平均升温是0.74℃。相比较南部区域，气温升高的现象在西部、东部和北部区域尤为突出，而且表现为冬季气温升高明显。1986～2000年，观测到有20个持续的暖冬出现（国家发改委，2007）。

虽然在过去的100年间，降水总量没有发生明显变化，但是降水量区域之间的不均衡情况十分突出。华北、西北地区的东部以及东北地区的年降雨量明显减少，平均每10年减少20～40mm，其中华北地区最为明显。同时期华南和西南地区降水量却明显增加，平均每10年增加20～60mm（国家发改委，2007）。

在过去的50年间，极端天气发生的频率和强度在全国范围内都有明显的增加。华北和东北地区主要表现为干旱严重，而长江中下游地区和东南沿海一带的洪涝却日益加重。

在过去的50年间，中国沿海海平面年平均上升的速度为2.5mm，超过全球每年2.3mm的平均水平。中国的冰川退缩严重，而且有加速的趋势。

《中国应对气候变化国家方案》指出，普遍性升温、降雨量区域间的显著波动以及极端天气和气候事件发生的频率增加和强度增大将是中国未来气候变化的主导趋势。据预测，到2030年，西北地区的年平均气温可能上升1.9～2.3℃，西南地区可能上升1.6～2.0℃，青藏高原地区的年平均气温将升高2.2～2.6℃。预测到2020年，全国年平均降雨量将增加2%～3%；到2050年，将增加5%～7%。这个变化趋势将对社会经济发展和人民的生活产生很大的影响。

亚洲开发银行2012年“环境可持续的未来：中国国家环境分析报告”估计，在2004～2007年，中国因旱灾导致的年损失达到80亿美元。旱灾对农村地区的粮食安全和农村人口的社会福祉构成严重威胁。2010年6月，中国南方广大地区遭遇了严重的暴雨天气，有将近230条河流超过洪水警戒水位，有25条河流的水位达到历史以来的最高点；27个省遭遇暴雨袭击，很多城市发生产严重的洪涝灾害；超过 11300 万人口受到不同程度的影响，645500 个房屋被洪水损坏，直接经济损失达到 1422 亿元人民币（ADB，2012）。

（二）云南背景

季风气候加上山地气候形成了云南独特而复杂的气候特征。云南北靠亚洲大陆，南濒两大海洋，与青藏高原相邻，属于中国地势第二阶段的云贵高原，是中国唯一的低纬高原，也是全球十大著名的低纬高原地区之一。云南由于处于全球最强盛的印度季风与东亚季风的交叉影响范围之内，因此形成了独特的气候特征及变化背景：呈现干、湿两季分明，而不像中国其他地区四季分明的特点。每年 5～10 月是云南的雨季，年降雨量的 85% 出现在这个时期。特别是 60% 的降雨集中于 6 月、7 月、8 月三个月（刘瑜，2013），极易发生在同一个地区干季旱灾和湿季洪灾并存的情况。

云南面积的 94% 是山地，因此云南山地立体气候非常明显，垂直变化显著，有“一山有四季，十里不同天”的说法。云南地势北高南低，西北最高，东南最低。最高点在西北部德钦县梅里雪山的主峰卡格博峰（6740 米）；最低点在东南河口县红河出境处（76.4 米）；相对高差为 6664 米。云南有从北热带到北寒带等七种气候类型，相当于囊括了我国南自海南岛、北至黑龙江的所有气候类型（刘瑜，2013）。

近 50 年来，云南的气候变化在增温方面与全国情况大致相同。近 61 年中云南年平均气温上升了 0.78℃，增温速率为每 10 年增加 0.13℃。从气温的季节变化来看，冬季和秋季增温较春季和夏季明显。冬季气温上升最为显著，增温速率为每 10 年增加 0.27℃，高于全国平均增温水平。气温升高也呈现区域性的差异，增温最明显的区域位于滇中以南及滇西北地区，这些地区的气温上升普遍高于全省其他地区。相反，降雨量出现下降的趋势。1961～2011 年云南省年降水量变化呈现减少趋势，特别是 2010 年、2011 年和 2012 年这三年的变化趋势非常明显。云南 51 年来年降水量减少了 67.8mm，减少速率为每 10 年减少 13.3mm。云南各个季节降水量的变化趋势明显不一致。春季降水量的变化呈增加趋势，夏季、秋季却有弱减少趋势，冬季变化不明显。干季（冬春季）和湿季（夏秋季）降水量变化的趋势相反，干季呈增加趋势，而湿季呈减少趋势。近 50 年来，云南年降水量变化趋势存在较大的区域差异，西北部的迪庆藏族自治州、怒江傈僳族自治州北部和丽江市，以及中西部的德宏州、保山市南部、普洱市北部、楚雄州和昆明市东北部地区的降水呈增加趋势，其余地区的降水则呈减少趋势。其中东部地区降水减少的趋势最明显，减少速率最大达每10年减少83mm（刘瑜，2013）。

云南特殊的地理位置和复杂的地形地貌，使得立体气候特征明显，复杂的气候背景虽然带来丰富多彩的气候资源，但也造成复杂多样的气象灾害。云南气候条件复杂，局部生态环境脆弱，极易受气候变化影响。近10年来，云南局部洪涝、山洪、滑坡、泥石流等灾害大幅增加，财产和人员损失严重。2009年以来，全省连续四年出现气温偏高、降水偏少的极端情况，云南中部和西北部连续四年出现中度以上干旱，局部达到重度，农业生产和群众生活受到极大影响。

据2012年云南省减灾防灾委的统计，全省河道平均来水量较常年整体减少30%，已有778条中小河流断流、431座小型水库和5908个小坝塘干涸，全省库塘蓄水仅42.5亿立方米，同比减少16亿立方米。严重旱灾已造成16个州市2640.28万人受灾，已有888万人、1890万头（匹）牲畜（其中576万头大牲畜）饮水出现困难；823万人需要口粮救助；农作物受灾面积达4743.7万亩（其中秋冬播农作物受灾3261.2万亩，占已播种面积的90%，绝收1506.9万亩，水果、茶叶、蚕桑、橡胶、咖啡五类经济林果受灾1482.5万亩，占总面积的81.8%），预计全省小春粮食（夏粮）将因灾减产60%左右；林地受灾面积达5181万亩、报废1204万亩。全省农业直接经济损失超过170亿元。[①]

四　应对气候变化政策框架的社会性别评估

（一）国家级政策框架

社会性别的视角没有能够在国家层面应对气候变化的政策框架文本中得到反映。在讨论气候变化的影响时政策框架更多地提到自然科学方面的影响数据，没有关注气候变化影响的社会性别差异以及妇女面对气候变化影响的脆弱性。政策框架中的气候变化适应性策略更多地反映了从技术创新和经济结构调整等方面来减缓气候变化的影响，没有涉及社会性别敏感的减缓和适应气候变化的措施和策略。作为应对气候变化的主体的男性和妇女在利用环境资源、参与公共事务决策、承担社会角色等方面的差异性没有提到，由此而产生的两性在应对气候变化的需求和能力的差异性也没有得到关注。

中国政府对气候变化问题给予了高度重视，为此成立了共有17个部门组成的国家气候变化对策协调委员会，在研究、制定和协调有关气候变化的政策

---

① http://www.yninfo.cm，最后访问日期：2014年6月12日。

等领域开展了多方面的工作，并根据国家可持续发展战略的要求，采取了一系列与应对气候变化相关的政策和措施，为减缓和适应气候变化做出了积极的贡献，为中央政府各部门和地方政府应对气候变化问题提供了指导。为切实履行中国政府对《联合国气候变化框架公约》（以下简称《气候公约》）的承诺，从2001年开始，国家气候变化对策协调机构组织了《中华人民共和国气候变化初始国家信息通报》的编写工作，并于2004年底向《气候公约》第十次缔约方大会正式提交了该报告。2007年，中国政府制定了《中国应对气候变化国家方案》〔以下简称《方案》（2007）〕，《方案》（2007）明确了到2010年中国应对气候变化的具体目标、基本原则、重点领域及其政策措施。中国将按照科学发展观的要求，认真落实方案中提出的各项任务，努力建设资源节约型、环境友好型社会，提高减缓与适应气候变化的能力，为保护全球气候继续做出贡献。《方案》（2007）指明由于脆弱的生态系统、严重的自然灾害和巨大的人口，中国面对气候变化的影响是脆弱的。《方案》（2007）明确了受到气候条件变化影响的几个关键性的领域：气候变化对农业的影响、对森林和相关的生态系统的影响、对水资源分布的影响，以及对海岸带环境和生态系统的影响。《方案》（2007）强调通过加强科学研究与技术创新以更好地支持和适应气候变化。然而，社会性别视角并没有纳入《方案》（2007），如谁会受到气候变化更严重和更直接的影响，谁将为应对农业生产、生态系统以及水资源等方面受到的影响面临更多的挑战和压力等。

国家发展和改革委员会从2008年开始发布中国应对气候变化的政策与行动年度报告。年度报告总结了减缓和应对气候变化影响所采取的措施以及取得的成果。年度报告反映了目前国家采取的减缓和应对气候变化影响的措施，包括产业结构调整、农业基础设施完善、脆弱生态系统的保护和恢复等。年度报告对极端气候导致的自然灾害频发继而引发公共健康问题给予很大的关注，强调增强各级政府应对公共健康问题的能力。然而，社会性别分析并没有被纳入报告，如应对气候变化影响的社会保障政策和措施，特别是对脆弱人群（如妇女和穷人）的保障措施。这两个群体可能受到气候变化的影响更突出。

由全国人大代表批准同意，国家发展和改革委员会组织编制的《国家应对气候变化规划（2014～2020年）》〔以下简称《规划》（2014～2020年）〕，第一次在国家层面提出了应对气候变化影响的长期规划。《规划》（2014～2020年）分析了全球气候变化的趋势和对中国的影响，包括当前气候变化带来的影响以及未来的挑战。提出了我国应对气候变化工作的指导思想、目标要求、政策导向、重点任务及保障措施，将减缓和适应气候变化要求融入经济社会发展各方面和全过程，加快构建中国特色的绿色低碳发展模式。《规划》（2014～2020年）制定了国家层面为减轻气候变化的影响而采取的适应和缓解策略。《规划》（2014～2020年）识别了气候变化的关键领域，确定了在这些领域采取适应策略的优先措施，如农业、林业、水资源和生态系统保护等。但是《规划》（2014～2020年）并没有提到在气候变化影响中存在的社会性别问题，如妇女应对气候变化的脆弱性没有得到关注，气候变化对男性和女性产生的不同影响以及采取的应对措施所需要的不同需求和能力建设等。

（二）云南省相关的措施方案

气候变化是云南省政府面临的最重要的一个环境与发展问题之一。气候变化已经在云南引发了严重的环境危机，如2009～2012年的全省性持续干旱。《云南省国民经济和社会发展第十二个五年规划纲要》的目标是建设资源有效利用和环境友好型的社会，明确了三个方面的保证措施：控制温室气体的排放、产业结构升级调整和建设低碳发展经济模式。

2008年云南省制定了《云南省应对气候变化方案》〔以下简称《方案》（2008）〕，《方案》（2008）分析了气候变化对云南省在农业、水资源、生态系统、生物多样性等四个方面带来的影响，提出了应对气候变化的主要任务是优化能源结构，减缓温室气体排放；调整产业结构，促进节能减排；推进农业产业结构调整，加快农业生态省建设；改善生态环境，增强抵御气候变化的能力；强化水资源管理，确保城乡居民生活用水安全等。《方案》（2008）提出建立政府部门与社会事业单位联动防御气候灾害机制，在省、州、市制定中长期发展规划时要充分考虑气候变化的内容。《方案》（2008）同时强调了加强公众的环境教育，提高公众应对气候变化的认识的重要性。但是方案没有把社会性别纳入应对气候变化的议事日程。

与应对气候变化相关的省一级重要政策性文件还包括《云南省低碳发展规划纲要（2011～2020年）》和《七彩云南生态文明建设规划纲要（2009～2020年）》。2009年云南省颁布了推动全省生态文明建设的指导性文件——《七彩云南生态文明建设规划纲要（2009～2020年）》（以下简称《纲要》）。《纲要》对环境治理、资源可持续利用、发展生态产业、建设生态城乡等方面提出了中长期的目标任务，《纲要》专门强调了加强对自然灾害的预防控制。2010年云南省被确定为国家第一批绿色低碳发展模式试点省份。云南省制定了低碳发展路线图和时间表，尝试加快建立以低碳为特征的城市工业、建筑、交通、能源体系，倡导绿色低碳的生活方式和消费模式，从规划、建设、运营、管理全过程探索产业低碳发展与城市低碳建设相融合的新模式。为了实施绿色低碳发展模式试点项目，云南省政府制定了《云南省低碳发展规划纲要（2011～2020年）》〔以下简称《规划》（2011～2020年）〕。《规划》（2011～2020年）强调增强省一级应对和适应气候变化的能力，建设低碳经济，倡导低碳生活。《规划》（2011～2020年）提出推进产业的低碳化调整与发展，发展低碳农业，减少使用化肥和农药，加强能力建设，构建低碳发展的技术支持体系等。但是，这两个政策文件都没有把社会性别意识纳入其中。

五　气候变化影响的社会性别分析

（一）目前研究概况

气候变化的影响不仅是现实的灾害如干旱、洪涝、滑坡、冒风雨等，而且也可能带来长期的危害如环境和生态系统的退化等。气候变化正在加剧环境问题的恶化。环境恶化正在对人类社会的发展产生很多负面的影响。如：农作物减产、绝收，粮食安全受到威胁；人类赖以生存的森林和生物多样性减少；水资源短缺、能源减少等直接影响到人类的健康；生计方式的改变；等等。

相对于男性，妇女面对气候变化更加脆弱。因为妇女占世界贫困人口的大多数，而且她们的生计活动更多地依赖于自然资源。在气候变化影响下自然资源的日益匮乏直接威胁妇女的生计安全（BRIDGE，2008）。在中国农村，妇女和男性受到气候变化不同的影响，尤其是广大的西部农村地区，由于经济欠发展，贫困人口数量大，那里的妇女面对气候的影响更加脆弱。在大量男性劳动力外出打工的背景下，西部农村妇女比过去承担了更多的角色，除了传统的在家照顾老人和小孩，照看牲畜，为家庭成员煮饭、洗衣等再生产的角色以外，妇女还必须承担大多数的农业生产角色。

首先，作为家庭再生产活动的主要承担者，妇女需要保障家庭用水、保障家庭有足够的粮食、满足家庭对薪柴的需求等，因此气候变化使妇女面临更大的挑战（Skinner，2011；IFAD，2012）；其次，在农业生产日益呈现女性化趋势的当下农村，妇女必须承担维持和保障家庭生计的生产性角色，因此气候变化极大地增加了妇女的劳动量和妇女的生计压力（刘伯红、王晓蓓，2011）；最后，现实普遍存在的对资源可及性的男女两性之间的不平等和差异，以及各级决策机制中女性代表的严重不足加重了气候变化对妇女的影响（WEDO，2008）。

社会性别与气候变化的关系在中国是一个相当新的研究主题。目前仅有少量的研究提供了有关水资源短缺对妇女生计的影响的信息（云南丽江案例研究），气候变化对农业和以妇女为主导的农村生计的影响的数据（陕西案例研究），以及两性应对干旱采取不同的措施和方法的定性的描述（云南保山案例研究）。陕西案例研究还提供了有关妇女正在社区层面采取的减缓和适应气候变化的措施的第一手证据。

然而，除了仅有的几个研究提到了气候变化对农户和农村生计的影响以外，很少有研究涉及气候变化在农业、林业、粮食安全、自然灾害以及气候变化导致的自然资源短缺等方面对妇女和男性产生了怎样的具体的影响（赵群、张宏文，2015）。同时，社会性别与气候变化的关系在最易受到气候变化影响的热点区域的研究也很少见。除了云南丽江的案例研究分析了社区贫困妇女应对气候变化的措施选择比非贫困家庭更少（孙大江，2015）外，目前没有专门的研究讨论气候变化对妇女群体中不同人群（如老年妇女、少数民族妇女、贫困妇女、民族、不同经济水平、残障妇女等）的影响的差异性。妇女和男性在缓解和适应气候变化方面具体面临哪些挑战和困难，妇女和男性在适应已经发生的气候变化的自身能力建设方面有怎样的需求，以及外部环境的支持方面有哪些缺失和需要改进的内容（如社区公共事务管理、农业技术推广服务、适应气候变化的政策等），目前也没有看到相关的研究成果。

（二）水资源短缺影响妇女的生计安全

在全世界绝大多数地区，保障家庭内部供水和农业生产用水对于实现粮食安全和改善农村生计都是至关重要的（IFAD，2012）。妇女无论是完成家庭再生产角色的煮饭、洗衣服、打扫卫生、保证健康等方面，还是完成农业生产角色的农作物种植、饲养家畜等方面，都离不开水资源的使用。一系列的科学研究表明，气候变化对水资源的可提供性有明显的影响。气候变化导致的水资源匮乏不仅对妇女完成她们的家庭再生产角色提出了现实的挑战，而且对妇女承担的农业生产和家畜饲养带来了负面的影响。由此，妇女取水、储存水、有效分配水资源以及保护水资源所付出的劳动量将极大地增加。

丽江案例研究揭示了气候变化正在引发水资源的短缺，从而威胁妇女的家庭生计安全。方框 1 说的是由于气候变化带来妇女的劳动量明显增加的一个例子。妇女劳动量增加的结果是妇女不得不面对普遍的劳动力短缺，这使得山区妇女的生计安全风险不断增大。妇女不得不投入大量时间和劳力用于取水，结果是妇女没有足够的时间和充足的劳力投入增加家庭收入的活动或是其他的生产性工作。有些家庭面临更为严重的劳力短缺，在外打工的年轻妇女不得不回家帮忙，导致家庭现金收入部分损失。在家庭面临劳力短缺的时候，多数情况下是选择让妇女回家而不是男性，因为当地社区普遍认为提供家庭服务（比如用水）是妇女的主要责任。

方框1：妇女为应对水资源短缺承担繁重的负担

下源村，位于金沙江干热河谷地带，每年有长达半年的缺水期。妇女通常使用水窖以满足家庭所需。2008～2012年的持续干旱加剧了该村妇女取水和用水的困难，干旱期间缺水超过6个月。丈夫外出打工，妻子在家维持生计成了村里大多数家庭应对的策略。持续不降雨导致水窖干裂，妇女不得不尝试打井来维持家庭用水，但是该村地下水资源十分有限。应对取水困难花费了妇女大部分的时间和精力，一位妇女说道："我们家去年打了三眼井。每一眼井都是刚开始有水，2～3个月以后就没有水了。为了喝水，我们不得不一直打井。现在我们正准备打第五眼井了。"

龙新村得益于森林资源丰富，过去水资源充足。最近10年由于森林退化，加上近几年大旱，水资源开始减少，并且有加速匮乏的趋势。尽管自来水已经到户，但是由于水源越来越小，在干季，尤其是2～3月份，家里的自来水没有水，妇女必须到村里的蓄水池取水。根据每家人口和饲养的家畜数量不等，平均每天每家需要1～2个劳力取水。近期的旱灾导致了村里蓄水池干涸，妇女不得不走更远的路找水。妇女们说："我们从早到晚围着找水、挑水转，没有时间从事创收活动。男人们也会来帮忙，但不是每天都能来，因为在我们的传统风俗中取水是妇女的工作。"

资料来源：孙大江，2015。

雨养农业在调查村是主要的农业形态，没有水导致农作物产量减少，继而影响到农村家庭的粮食安全。用于农业生产的支出大幅上升，对妇女管理家庭支出产生了很大的压力。例如，2010年中坪村每个家庭用于拉水灌溉烤烟叶的支出估计有1000～2000元，太安村平均每个家庭额外支出800～2000元用于修建水窖。用于购买地膜和杀虫药剂的开支也明显增长。妇女常常采取削减家庭生活支出的办法来应对不断提高的农业生产成本。一位妇女说："面对家庭开支缩减，我们感到很困难，因为买粮食、小孩上学、家庭医药费等方面难于平衡。"结果，妇女遭受更多生计安全的风险。

另外，农业收入的损失特别是烟叶，这是大多数家庭一项重要的经济收入来源，增加了妇女保障家庭粮食安全的风险。方框2讨论并分析了当这些家庭的粮食供给在很大程度上依赖烤烟收入购买大米的家庭生计模式带来的影响。

方框2：缺水增加了妇女保障家庭粮食供给的风险

大米是调查村村民的主食。但由于缺乏灌溉水源，村民种植的主要粮食作物是玉米和洋芋。5个调查村里，有一个村子有水田可以种水稻，他们的水稻能够满足自食。龙新村有2/3的家庭需要购买大米，其余两个村中坪和太安完全依靠购买大米。中坪村的水田在七八年前由于灌溉水塘干涸都改为了旱地；太安村历来只有旱地，灌溉完全依靠降雨。洋芋是该村种植的主要粮食作物，村民的主食大米全部需要购买。持续旱灾导致下源村原有的水田不能耕种，大米也由原来的自产自销转变成向外购买。购买大米以满足家庭消费需要更多的现金收入来维持，在农作物减产或绝收导致农业收入大幅减少的情况下，这可能给家庭粮食供给带来新的更直接的风险。

妇女小组讨论反映了妇女普遍感到粮食安全的风险在增加。缺水影响到了烟叶的质量，烟叶质量的下降导致烤烟收入减少。这个影响对村民很大，因为多数家庭超过50%以上的收入来源于烤烟。妇女们估计土地好的烤烟，至少有1/3的收入损失；土地贫瘠的烤烟，收入损失可能达到一半。尤其是劳力短缺的家庭，由于没有足够的劳力拉水灌溉烟苗，损失更重，甚至超过一半。

养猪的数量也明显减少，从而影响了家庭的养猪收入。根据家庭问卷调查数据，64.5%的受访问者认为玉米产量减少是导致养猪数量减少的一个重要原因；54.6%的人认为主要原因是男性外出打工，妇女既要照顾家庭，又要承担农业生产，妇女投入的劳动不够；63.5%的人觉得两个方面的原因都有。妇女们反映的情况是：“玉米不够喂猪，而市场上的饲料太贵。养猪传统以来对农村家庭十分重要，它不仅提供肉食，而且增加家庭收入。但现在我们不得不减少喂养。”有一位妇女进一步解释说：“我的家里土地面积很小，不能种太多玉米，主要是保证种烤烟。我可以用卖烤烟的钱去市场买玉米来喂猪。这样我可以一年养两三头猪，自己吃一头，另外两头卖了。我种的玉米只够喂一头猪，遇到现在的干旱，烤烟收入减少，没有更多的钱买饲料喂猪，因此养猪收入也就没有了。”

资料来源：孙大江，2015。

丽江研究进一步证明了气候变化的影响，在混合了如贫困、劳力缺乏、土地贫瘠、土地面积小等制约家庭生计发展的诸多因素的条件下，对妇女的生计安全的威胁更加严重。在调查村，贫困家庭普遍面临劳力短缺和经济收入来源缺乏多样化的困境，这些情况加剧了妇女维持家庭生计的困难，如应对干旱缺水和其他自然灾害等。结果是，妇女不仅没有时间从事更多为家庭创收的活动，而且她们为应对生计风险的增加承受体力上的过度劳动和心理上的过度压力（BRIDGE，2008）。

（三）农作物歉收增加了妇女收入减少的可能性

陕西省 7 个县的调查研究表明，陕西省的农业生产受到气候变化的影响十分突出。极端气候事件的发生频率和强度较之过去有明显的增强，农村地区经常性遭遇热浪、沙尘暴、冰雹、霜冻和暴雨等气候灾害。全省范围内小麦减产了 10% ~15%，玉米减产了 3% ~6%；西部和中部地区的农作物和水果减产达到 60% ~70%。干旱袭击以后水果的数量和品质在来年的收获季节都受到严重的影响。

尽管没有看到有关农业损失的定量分析，陕西案例研究仍然以翔实的定性研究的数据说明了农作物的普遍减产增大了妇女的农业收入损失的可能性。研究者进一步认为由于农业收入的减少，妇女在家庭中的地位可能会受到负面的影响。例如，一位有三个孩子的母亲，她的主要收入来源于种草莓。干旱导致草莓收入减少使她在家庭里的决策权力受到影响。她解释说：

> 我用我卖草莓的钱支付在县城里读高中的女儿的学费和生活费。此外，我还可以用自己挣来的钱给两个读小学的孩子，作为他们的零花钱。我的孩子们都为我感到骄傲，因为我挣的比我丈夫多，而且用自己挣的钱想买点自己用的东西也不用与丈夫商量。现在草莓受气候变化影响很大，因为降雨季节改变，无法预测，而且暖冬对草莓不好。近来我的草莓收入比过去下降了。在给孩子的零花钱上，我现在要听丈夫的。（赵惠燕，2013b）

六 气候变化适应性的社会性别差异

现实中很多妇女和男性已经开始采取行动应对气候变化带来的影响。他们不仅意识到了正在变化的气候以及对他们生产生活产生的影响，而且已经采取措施积极应对极端气候。云南保山的研究发现，男女两性对村里水资源短缺的原因有清楚的认识。他们把引起水资源短缺的原因分为气候和非气候两类。气候原因主要是降雨量减少，非气候原因包括森林砍伐、修公路和人口增长等。而且，相对于男性而言，女性对降雨量的变化更加敏感，比如降雨时节的改变、降雨天数的变化等。来自保山的研究数据反映了男性和女性在应对水资源缺乏方面有不同的优先方法（见表2-4）。

表2-4　男性和女性应对水资源缺乏的优先方法

单位：%

优先方法	男性（N=17）	女性（N=14）
寻找亲戚帮助	4	0
用摩托车或牲畜运输水	8	33
寻求政府和非政府组织帮助	13	20
修建更大的储水池	8	20
开挖新的水塘	8	13
铺设新水管	8	0
节约用水	8	7
收集屋顶的雨水	4	0
寻找非农收入	8	0
从外面买水	4	0

资料来源：苏宇芳等，2015。

保山的研究还发现，男性和女性采用了不同的方式应对2009~2010年的连续干旱以减缓旱灾对农业生产的威胁。在应对产量减少方面，男性倾向于采取补种和更换农作物种子的方法，而女性更愿意采用减少种植面积和改变种植季节与时间的方法。在灌溉用水方面，修建水窖和开挖沟渠是男性优先使用的措施；相反，女性采取了水土保持措施如种树等。遗憾的是，该研究没有进一步关注和分析两性采取不同应对措施的原因。这些影响因素包括两性角色需求可能不同，两性在社区和家庭层面对水资源的可及性可能不同等。

陕西的研究发现，妇女正在运用她们的乡土知识改变现有的农业生产方式以减缓日益频发的极端气候灾害和适应长期的气候变化的影响。很多应对气候变化的措施和策略在社区的层面正在被妇女运用。例如改种耐旱性好的作物和品种，尝试几种作物的间种和套种方式，改种生长周期短的作物，修建灌溉设施，外出寻找非农就业机会等（见表2-5）。

表 2-5 妇女应对气候变化的措施

气候变化	现实的缓解措施	长远的适应策略
气温升高	• 改变播种时间	• 地膜覆盖 • 在地面铺碎石减少蒸发
降雨量改变	• 放弃种水稻 • 放弃养蚕 • 放弃养猪	• 玉米代替小麦 • 花生代替水稻 • 改种短期作物如蔬菜 • 寻找非农就业
干旱	• 补种 • 开挖深井 • 增加灌溉次数	• 改种抗旱品种 • 修建水窖
暴雨、洪水和滑坡	• 补种 • 开挖沟渠 • 建围篱	• 修建排水沟渠 • 农作物多样化种植 • 引种抗倒伏作物品种 • 间种
霜冻	• 种植抗霜冻作物品种	• 选择短期生长作物
出现新的更多的病虫害	• 更多使用农药	• 果树修剪 • 喷散草木灰 • 清园

资料来源：赵惠燕，2013b。

目前缺少应对气候变化影响的长期性的策略和措施效果的研究。这类研究可以帮助更长远、更全面地了解应对气候变化的适应性措施哪些是有效果的，哪些是需要改进的。妇女和男性在应对气候灾害和更长期的环境变化方面的具体需求是什么，能力建设方面的挑战是什么。

七 社会性别与气候变化影响的知识库存在的差距

（一）扩展不同领域的气候变化影响的社会性别分析

气候变化的影响涉及人类发展的多个不同领域，因此气候变化影响的社会性别分析也需要放在不同领域里面具体考量。气候与环境发生变化引发的一系列问题严重威胁着农村妇女的生计发展，诸如以水和土地资源为主的自然资源的可利用性发生变化，农作物产量减少和质量下降问题，粮食安全风险增加，人类健康受到自然灾害的威胁，森林和生物多样性的减少等。为了更好地分析气候变化对妇女带来的影响，妇女参与并承担主要工作任务的领域如水资源、农业、林业、粮食保障等需要做进一步的研究。

目前的研究成果很笼统，缺乏在一个具体的领域里深入细致地进行社会性别与气候变化关系的研究。这些研究需要给予农村妇女在农业生计、粮食保障、对自然资源的可及性、减少自然灾害的风险等方面足够的关注，因为相比较男性而言，妇女在获得发展机会、享有社会地位、对资源的使用与控制等方面是一个弱势群体（Skinner，2011）。而且，在妇女群体中，不同民族、经济状况、受教育程度以及年龄的妇女在面对气候变化的影响时必然有不同的需求、关注点和利益诉求。比如贫困妇女和老龄妇女在气候影响面前可能是最脆弱的群体。因此，气候变化的社会性别影响研究必须结合妇女不同的社会身份，如收入水平、年龄、可利用的自然资源的数量和质量的不同、土地面积和规模、土地利用类型等妇女所根植于其中的家庭生计背景的差异性。

1. 可利用的水资源的规模与质量

水资源的可利用性对家庭日常生活用水和农业用水都是十分重要的。全球范围内降雨量的改变、季节性降雨的变化都对供水、水的质量和洪水风险控制产生了严重的影响（Bates，2008）。世界银行预测，在未来10～15年，随着水资源可供性和可靠性的减少，水资源匮乏将是中国面临的最大发展挑战之一（WB，2009）。在气候变化的背景下，保障生产性和家庭用水以实现全球粮食安全和改善农村生计是至关重要的（IFAD，2012）。

目前有关水资源短缺方面的社会性别分析已经证明由于获得水资源越来越困难，妇女的劳动量明显增加，从而进一步导致家庭的劳力短缺，加重了妇女在维持家庭生活方面的压力。水资源和劳力两个方面的挑战给妇女带来额外沉重的负担，妇女在承担生产性角色和家庭角色方面都遭受压力。而且，水资源短缺，常常与劳力不够、作物减产或绝收等因素交织在一起，增加了妇女保障家庭粮食供给和维持家庭生计的风险。但是，深入研究水资源短缺的问题产生了哪些对妇女和男性的制约发展的因素，以及机制性的制约因素是否进一步阻碍妇女获得和有效利用水资源还存在知识和信息缺口。在水资源领域存在的知识缺口包括：

- 在云南省和各个市县有关气候变化对水资源产生的影响方面缺乏有科学依据的信息和数据。
- 缺乏水资源管理实践中的社会性别分析数据，特别是妇女在社区层面水资源管理决策过程中的参与程度和发挥的作用等方面，比如在获得水资源日益困难的情况下，妇女如何参与水资源设施的维护管理和水资源的分配。

2. 农业与粮食安全

农业仍然是农村人口的一项主要收入，特别是生活在西部欠发达地区的农村妇女，她们的主要收入来自种植业和养殖业，而男性的主要收入则是来自非农工作。因此，农业生产对于妇女维持家庭生计和保障家庭粮食安全十分重要。另外，妇女的农业收入是提高她们在家庭和社区的经济和社会地位的一个关键因素。在云南农村和中国的一些地区有一种日益增长的趋势：很多家庭扩大经济作物的种植面积以满足家庭对日益增长的现金收入的需要。因此，家庭的粮食供给越来越多地依赖于经济作物的收成，而经济作物正面临频繁的极端气候带来的减产或绝收的威胁。

在不同农业背景下的气候变化对男女两性的影响研究尤为紧迫，这些研究可以帮助明确气候变化、农业、农村生计之间的关系，以及这些关系是如何具体影响妇女和男性的。具体农业收入减少对妇女产生的不利影响应该深入评估，比如妇女额外的劳动量、可能下降的经济地位、粮食安全风险增加以及生计多样化面临的困难等。目前还没有看到这些方面的研究成果，尤其是把这些方面的影响放在具体的农业背景下来仔细考察，比如不同类型的土地资源，不同的土地利用模式、可灌溉农业和雨养农业以及水产渔业，等等。在农业领域存在的知识缺口包括：

- 在国家层面，有关气候变化与社会性别的影响关系缺乏在具体背景下的差异性研究成果，比如气候变化对社会性别的影响在不同的农业类型背景下如种植业、畜牧业、林业、渔业；比如气候变化对社会性别的影响在不同的农村生计类型背景下如农业占主要收入的生计类型、非农收入为主的生计类型、多样化的收入类型等。
- 云南农村的农业具有典型的山地农业的特征。云南山地农业受地形影响很大，大致分为四种类型：高寒山区农业、半山区农业、坝区农业，以及金沙江和澜沧江两岸干热河谷地区的农业。高寒山区和干热河谷地区属于气候变化影响的极脆弱区域，这些区域常常遭遇更为严重的干旱、霜冻、滑坡等自然灾害的威胁。

3. 生物多样性和能源安全

中国大多数重要的生物多样性区域正在受到威胁（ADB，2012）。中国的森林覆盖率约占国土面积的20%，这个比例低于国际水平（国际标准是大约

30%）。森林覆盖率最好的是南方地区，占全国总森林覆盖率的34%，其次是西南和东北地区，各占24%左右。北方和西北地区的森林覆盖只有不到10%（ADB，2012）。

尽管云南省相比其他省份有更丰富的生物多样性，但是追求城市化和工业发展的现实需求，导致对自然资源的过度利用和对森林的过度开发，这些都对生物多样性保护产生不利的影响。云南已知的3个野生稻品种有26个分布点，目前已经有24个分布点消失了。同时期，已知的172个本土野生动物和禽类品种，目前已经有5个品种消失、11个品种处于濒危、92个物种大量减少。[①]

气候变化引起森林资源和生物多样性减少，而这些是农业生产所依赖的环境和条件。云南境内大多数国家级和省级自然保护区都是少数民族和贫困人口的集居区，他们的生产生活高度依赖森林提供的生物量如薪柴、野菜、菌类等丰富的林副产品等维持生计。因此，生物多样性减少对这些群体的影响尤为直接，而且妇女受到的影响可能更加突出，因为妇女承担了大多数寻找薪柴的劳动，妇女也可能擅长采集并出售林副产品。目前，还没有有关能源短缺与社会性别的影响关系的研究，需要加强这个方面的研究，如能源短缺给妇女和男性带来的生计问题评估，妇女对薪柴能源的可及性评估，妇女的林副产品损失评估，等等。

（二）适应气候变化的挑战与机会

云南和陕西的案例反映了在社区和家庭层面，妇女和男性已经采取了适应气候变化的策略和措施。然而，这些措施多数是被动应对，而且是短期的行为。更长远的主动、有效适应气候变化的影响，妇女和男性面临怎样的挑战和机会，仍然是不清楚的。特别是对妇女应对和适应气候变化所面对的障碍没有深入了解和分析。农村妇女通常比男性更直接受到气候变化的威胁，因为她们大多数在从事农业生产或是大部分时间留在农村。农业和农村是受气候变化影响的高暴露领域和地区，在适应性实践中长期关注两性的不同需求和挑战有着现实的意义。只有了解了两性的适应性的差异，才能在政策制定层面以及在实践的社区开发适合两性的确实有效的适应性策略。

另外，由于中国实行有力的男女平等政策，农村妇女在政治、社会、经济等方面都有广泛的机会。农村女孩的小学入学率已经与男孩相等，这反映了无

① 《云南省生物多样性保护策略与行动规划（2012～2030年）》，www. yabchina. org，最后访问日期：2015年8月8日。

论是家庭还是社会对女孩的社会价值和平等受教育权利的认同程度在增加。妇女参与社区公共事务的管理与决策、社区会议和社区培训、社区选举和其他社区公共活动已经获得普遍的承认。妇女有可能极大地利用这些外部的有利条件和环境在社区适应气候变化的策略制定和实施中担任领导角色，但目前这个方面的研究很少。

这个方面的研究应该加强，比如妇女和男性在适应气候变化方面有哪些不同的措施，这些措施的采取说明了妇女和男性有什么不同的能力、需求、利益、困难和对资源不同的获得方式等。进一步而言，应该更广泛地关注和评估社会机制对妇女的制约。这些社会机制往往在适应性规划和实施过程中导致新的性别不平等和新的脆弱性（UNDP，2010；Davies，2009）。

八　新的研究主题

最近的几个研究从不同的领域提供了有关气候变化的影响与适应性的实证社会性别分析。从这些研究中我们清楚地了解了为了应对水资源的短缺、农作物的减产和绝收以及自然灾害的打击，妇女的劳动量明显增加的事实。这些研究也详细地描述了妇女的生计受到气候变化的威胁。这些威胁来自经济作物的减产和收入减少使得粮食安全风险增大，妇女的农业收入减少可能增加妇女在管理家庭开支特别是平衡农业生产投入和家庭生活消费方面的压力。但是，在这些研究中，有一些关键性的主题值得深入细致的分析。这些分析结果对全面理解气候变化对社会性别的影响有很好的帮助，同时在宏观政策方面有助于提供具有说服力的数据和信息。

在对已经发表的研究成果和正在进行的相关研究的全面回顾的基础上，笔者识别了一些重要的研究主题，这些主题对中国和云南的气候变化影响的社会性别分析十分有用。

（一）性别化的社会家庭责任

事实上，在农村日益向城镇转型的过程中，农业生产活动的社会性别角色非常灵活而并非僵硬的传统农业社会的社会性别分工模式。比如，很多农村妇女与男性一样参与非农工作，在建筑和服务行业从业的妇女人数很多。也有很多妇女受雇于有酬的农业劳动，这些工作在传统的农业社会里属于男性的范围。另外，传统的照顾家庭成员的责任可能限制了妇女在灾害恢复中外出寻找工作。传统的家庭角色也可能限制妇女在农业收入减少的时候选择其他的收入来源，这有可能进一步对妇女在家庭中的权力产生不利（WEDO，2008）。

在气候变化的背景下，妇女在灾害时期扮演了保护和管理家庭财产，以及努力增加收入恢复生计的重要角色。社会性别不同的角色与责任在不同的领域呈现不同的表现形式。因此，识别社会性别化的责任是研究社会性别与气候变化的关键第一步，尤其需要对具体的气候变化条件下不同领域妇女的生产性活动和责任进行分析。其中，对责任进行分析可以使我们了解和评估妇女的劳动量及两性对自然资源的不同使用和控制。分析男性和女性不同的责任也可以揭示社会性别责任与权利之间存在的差距，而这可能恰恰是制约妇女应对和适应气候变化的因素。

（二）妇女的生计资源权利

权利分析可以很好地解释在实际中妇女和男性在对生计相关资源的使用和控制上的差异性。生计资源既包括自然资源如水、土地、森林等，也包括其他支持生计发展所必需的资源如技术、市场信息、农村基础设施、信贷服务等。妇女维持家庭生计的责任和角色客观上要求妇女获得使用和控制自然资源的权利。不稳定的或是没有保障的对水和土地的权利可能使妇女不能够充分地使用这些资源以满足维持生计所需，尤其是当这些资源变得匮乏的时候。通常情况下，妇女并非能够充分和便捷地获得农业技术服务、市场信息和信贷服务等，这些限制因素会加剧妇女应对气候灾害的困难程度，也会制约妇女的生计选择，甚至可能使妇女在适应气候变化的议程中被边缘化。

要理解妇女的生计资源权利，对相关的国家法律法规以及文化风俗习惯都应该进行分析。例如，在有关妇女土地权益问题方面，研究者发现中国的土地法保护的是以家庭为单位的土地使用权利，而忽视了妇女作为个人家庭成员的土地权利，因为土地使用权分配的原则是以家庭为单位，而不是以家庭成员个人为基础。而且，土地使用权作为家庭所有成员的共有财产来看待，这可能导致妇女丧失其土地权利（Li，2006）。中国的宪法和国家法律赋予妇女在政治、经济、文化和家庭生活等方面最广泛的与男性平等的权利，妇女在土地权利方面享有与男性同等的使用权。然而，妇女的土地权利常常因婚姻关系的变化在村一级的土地调整中被侵害或忽视。比如有些村执行的是只给男性分地而不给女性分地，有些村子在女性出嫁后把属于她的那份土地收回村里。如果一个妇女在结婚后，其在娘家的村子实行的是收回出嫁女性的土地，那么她在娘家已没有土地。如果她丈夫的村子采取的是增员不增地的不调整土地的制度，那么她在丈夫家也分不到土地。最终这个妇女失去了她的土地使用权（Li，2006）。因此，普遍存在的文化习俗是妇女实践国家给予她们对资源的权利的最大障碍。

一项对云南少数民族妇女土地权益的研究认为佤族社会传统的习惯法反对妇女拥有财产权，这就限制了妇女获得土地的使用权。对妇女土地权的侵害和忽视主要来自传统的财产继承对妇女歧视的观念。土地改革后，国家从土地再调整中退出自己的角色，这就给歧视妇女的传统观念提供了发挥作用的空间。家庭分配土地的原则遵循传统的忽视妇女财产权的习惯，这导致土地改革后出生和外嫁的妇女失去获得土地的权利。她们获得山地使用的权利虽然保留下来，但是这个权利是有条件的，家庭里要首先满足儿子分到好的山地，剩余的山地才能分给妇女。结果是，妇女常常不能够分到足够的山地，要经过争取才能得到；或是妇女得到的山地要么没有水，要么没有路（孙大江，2012）。另有研究发现云南农村妇女的林权极大地依赖于婚姻关系。外嫁的妇女通常失去其在出生地的林地权利，离婚的妇女如果不能把户口迁回娘家村子，娘家村子可以不给其分配林地（邹雅卉、苏宇芳，2015）。

（三）宏观社会经济与环境的变迁趋势

区域性的、国家的和国际的宏观社会经济的发展与变迁深刻地影响了在微观层面每个农村家庭的生计选择与决策。在中国农村，日益发展的市场和越来越多的非农就业机会已经深刻地影响了农村生计策略和类型。结果是大量的农村劳动力转移到城市就业，使得非农收入在农村家庭收入来源中占了很大的比重。社会性别角色与责任，对资源使用的社会性别差异等可能随着生计策略和生计类型的改变而发生变化。环境变化的过程以及结果同样深远地影响资源和财产的使用与控制的社会性别关系。水、土地、森林等资源随着环境退化而日益匮乏的趋势形成了新型的变化着的社会性别与资源控制的关系，这些关系决定了妇女和男性如何回应这些变化趋势以保障生计和福祉。

第三章　社会性别视角下的气候变化脆弱性和适应能力评估

一　背景及研究目的

过去20年，人类活动改变了气候，导致全球平均气温升高。从自然灾害到生物链，气候变化严重影响了人类生计。

怒江－澜沧江流域有着最多样的动植物物种，同时又是中国许多大江大河的发源地。该流域内有多种气候区和不同的地理环境，该流域范围内的国家是以传统农业为主的发展中国家，农业是其重要的经济命脉。此外，怒江－澜沧江流域水文特征和水能资源分布地域差异很大，主要控制因素是西南季风和南北向山脉（唐海行，1999；夏军等，2008；Xia and Zhang，2005）。研究表明，气候变化对山区有巨大影响，随着海拔下降，从高处的上游至下游，人类面临脆弱性的风险渐渐增高（谭灵芝、王国友，2012；卜红梅等，2009）。在对人类脆弱性与风险评估中，妇女几乎极少见到。

在气候变化格局下，针对怒江－澜沧江流域的气候变化适应性和性别平等的研究较少。正因为此，本章基于2012～2013年对位于怒江－澜沧江流域中极具代表的中国云南省的农户进行实地调查，从受访者特征、社会关系及气候变化影响等方面对男女不同性别进行系统的脆弱与适应能力评估。通过此研究，有助于我们构建气候变化知识库，推动国家和当地的合作，记录社区中气候变化对不同性别的影响以及他们的适应措施，为政策佐证，提高不同性别，尤其是女性应对气候变化的能力。此外，本研究还分析了应对或者减缓气候变化的内在制度与外部因素，借此为本土政策提供可行性框架，完善已有知识库。

二　研究方法

为达到统计学上的精度以及确保结果无偏差，经过R统计学软件计算，我们从云南抽取了流域内的 5 个市/自治州（临沧、保山、大理、迪庆、怒江），每个市/自治州在考虑县域交通情况后，随机抽取，此后依此方法抽取乡镇。最终项目随机抽取到了 45 个乡镇的 65 个村，属于 5 个市/自治州，13 个县（见表 3-1）。

表 3-1 抽样信息

单位：个

	云南省抽样个数	怒江-澜沧江流域上游	云南省
市/自治州	5	5	16
县	13	32	129
乡镇	45	319	1391
村	65	3260	12065

资料来源：云南省统计局，2015。

脆弱与适应能力评估从 4 个方面对调查数据进行了分析：一是从性别的角度对年龄、受教育程度、家庭人口与抚养比例、住房和疾病负担等方面对受访者特征做了详细的描述；二是从社会关系，包括外出务工、性别角色与分工、社区活动与决策及资源与社会关系网等 4 个大方面论述男女的差异，其中包括农户的其他社会属性，如家庭、社会分工和职业等各方面对性别差异化起着重要的作用；三是强调气候变化下的认知差异，以及这些差异导致气候变化适应性策略存在不同；四是进行脆弱性分析，通过对脆弱性指数的构建，从多角度比较性别差异，为我们揭示差异的根源。

三 研究点的基本情况

研究点包括云南省内的临沧、保山、大理、怒江和迪庆等 5 个市/自治州的 13 个县的 65 个村（见表 3-2）。这 5 个市/自治州地处澜沧江的中上游，有着不同的地形气候、自然生态环境、社会经济发展、人口和民族构成等。

表 3-2 研究点情况

	临沧	保山	大理	迪庆	怒江
调研县（村庄数量）	镇康（4 个）、凤庆（5 个）、永德（4 个）	隆阳（5 个）、施甸（4 个）、昌宁（4 个）	建川（5 个）、洱源（4 个）、永平（4 个）	德钦（6 个）、维西（7 个）	泸水（6 个）、贡山（7 个）

临沧市位于云南省的西南部，因濒临澜沧江而得名，介于东经98°40′~100°34′、北纬23°05′~25°02′之间。临沧民族众多，其中佤族占全国佤族总人口的2/3，是中国佤文化的荟萃之地，此外还生活着傣、拉祜、布朗等23个少数民族。临沧是世界著名的“滇红”之乡，世界种茶的原生地之一，全国著名的“核桃之乡”，也是昆明通往缅甸仰光的陆上捷径，因此又被誉为“南方丝绸之路”“西南丝茶古道”。临沧属亚热带低纬度山地季风气候，四季温差不大，干湿季分明，垂直变化突出；冬无严寒，夏无酷暑，雨量充沛，光照充足，有“亚洲恒温城”之美称，年平均气温16.8~17.7℃。

保山市位于云南省西南部，在东经98°25′~100°02′、北纬24°08′~25°51′之间，外与缅甸山水相连，国境线长167.78公里，面积1.96万平方千米，辖一区一市三县，是滇西政治、经济、文化中心，也是历代郡、府、司、署所在地。保山有世居少数民族13个，有华侨、侨眷、归侨28.9万人，是云南省主要的侨乡，也是云南省的主要农业区之一。保山属低纬山地亚热带季风气候，由于地处低纬高原，地形地貌复杂，形成“一山分四季，十里不同天”的立体气候，区内共有7个不同的气候类型。其特点是：年温差小，日温差大，年均气温为14~17℃；降水充沛、干湿分明，分布不均，年降雨量700~2100mm。

大理白族自治州地处云南省中部偏西，平均海拔2090米，介于东经98°52′~101°03′、北纬24°41′~26°42′之间，辖8个县以及3个少数民族自治县，是中国西南边疆开发和旅游发展较早的地区之一。除汉族外，主要民族为白族、彝族。大理白族自治州地处低纬高原，在低纬度、高海拔地理条件综合影响下，形成了低纬高原季风气候特点：四季温差小。大理白族自治州由于地形地貌复杂，海拔相差悬殊，气候的垂直差异显著。气温随海拔升高而降低，雨量随海拔升高而增多。立体气候明显，气象灾害多，常见的气象灾害主要有干旱、低温、洪涝、霜冻、冰雹和大风等。

怒江傈僳族自治州位于云南西北部，地处东经98°09′~99°39′、北纬25°33′~28°23′之间，西邻缅甸，境内国境线长449.467公里。主要的少数民族有傈僳族、独龙族、普米族和怒族等，是云南省的贫困地区之一。境内除兰坪县有少量较为平坦的山间槽地和江河冲积滩地外，多为高山陡坡，可耕地面积少，垦殖系数不足4%。耕地沿山坡垂直分布，76.6%的耕地坡度在25度以上。怒江傈僳族自治州内海拔最低738米，最高5128米，显著的海拔高差和复杂的地域环境影响热量条件的再分配，各地温度有差异，境内天气变化大，气候各异。

迪庆藏族自治州地处青藏高原南缘，横断山脉腹地，是滇、川、藏三省区交汇处，境内最高海拔绝对高差达5254米，较小范围内的巨大高差使得境内出现了垂直气候和立体生态环境特征。它也是云南省海拔最高和唯一的藏族自治州。境内有藏、傈僳、纳西、汉、白、回、彝、苗、普米等9个千人以上的民族和其他16个少数民族。其气候属寒温带气候，年平均气温4.7～16.5℃，年极端最高气温25.1℃，最低气温－27.4℃，立体气候明显。2014年五个地区户数、人口数及构成见表3－3，2014年五个地区土地、气温和降水量见表3－4。

表3－3　五个地区户数、人口构成及人口密度（2014年）

市/自治州	总户数（万户）	总人口（万人）	按性别分（万人）		按城乡分（万人）		人口密度（人/平方千米）
			男	女	城镇人口	乡村人口	
云南省	1370.8	4713.9	2445.8	2268.1	1967.1	2746.8	119.6
临沧	65.6	249.3	130.9	118.4	87.7	161.6	101.8
保山	69.5	256.7	131.7	125.0	77.8	178.9	130.7
大理	105.8	352.7	178.8	173.9	142.9	209.8	119.8
怒江	15.7	54.1	28.7	25.4	14.4	39.7	36.8
迪庆	9.7	40.7	21.6	19.1	12.0	28.7	17.1

资料来源：云南省统计局，2015。

表3－4　五个地区土地调查面积、牧草地面积、气温和降水量（2014年）

市/自治州	土地调查面积（万平方千米）	牧草地面积（万公顷）	年平均气温（℃）	年降水量（mm）
云南省	38.32	14.75	16.9	981
临沧	2.36	0.20	19.1	981
保山	1.91	0.15	16.3	1084
大理	2.83	0.22	16.4	635
怒江	1.46	0.41	16.2	981
迪庆	2.32	8.71	7.8	590

注：土地调查面积为二次土地调查2014年土地变更调查数据，与2008年以前土地详查数据在土地分类标准、技术标准、调查手段和方法不一致。

资料来源：云南省统计局，2015。

四　数据分析结果

（一）受访者特征

1. 年龄与性别

中国的出生人口性别比自20世纪80年代以来持续上升，1995年达到115.60，2000年为116.86，而且呈现孩次越高，性别比越高；城镇偏高，农村情况更为严重；汉族高于少数民族；中部地区高于东部和西部等特点。

在本项目中，所有市/自治州，男性受访者数量明显多于女性受访者，即使在怒江傈僳族自治州，女性受访者比例占到最高，约49%，男性数量还是略高过女性。而在男性受访者比例最高的保山市，男性约占68%（见表3－5）。

表3－5　各市/自治州男女比例

单位：%

性别	总体比例	临沧	保山	大理	迪庆	怒江
男性	58.74	65.90	67.77	55.66	53.58	51.02
女性	41.26	34.10	32.23	44.34	46.42	48.98

在受访者性别差异上，男女户主的性别比例差异更大。国内对于女户主有着不同的角色定位，本研究项目中，女户主指的是负责整个家庭对外事务，在家庭非常有话语权的女性，其角色可以是妻子、母亲等。总体而言，在所有受访者中，约18%的家庭是女户主，其中以迪庆藏族自治州为最多，女户主达到30%，而临沧市仅占8%。调查受访者户主以男性为主（临沧市92%，保山市91%）（见表3－6）。在云南乡村中值得注意的一个现象是，调查中的女性有一部分是因为丈夫外出务工，而逐渐掌管家庭，成为户主。

表3－6　户主性别比例

单位：%

性别	总体比例	临沧	保山	大理	迪庆	怒江
男性	82.58	92.11	91.04	83.74	70.12	76.27
女性	17.42	7.89	8.96	16.26	29.88	23.73

中国的平均生育率为1.4～1.5，2014年底中国60周岁以上人口达到2.12亿，占总人口的15.5%；65周岁以上人口达到1.38亿，占总人口的10.1%。[①] 从1953年到2010年，0～14岁的人口比重由36.3%降到了16.6%，而65岁及以上人口比重从由4.4%上升到了8.9%。

5个市/自治州受访者的年龄结构差异较大，男性平均年龄均比女性大，尤其是保山市，男性平均年龄为48岁，女性平均年龄为42岁；而在迪庆藏族自治州，男女性平均年龄几乎没有差别（见表3－7）。

表3－7 户主平均年龄

单位：岁

性别	总体比例	临沧	保山	大理	迪庆	怒江
男性	45.6	45.07	47.68	47.34	43.83	43.47
女性	42.58	43.1	42.16	43.51	43.52	40.69

2. 受教育程度

2006年中国综合社会调查数据显示，在18～69岁的被调查人群中，非农业户籍的男性与女性平均受教育年限分别是10.6年和9.8年。与此相对，农村户籍男性和女性平均为7年和5.4年，农村男性平均比女性多接受1.6年教育（杨春华，2012）。

在所接受的最高教育层面，男户主比女户主更高。除保山市外，男户主所接受的最高教育可达硕士学位，女户主最高学位是学士。总体而言，除临沧市外，男户主比女户主多接受1年的教育。受教育程度具有明显的地域差异，大理白族自治州受访者的平均受教育年限为7.5年，是怒江傈僳族自治州的1.6倍。在所有调研地中，怒江傈僳族自治州受访者的受教育年限最低（见表3－8）。与国家总体水平相比，农村男女两性受教育的时间长度尽管有差别，但男女两性的差距在缩小。

表3－8 男女户主的平均受教育年限

单位：年

	临沧	保山	大理	迪庆	怒江
男户主	5.02	6.69	7.45	6.4	4.66
女户主	4.87	5.31	6.53	5.58	3.7

① http://www.askci.com/news/2015/06/11/9516nz12.shtml，最后访问日期：2016年8月12日。

3. 家庭人口与抚养比例

在所有抽样中，男户主家庭人口比女户主多。地域上，大理白族自治州与迪庆藏族自治州的家庭人口相对其他市/自治州都要大，每家4人。由于抽样样本地均在云南省山村，且有部分地区不在计划生育范围内，加上抚养压力较城市小，所以抽样地平均家庭人口比官方调查的数据略大。

临沧市、保山市与怒江傈僳族自治州女户主的抚养比①比男户主更大，尽管其家庭人口比男户主小。而在迪庆藏族自治州与大理白族自治州，男户主的抚养比比女户主更大，恰好相反（见表3-9）。

表3-9　家庭人口与抚养比

	临沧		保山		大理		迪庆		怒江	
	男户主	女户主	男户主	女户主	男户主	女户主	男户主	女户主	男户主	女户主
家庭人口	4 ± 1.67	3.58 ± 1.87	3.87 ± 1.51	3.57 ± 1.46	4.29 ± 1.57	3.81 ± 1.58	4.1 ± 1.51	3.78 ± 1.66	3.59 ± 1.41	3.24 ± 1.46
抚养比	0.29	0.369	0.398	0.416	0.341	0.269	0.305	0.274	0.192	0.225

4. 住房

中国农村的住房基本是盖在自家宅基地，这与城市的住宅不一样。相对于城市住宅，农村住宅有如下特点。①建造主体是农村村民。农民申请建房，原则上是本集体经济组织成员，具有成员的权利，履行相应的义务。②宅基地为集体土地。宅基地的所有权为集体经济组织，村民经批准取得使用权。农村村民一户只能拥有一处宅基地，其面积不得超出省、自治区、直辖市规定的标准。③其权利是受到限制的。农民住宅不能随意上市交易，不能办理抵押登记。

除怒江傈僳族自治州外，男户主比女户主拥有更多房间。怒江傈僳族自治州则相反，女户主比男户主则拥有更多房间。尽管男户主相对女户主拥有更多房间，但其出租的价格未必比女户主高（见表3-10）。在此，我们引入"被支付意愿"这个概念。"被支付意愿"指的是卖方认为他/她提供的产品或者服务所需要的一个最低金额的价值反映。

---

① 在本项目中，抚养比指非劳动力人口数与劳动力人口数量之间的比率，即：老龄人口（年龄超过64岁）与未成年人口（年龄低于15岁）相加，与劳动力人口（年龄15~64岁）的比值。抚养比越大，表明劳动力人均承担的抚养人数就越多，即意味着劳动力的抚养负担就越重。

表 3－10 房间数量与出租价格

		出租价格（元）	房间数量（间）	每间房出租价格（元）
临沧	男户主	580.2	3.78	153.49
	女户主	870.3	3.45	252.26
保山	男户主	541.5	4	135.38
	女户主	500	3.7	135.14
大理	男户主	1591.8	5.8	274.45
	女户主	1120.6	5.4	207.52
迪庆	男户主	1519.8	7.14	212.86
	女户主	2051.2	6.76	303.43
怒江	男户主	698.3	4.47	156.22
	女户主	1199.4	5.19	231.10

有趣的是，本项目中，女户主的“被支付意愿”远高于男户主。总体而言，租一个房间，女户主平均需要被支付252元人民币，而男户主仅需153元人民币。除了大理白族自治州，其他的4个市/自治州，女户主均需被支付远高于男户主的费用。而在大理白族自治州，男户主较女户主需被支付更多。

5. *疾病与负担*

患病情况分为7个等级，1表示过去1年没有生过病，数值越大，疾病情况越严重，而7表示过去1年几乎每天都在生病。从表3－11中我们可看出，除怒江傈僳族自治州外，其他4个市/自治州中，女性更易遭受疾病侵袭。在怒江傈僳族自治州，男性更易患病。

表 3－11 调查地患病情况

性别	临沧	保山	大理	迪庆	怒江
男性	1.81	1.73	1.71	1.71	2.22
女性	2.14	1.77	1.86	1.81	2.09

严重疾病负担能力分为6个等级，1表示不能负担治疗费用，数字越大，负担能力越强，6表示完全能负担。对严重疾病的负担能力与收入状况息息相关，收入越高，对疾病的负担能力越强。疾病负担能力反映了家庭的财务情况。在临沧市和保山市，男性对严重疾病的负担能力高于女性，但在其他3个市/自治州，女性对疾病的负担能力较男性优渥。从地域来讲，迪庆藏族自治州与大理白族自治州的农户承担严重疾病风险的能力明显高于其他地方，尤其

是女性（见表3－12）。迪庆藏族自治州与大理白族自治州的农户对疾病的负担能力之所以高于其他地区的农户，主要是因为这两个地区的旅游资源丰富，农户从旅游中获得的报酬较丰厚。

表3－12　严重疾病负担能力

性别	临沧	保山	大理	迪庆	怒江
男性	3.58	3.83	4.54	4.75	4.04
女性	3.16	3.51	4.6	4.85	4.23

（二）社会关系

1. 外出务工

由于中国独特的户籍制度，是否改变其户籍就成了区分人口迁移和人口流动的主要标志。流动人口和迁移人口的核心区别在于：流动人口只是暂时离开了其常住地，而进入了暂住地或客居地，最终是要返回其常住地的；迁移人口则是改变了定居地的人口，通常并不再返回原来的常住地。总体而言，中国外出农民工以青年男性为主。男女外出农民工分别占66.3%、33.7%。多数农民工没有接受过任何形式的技能培训，但外出农民工的文化程度要高于农村劳动力的平均水平。

从项目调研地总体人数来看，男女外出务工人员没有明显的数量差别。但是地域上的差别是明显存在的。在临沧市，女户主家庭中在外出务工超过10个月的男性明显比男户主更多（80.00% vs 61.69%）。与此相反，男户主家庭中在外出务工超过10个月的女性明显比女户主家庭多（62.50% vs 56.26%）。这种情况同样出现在保山市，女性外出务工超过10个月的男户主家庭比女户主家庭多（59.09% vs 44.44%）。在怒江傈僳族自治州，女户主家庭中在外务工超过10个月的女性明显比男性多（见表3－13）。总体上，女户主家庭中在外务工4～6个月的女性倾向于比男性多。

平均而言，男性每人在外务工收入为2663元/月，女性的务工收入约为男性一半，为1412元/月。临沧市的女性务工人员比男性务工人的收入多200元，而在除保山市外其他地区，男性务工人员的收入为女性的3倍多。在中国不同地域收入差别很大，临沧市与保山市比其他区域的务工者挣得更多，这两地男性的务工收入约为其他地区男性的两倍，而女性为其他地域的四倍。怒江傈僳族自治州的外出务工收入在所有地区是最低的（见表3－14）。

表 3－13　外出务工时间的性别差异

单位：人，%

	临沧		保山		大理		迪庆		怒江	
	男户主	女户主	男户主	女户主	男户主	女户主	男户主	女户主	男户主	女户主
男性务工人数	201	15	195	16	126	15	91	53	66	19
0～3个月	8.96	13.34	7.18	6.25	6.35	6.67	4.40	5.66	16.66	15.79
4～6个月	15.42	6.66	14.87	18.75	12.70	6.67	12.09	9.43	18.18	21.06
7～9个月	13.93	0	13.85	6.25	18.25	20.00	16.48	24.53	21.22	5.26
10个月及以上	61.69	80.00	64.10	68.75	62.70	66.66	67.03	60.38	43.94	57.89
女性务工人数	152	16	198	18	119	27	87	37	71	15
0～3个月	9.21	6.25	15.15	11.11	9.24	0	5.75	0	4.23	13.33
4～6个月	19.74	37.50	16.67	33.33	19.33	29.63	16.09	10.81	36.62	13.33
7～9个月	8.55	0	9.09	11.11	7.56	7.41	12.64	27.03	11.27	0
10个月及以上	62.50	56.25	59.09	44.44	63.87	62.96	65.52	62.16	47.89	73.33

表 3－14　务工收入的性别差异

单位：元

	临沧		保山		大理		迪庆		怒江	
	男性	女性	男性	女性	男性	女性	男性	女性	男性	女性
务工总收入	584532	493550	584532	493550	285450	83450	222200	107500	120100	56600
人均	2706	2934	2770	2285	1942	572	1543	867	1413	658

2. 性别角色与分工

在中国社会的早期，男性通常被视为家庭之主。整个社会以男性为中心，女性极少有参与决策的权利，尤其是在儒家思想盛行的朝代。中华人民共和国成立以后，女性的社会地位得到很大提高，女性广泛参与社会经济活动的角色开始在社会中得到承认，这使得她们有机会接受高等教育，在大城市工作。传统的以男性为中心的家庭结构已经发生了变化，性别差距缩小，特别是在受教育和家庭决策方面性别之间逐渐倾向于平等（孙朝阳，2008）。尽管过去几十年来，中国在性别平等上做了很多工作，也取得了不少成果，但农村与城市在观念上还有不少差距。相对于城市女性，农村女性受教育程度普遍低下，缺少很多改变生活的机会。

性别角色（既存在于家庭的内部，也存在于家庭外部）已经与中国经济发展和社会的快速变化同步变化。女性已经从家庭或无偿经济活动工作过渡到家庭以外的经济活动/工作，这导致更广泛的社会性别角色的变化（张玉，2008）。尽管性别角色的明显界限开始融合，尤其是城市家庭的日常活动，但在农村，性别角色界限仍然存在。

总体而言，80%的女性承担了下厨和家庭打扫的日常家务，而只有1%的男性承担此类活动。在所有家务中，没有一项家务主要由男性承担。过半女性承担了诸如“牲畜清理”、“牛棚清理”、“采集草料”等家庭事务。而对于“翻地”、“打柴薪”的事情，40%的男性认为主要是自己所为。像“制作堆肥”、“灌溉田地”、“除草”、“收割”、“播种”、“施肥”、“处理收割物”“作物储存”和“照顾老人和小孩”等家庭事务，基本是由男女两性共同承担完成。此外，地域在这些家庭事务上也扮演了重要角色。

另外，根据从事的职业来看，20%的受访者经营着非农商业。这20%的受访者中，约一半的人从事着批发与零售生意，20%的人从事运输、储存和物流行业，13%的人专注于酒店业，其他的依次为社会活动，以及其他行业。

男性在批发与零售、物流行业的比例几乎一样，均为33%。而女性完全不一样，过半的女性从事着批发与零售，仅有6%的女性在物流行业。酒店行业在男性从事的行业榜里排第三，在女性从事的行业榜里排第二。另外，有8%的男性从事建筑行业，而没有女性从事该行业。对于从业的时间，性别上几乎没有差别，80%的男女性经营生意的时间超过10个月。

对于职业，男女两性有明显的差异。男性倾向于从事对劳工需求大的行业，女性倾向于从事制造和社会服务行业。过半的受访者从事建筑业，13%的受访者从事制造业，同样13%的受访者工作在社会活动领域，12%从事物流等相关行业，仅有17%的女性从事建筑业等。

对于经营的生意，女性相对于男性更专注。在所有行业中，无论男女，批发和零售是大多受访者所经营的生意方向。这是因为：一方面，城镇化中农户对消费品的需求增加；另一方面，批发和零售业是劳工密集行业。过半的女性所经营的生意属于批发和零售业，在这一个行业，男性比例降到了32%。相同比例的男性从事物流业，而女性只有8%。酒店业在女性所经营的生意中排第二，占16%，男性约10%从事此行业。在服务业，在女性经营领域排第三，占12%，而男性约有8%从事此行业（见图3-1）。

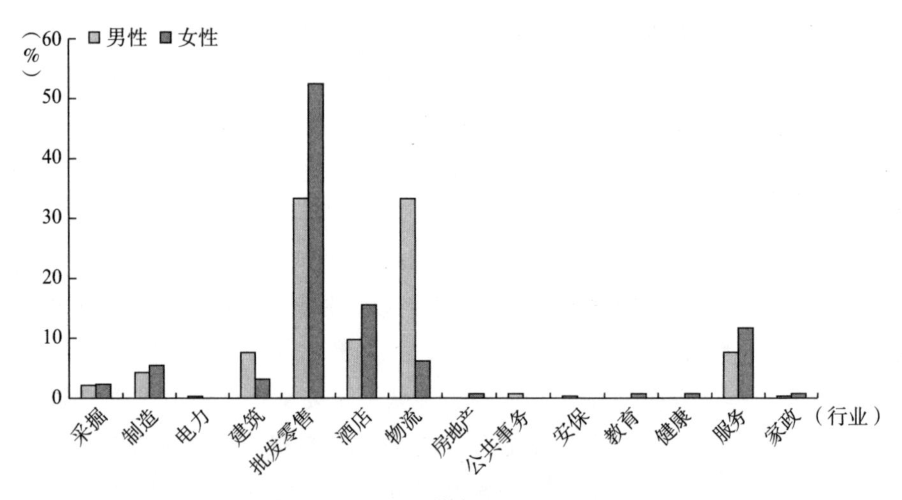

图3-1 男女两性在不同行业的比例

3. 社区活动与决策

在中国农村，乡镇地方政策的参与者基本是男性。这不仅是因为当前的社会秩序是以男权为中心，也是因为女性自身参与政策制定的能力不定。

不同性别在参与政策制定上有显著的差异。女性认为自己很难影响地方政策，这样的人数比例是男性的两倍。不同地域同样也存在明显差异。在临沧市，几乎过半的女性认为参与地方政策的制定“困难”或者“非常困难”，只有39%的男性持此观点。而在保山市，这种差距进一步拉大，62%的女性认为参与地方政策的制定“困难”或者“非常困难”，而持此观点的男性只有43%。迪庆藏族自治州与怒江傈僳族自治州也存在参与度的差异，不过没有统计显著性（见表3－15）。

表3－15　乡镇地方政策制定参与度的性别差异

单位：%

	临沧		保山		大理		迪庆		怒江	
	男性	女性	男性	女性	男性	女性	男性	女性	男性	女性
非常困难	8.88	11.94	11.70	45.28	4.87	2.22	3.23	2.13	0.00	2.60
困难	30.50	35.07	31.32	16.98	38.50	47.78	15.67	16.49	36.00	41.15
不确定	31.66	35.07	29.81	29.43	28.76	29.44	39.63	36.17	35.00	30.73
容易	23.17	14.18	21.89	7.17	25.66	20.00	40.09	43.09	23.00	21.88
非常容易	5.79	3.73	5.28	1.13	2.21	0.56	1.38	2.13	6.00	3.65

对于参与县或者更高级别的政策制定，认为“非常困难”的男女比例急剧升高，是认为乡镇地方政策很难参与人数的3倍。有意思的是，在迪庆藏族自治州，与男性相比，女性认为容易参与县或者以上级别的政策制定的比例远超过男性与其他市/自治州（27% vs 16%）。而在其他市/自治州，男性比女性参与县及以上的政策制定更容易，尤其是在保山市，只有11%的男受访者认为很难参与，而持此观点的女性超过45%（见表3－16）。

表3－16　县及以上级别政策制定参与度的性别差异

单位：%

	临沧		保山		大理		迪庆		怒江	
	男性	女性	男性	女性	男性	女性	男性	女性	男性	女性
非常困难	46.72	52.24	11.11	46.03	41.03	50.00	35.02	30.97	31.50	31.25
困难	14.67	14.93	36.51	18.25	22.65	28.89	24.88	1.94	28.00	35.42
不确定	27.80	26.12	37.30	32.54	20.51	15.56	23.04	38.71	25.50	27.60
容易	9.27	5.97	14.29	3.17	15.38	5.56	16.13	27.10	14.00	4.69
非常容易	1.54	0.75	0.79	0.00	0.43	0.00	0.92	1.29	1.00	1.04

随着中国农村经济的发展以及国家对于社团和社会工作的扶持，社区组织越来越多。在调查地，加入社区组织的女性比男性多。参与社区组织的程度差别很大。在迪庆藏族自治州，过半的受访者表示自己加入了社区组织，而在临沧市不到5%的受访者持此观点，即便是保山市，也不到6.5%。

从性别方面来讲，8%的临沧市男性受访者表示加入了社区组织，而加入的女性不到3%。在迪庆藏族自治州，分别有59%和55%的女性、男性受访者加入了社区组织。在其余的三个市/自治州，男女性加入社区组织的比例几乎相同，没有明显的差异（见表3-17）。

表3-17 男性和女性社区组织的参与情况

单位：%

	临沧	保山	大理	迪庆	怒江
男性	7.69	6.09	13.78	54.81	17.63
女性	2.72	7.25	14.50	58.91	16.62

加入妇女组织的人群在不同地区差别很大。在保山市，没有人加入妇女组织，甚至是女性。约2%的临沧市受访者加入妇女组织，怒江傈僳族自治州的受访者加入的比例升高到20%，至迪庆藏族自治州达到顶峰，占65%。从性别角度而言，在大理白族自治州17%的女性加入了妇女组织，男性只有8%。在怒江傈僳族自治州，23%的女性加入妇女组织，男性有18%。而在迪庆藏族自治州，情况大为不同，72%的男性加入了妇女组织，女性则有57%（见表3-18）。

表3-18 男性和女性的妇女组织参与情况

单位：%

性别	临沧	保山	大理	迪庆	怒江
男性	1.67	0	8.33	71.67	18.33
女性	2.13	0	17.02	57.45	23.40

在调研地的大部分地方女性加入组织比男性高，具有明显积极的信号。目前，在乡村缺乏制度化的常态利益表达与维护渠道，妇女组织可以通过对话和协商的方式协调彼此的利益，也能通过对大量资源的掌握影响政策的制定和执行来维护群体利益。

4. 资源与社会关系网

各市/自治州借债的渠道几乎差不多，在地域上没有明显的统计差异，但是在性别上存在明显差异。在临沧市，女户主比男户主更容易借到债，65%的女户主表示如果她愿意，很容易借到债，过半的男户主持有此观念，而且这其中还有13%的男户主表示不确定。同样的情况也发生在迪庆藏族自治州。75%的女户主认为借债很容易，只有9%的女户主表示很难，而对于男户主，67%的人认为很容易借债，15%的人认为借债很难。保山市的情况与上述两个市/自治州都不一样，男户主比女户主更容易借到债，64%的男户主表示容易借到债，57%的女户主持此观点，而且男户主认为难借到债的比例比女户主低。在大理白族自治州与怒江傈僳族自治州未发现有明显的性别差异（见表3-19）。

表3-19　借债难易情况

单位：%

		非常困难	困难	不确定	容易	非常容易
临沧	男户主	8.01	19.89	13.26	55.80	3.04
	女户主	3.23	22.58	6.45	64.52	3.23
保山	男户主	1.12	17.98	15.17	64.33	1.40
	女户主	2.86	20.00	17.14	57.14	2.86
大理	男户主	0.88	16.18	17.65	62.65	2.65
	女户主	1.52	16.67	15.15	65.15	1.52
迪庆	男户主	2.46	15.14	13.73	66.55	2.11
	女户主	0.83	9.09	14.88	75.21	0.00
怒江	男户主	2.68	15.72	23.41	56.19	2.01
	女户主	5.38	20.43	18.28	52.69	3.23

（三）气候变化及其影响

1. 气候变化的感知和认知差异

对于气候变化的认识，社会公众和政府工作人员存在明显差异：政府工作人员对极端气候事件的关注度显著高于公众（周景博、冯相昭，2011）；在气候变化对中国影响程度的严重性上，公众对严重性的认识要显著低于政府工作人员。对于男户主、女户主而言，尽管他们在气候变化、降雨变化等总体上没有明显的认知差别，但是在不同地区存在明显的性别认知差别。在临沧市，对于寒冷气候变化的认知上，男户主的敏感性更高。保山市男户主在气候变化上的认知较女户主更积极，过半的人认为气候明显变热。在大理白族自治州，60%的女户主认为她们没有发现降雨强度的下降，持此观点的男性仅占47.78%；此外，43%的男性认为降雨强度下降了，而只有33%的女性持此观点。在迪庆藏族自治州，44%的女户主认为降雨不稳定，而男户主刚好相反，38%的男性不认为降雨不稳定，33%的男性认为降雨不稳定。

2. 气候变化的影响

不同性别用户所面临由气候变化带来的冲击在不同地区不一样，受冲击等级划分为5个等级，1为最低，5为最高等级。对临沧市男户主而言，家庭疾病造成的冲击是最严重的，每户造成的损失为7173元/年；牲畜传染病排第二，每户的损失为4197元/年。对临沧市女户主而言，牲畜传染病造成的冲击最严重，冲击值达到4.40，给每户带来的损失为7100元/年，居首位；家庭疾病带来的损失排第二位（见表3-20）。

表3-20 灾难冲击程度及其造成的损失（临沧）

	男户主		女户主	
	灾难	冲击程度/损失	灾难	冲击程度/损失
灾难冲击程度（前5）	家庭疾病	4.56	牲畜传染病	4.40
	牲畜传染病	4.21	干旱	4.11
	长时间干旱	4.12	家庭疾病	4.10
	干旱	4.10	长时间干旱	4.07
	强风	3.81	农作物病害	4.00
灾难造成的损失（前5）（元/年）	家庭疾病	7173.28	牲畜传染病	7100.00
	牲畜传染病	4196.87	家庭疾病	5025.00
	干旱	3258.75	长时间干旱	2728.52
	长时间干旱	2962.36	干旱	2077.77
	强风	1923.99	强风	1681.81

在保山市，在冲击程度和造成的损失上，男户主、女户主均将家庭疾病视为头号威胁。强风对男户主的冲击程度排第二，造成3011元/年的损失；对女户主的冲击程度排第三，造成的损失相比男户主小很多，为1933元/年。同样的情况出现在干旱上，其对男户主的冲击程度排第三，达2536元/年，但对女户主的冲击程度排第二，造成的损失为1971元/年（见表3-21）。

表 3－21　灾难冲击程度及其造成的损失（保山）

	男户主		女户主	
	灾难	冲击程度/损失	灾难	冲击程度/损失
灾难冲击程度（前5）	家庭疾病	4.40	家庭疾病	4.42
	强风	4.15	长时间干旱	3.92
	干旱	3.84	强风	3.83
	长时间干旱	3.78	干旱	3.71
	不稳定降雨	3.71	不稳定降雨	3.50
灾难造成的损失（前5）（元/年）	家庭疾病	6119.89	家庭疾病	5900.00
	强风	3011.00	干旱	1971.42
	干旱	2536.16	强风	1933.33
	长时间干旱	2053.85	长时间干旱	1346.15
	不稳定降雨	2015.38	不稳定降雨	1200.00

在大理白族自治州，情况跟以上两个市完全不同。债务对男户主的冲击程度最高，达4.75，受影响的家庭每年借债29417元。家庭疾病对女户主冲击程度最高，为4.07，造成的损失为14908元/年，但对男户主的冲击程度排第二，值比女户主高，为4.11，造成的损失为10618元/年。劳工短缺给女户主也造成不少损失，达4667元/年（见表3－22）。

表 3－22　灾难冲击程度及其造成的损失（大理）

	男户主		女户主	
	灾难	冲击程度/损失	灾难	冲击程度/损失
灾难冲击程度（前5）	债务	4.75	家庭疾病	4.07
	家庭疾病	4.11	牲畜传染病	3.62
	牲畜传染病	3.83	干旱	3.40
	干旱	3.72	劳工短缺	2.66
	冰雹	3.63	农作物病害	2.60
灾难造成的损失（前5）（元/年）	债务	29416.79	家庭疾病	14907.69
	家庭疾病	10617.93	劳工短缺	4666.66
	牲畜传染病	6388.19	牲畜传染病	2537.50
	干旱	3314.50	干旱	1790.00
	冰雹	2890.00	农作物病害	640.00

对于灾难冲击程度和其造成的损失，迪庆藏族自治州男女户主的相似度很高。家庭疾病无论是冲击程度还是造成的损失，对男女户主来说都排在第一位。尽管如此，家庭疾病给女户主造成的损失是男户主的2倍。长时间干旱尽管对男户主而言冲击程度最低，但是造成的损失不容小觑，达6168元/年（见表3-23）。

表3-23 灾难冲击程度及其造成的损失（迪庆）

	男户主		女户主	
	灾难	冲击程度/损失	灾难	冲击程度/损失
灾难冲击程度（前5）	家庭疾病	4.09	家庭疾病	4.07
	牲畜传染病	3.79	滑坡	3.81
	滑坡	3.68	牲畜传染病	3.58
	农作物病害	3.45	农作物病害	3.55
	长时间干旱	3.40	干旱	3.38
灾难造成的损失（前5）（元/年）	家庭疾病	10094.38	家庭疾病	20623.81
	长时间干旱	6168.18	滑坡	2745.45
	滑坡	4877.27	牲畜传染病	2383.33
	牲畜传染病	3300.00	干旱	2018.23
	干旱	1939.88	农作物病害	1907.50

在怒江傈僳族自治州，家庭疾病在男户主冲击程度榜单上排第一，冲击值接近4，造成的损失为8025元/年。对女户主来说，鼠疾在冲击程度和损失上排第一，损失值为14688元/年；对怒江傈僳族自治州男户主来说，家庭疾病的冲击程度位列第一，但是对女户主冲击程度排第二，损失值为8322元/年，而与此同时，男户主排第二的损失值为3936元/年（见表3-24）。

表3-24 灾难冲击程度及其造成的损失（怒江）

	男户主		女户主	
	灾难	冲击程度/损失	灾难	冲击程度/损失
灾难冲击程度（前5）	家庭疾病	3.95	鼠疾	4.00
	牲畜传染病	3.79	家庭疾病	3.75
	强风	3.68	牲畜传染病	3.48
	不稳定降雨	3.68	强风	3.20
	干旱	3.28	不稳定降雨	3.00

续表

	男户主		女户主	
	灾难	冲击程度/损失	灾难	冲击程度/损失
灾难造成的损失（前5）（元/年）	家庭疾病	8024.87	鼠疾	14687.5
	牲畜传染病	3936.16	家庭疾病	8322.11
	强风	1424.13	牲畜传染病	3001.85
	干旱	1396.87	强风	1172.00
	长时间干旱	1394.73	干旱	1121.42

“适应”问题可从两方面来看：一是农民和农村社区在面临气候变化时自觉调整他们的生产实践，取决于农民掌握农业技术的水平及收入的高低；二是在面对气候变化可能带来的减产或新机会时，政府有关决策机构积极宣传指导、有计划地进行农业结构调整，以尽量减少损失和实现潜在的效益，提高农业对气候变化不利影响的抵御能力，增强适应能力。

对于已经产生的灾难，农户采取的措施各不相同，这与性别、地区有明显的关系。对临沧市男户主来说，32.5%的人会向亲戚借钱，30%的男户主家庭会让家庭成员重回劳动市场，24%的人会在本村借住。对临沧市女户主来说，36%的人会从亲戚那里借钱来应对灾难，23%的人会选择外出打工，相同比例的人会采取减少食物开支的措施。对保山市户主来说，无论男性还是女性，借钱是他们的首选，其次是外出务工（男户主占29.44%，女户主占25.71%）。22%的男户主会选择在本村务工，而20%的女户主会控制成年人支出。

大理白族自治州的情况跟保山市类似，男女户主会首先考虑借钱，18%的男户主会向银行贷款，17%的男户主会消减食物开支；对于女户主来说，13%的人会外出打工，9%的人会向银行贷款。

在迪庆藏族自治州，19%的男户主会采取消减成人开支来应对灾难，16%的人会减少食物开支，11%的人会将农田转让；女户主也会采取与男户主同样的办法，比例上略有差别，但不明显。怒江傈僳族自治州男女户主采取的应对措施类似，没有明显的性别差异。

（四）脆弱性

脆弱性评估对气候变化出台的政策来说意义深重，它能为政策制定者提供一个清晰明了、可行的行动框架。在本研究项目中，我们采用Hahn教授的生计脆弱性指数来评估脆弱性（Hahn，2009）。所有这些因子可以归为七大类：①社会人口统计；②生计；③健康；④人际关系；⑤食物；⑥水；⑦自然灾害和气候变化感知。每一个部分由几个因子构成，每个因子的衡量尺度不尽相同。

社会人口部分共有三个统计指标，包括：①抚养比例；②户主是文盲的比例；③户主平均年龄。

生计部分共有三个统计指标，包括：①外出务工人员比例；②农业作为主要收入的农户比例；③农业生计多样化指数。

健康部分共有三个统计指标，包括：①健康受自然灾害影响的农户比例；②承担严重疾病的能力；③重大疾病出现频率。

人际关系方面共有四个统计指标，包括：①求助指数；②对当地规范影响程度；③借钱难易程度；④户主加入不同机构的比例。

食物方面包括两个统计指标：①农作物多样性指数；②不留种的农户比例。

水部分包括两个统计指标：①购买水的能力；②水质量。

自然灾害和气候变化感知包括三个统计指标：①认为过去 20 年气候变化的农户比例；②认为过去 20 年降雨变化的农户比例；③认为过去 20 年环境变化的农房比例（见表 3－25）。

表 3－25　生计脆弱性指标构成

主要指标	次级指标	男性	女性	最大值	最小值
社会人口	抚养比	0.54	0.47	1	0
	户主是文盲的比例（%）	9.75	22.25	100	0
	户主平均年龄（岁）	46.80	48.80	90	20
生计	外出务工人员比例（%）	28.85	24.99	100	0
	农业作为主要收入的农户比例（%）	21.69	13.00	100	0
	农业生计多样化指数	0.25	0.34	1	0.2
健康	健康受自然灾害影响的农户比例（%）	21.00	29.00	100	0
	承担严重疾病的能力	4.12	4.35	6	1
	重大疾病出现频率	1.83	2.08	7	1
人际关系	求助指数	3.73	3.23	5	1
	对当地规范影响程度	3.80	3.92	5	1
	借钱难易程度	81.90	75.43	100	0
	户主加入不同机构的比例（%）	87.81	81.79	100	0

续表

主要指标	次级指标	男性	女性	最大值	最小值
食物	农作物多样性指数	64.70	65.00	100	0
	不留种的农户比例（%）	0.21	0.28	1	0.1
水	购买水的能力	2.88	2.86	5	1
	水质量	3.42	3.46	5	1
自然灾害和气候变化感知	认为过去20年气候变化的农户比例（%）	14.92	35.54	100	0
	认为过去20年降雨变化的农户比例（%）	0.19	0.32	1	0.1
	认为过去20年环境变化的农户比例（%）	90.31	84.39	100	0

在将这些统计指标表格进行标准化后，数值越高，表明越脆弱。在社会人口部分，男性在抚养比例上的负担比女性重，而女性文盲的比例比男性高，而且平均年龄也较男性高。总体而言，女性在社会人口部分更脆弱。在生计部分，男女总体没有差异，但在部分指标上，男女差异很大，如在外务工的男性明显高于女性，依靠农业收入的男户主的比例也明显比女户主多。在健康部分，女性明显比男性更脆弱，她们更容易受自然灾害的影响，得疾病的可能性远高于男户主（见表3－26）。

表3－26　标准化后的生计脆弱性指标

主要指标	次级指标	男性	女性
社会人口	抚养比	0.54	0.47
	户主是文盲的比例（%）	0.10	0.23
	户主平均年龄（岁）	0.44	0.48
生计	外出务工人员比例（%）	0.28	0.24
	农业作为主要收入的农户比例（%）	0.21	0.13
	农业生计多样化指数	0.06	0.18
健康	健康受自然灾害影响的农户比例（%）	0.21	0.29
	承担严重疾病的能力	0.38	0.33
	重大疾病出现频率	0.14	0.18
人际关系	求助指数	0.12	0.2
	对当地规范影响程度	0.53	0.54
	借钱难易程度	0.40	0.39
	户主加入不同机构的比例（%）	0.86	0.65

续表

主要指标	次级指标	男性	女性
食物	农作物多样性指数	0.10	0.24
	不留种的农户比例（%）	0.90	0.84
水	购买水的能力	0.31	0.44
	水质量	0.30	0.27
自然灾害和气候变化	认为过去20年气候变化的农户比例	0.81	0.75
	认为过去20年降雨变化的农户比例	0.87	0.81
	认为过去20年环境变化的农户比例	0.64	0.65

在人际关系上，男户主的社会关系网比女户主更大，但与之相反，女性更容易在面对灾难时借到钱，参加不同组织的比例也较男性高。

数据分析还发现男户主种植的作物较女户主更多样化，当然他们极少保留种子的行为也让他们在面对气候变化时更脆弱。总体而言，男性较女性更能承担买水开支，但是男户主家庭的水质没有女户主家庭的好。在自然灾害以及气候变化方面，男性的意识较女性强，但并不显著（见表3－27）。

表3－27　男女两性生计脆弱指数

	男性	女性
社会人口	0.36	0.39
生计	0.18	0.18
健康	0.24	0.26
人际关系	0.48	0.44
食物	0.50	0.54
水	0.30	0.35
自然灾害和气候变化	0.77	0.73
生计脆弱指数	0.41	0.41

五　主要发现

受性别差异以及中国传统观念的影响，男女两性在社会人口等一系列方面存在巨大的差异，如年龄、教育、家族结构、住房及租赁价格，以及务工收入。也正是男女的性别差异，导致男户主、女性户主在诸多方面也存在明显的差异，如抚养比和房屋租赁价值等。概括来讲，女户主在社会人口方面的脆弱性较男户主更高，其在社会人口方面的脆弱性可以通过调整面对气候变化的适应性策略来弥补。

由于国内经济增长较以前有回落、通货膨胀等一系列经济因素影响，农村消费逐渐提高，这导致外出务工人员逐渐由不同地区的单一性别为主转向总体上的两性比例几乎相等。由于受教育水平不高，务工人员的收入与城市人口相比较低，而且务工人员收入存在明显的性别差异，男性务工收入较女性高。

在调查村，由于历史与文化的影响，权力结构由上而下以男性为主导，村级规章制度也是如此，决策的制定与参与者主要是男户主。也正是因为历史与文化建立的秩序，男女在角色上目前仍有着明确的分工，家务几乎全部由女性承担，如做饭、打扫房子，而一些涉及决策与重体力活多由男性承担，如耕地、打柴。随着时代的进步，男性与女性角色的差异不再像以前那样泾渭分明，并且许多家庭在工作、家务等方面男女更加平等，如堆肥、除草、收割、播种、浇田、施肥、粮食加工与储存、照顾老人和小孩。

受访者所从事的工作基本在零售与批发、酒店、物流以及社区性服务行业。在非农业工作上，男女性别差异很明显。男性倾向于在重工业行业工作，过半的男性从事建筑行业，12%的从事物流、通信；与此相反，只有17%的女性从事建筑行业，女性更多地从事劳工密集型的制造业，以及社区性服务行业。

气候变化对农业影响巨大，尤其是农作物产量，这种影响既有正面也有负面，但以负面为主。男户主以农业作为主要收入的比例比女户主高，但其从事的农业更丰富多样。与此相反，女户主更容易受自然灾害的影响，脆弱性更高，这主要表现在女户主种植作物单一，在气候灾害后补救措施少。

气候变化及其适应是长期的工作，气候变化不仅是高温干旱的趋向性变化，更反映在极端气候事件的增加上。而落后地区的农业和牧业是最脆弱的地区，自身适应能力十分有限。具体来说，气候变化对农户生计的影响主要体现在生产支出增加、农副产品收获量减少。其中，气候变化使农产品收获减少而影响当地人经济收入的情况最为显著，超过82%的受访农户的农产品产量均有不同程度的降低。

在人际关系上，男户主较女户主的社交网络更广，但是女户主更容易在受灾时借到钱，而且她们加入不同组织与协会的比例比男户主更高。总体而言，男性比女性在人际关系上更脆弱。

在所有调查区域中，女性在社会人口、健康、水三个大方面较男性脆弱性更高，而男性在生计、人际关系、自然灾害和气候变化四个方面较女性更为脆弱。值得注意的是，女性在面对自然灾害的脆弱性方面比男性低，可以追溯到她们在人际关系和自组织（如社团）层面获取和控制自然资源上较男性处于优势。但总体而言，女性较男性在气候变化中更为脆弱。性别间的脆弱性在不同地域间存在差异性，但是这种差异性并非一成不变，是可以自我进行调整或者通过外界手段进行干预调整，比如政府对组织制度的调整，等等。

六　结论及政策建议

对气候变化带来的脆弱性研究多集中在自然生态系统，对社会经济系统的脆弱性研究较少，对于特定区域的特定群体如怒江－澜沧江流域农户的脆弱性研究更少，而后者恰恰是抓住现状和提高气候变化适应能力的根本依据。同时，由于中国情况的特殊性，贫困地区与气候脆弱性具有高度的重叠，气候变化通过对农业生产、水资源、生物多样性和健康等方面产生影响，来加剧贫困地区面临的生态环境脆弱性。

男女两性受访者对于自然灾害与气候变化的意识不强，较政府部门有明显的差距。由于意识上的薄弱，以及自身教育水平有限，加之技术限制，其在面对气候变化时无法有效面对，受访者除了借钱和干旱时想办法给作物浇水以外，并没有其他措施，而且上述措施也无法从根本上解决农户所面临的脆弱性。要解决这些问题，需要政府的引导，唤醒民众对气候变化的强意识，推广抗性尤其是抗旱品种，进行多样化差异种植。

男女两性外出务工对脆弱性有两个方面的影响。一方面，外出务工比留在农村获得的收入高，可以降低其在健康、卫生等方面的脆弱性（韩峥，2004）。在农户所面临的脆弱性中，无论是对家庭的冲击程度还是带来的损失，疾病（包括家庭疾病和牲畜疾病）都排在第一位，尽管农村医疗保险能解决部分问题，但其力度与城市相比远远不够，不够的部分需要农户自行通过商业保险来解决。另一方面，劳力的缺失，会导致老幼留守群体的脆弱性大大提升，农林产业受气候变化的影响更大，而且有些不可逆（吴小玲、廖艳阳，2011）。这两者的权衡，取决于当地的经济情况、政府策略等一系列因素。政府在农林产业方面的扶持（包括技术以及意识）不仅提高了农户面临气候变化的抵抗性，同时也间接地让农户降低了自身的脆弱性。

高度依赖环境资源的贫困人口（尤其是女性）非常容易受到气候变化的影响，农村中最容易受到气候影响的群体为最贫困的、主要依赖于农业收入的留守妇女（王洪，2012）。这种脆弱性是由村庄外部更大的社会、政治或经济体系引起的，限制了家庭层面的应对能力。因为农村妇女获得公共服务、进入社交网络和使用公共资源能力更差，农村妇女要负责保障日常家务的用水、饮食和能源需求，而气候变化将使资源进一步匮乏。气候变化的影响直接导致水资源的匮乏，直接导致农业收入的减少，间接影响农村妇女的家庭和社会地位。目前政府部门的有关适应性政策普遍缺乏社会性别敏感性；妇女在农业和水资源管理以及灾害管理这些适应气候变化的关键领域缺位；妇女适应气候变化的能力有待进一步提升。鉴于妇女脆弱性高，而主要适应气候变化的政策领域为农业、水资源和灾害管理，因此，适应性策略应当更集中于农村社区，加大对农户、农村妇女的投入是实施有效政策干预所必不可少的策略。

综上所述，笔者提出如下政策建议。

1. 综合考虑气候变化影响，整体规划应具有社会性别的敏感性，充分关注妇女的脆弱性

通过评估长期与短期气候风险的叠加过程，将适应性措施纳入开发、农业、金融、灾害与水资源规划框架中作整体规划考虑；对削弱当地农户适应能力的气候风险和其引起的其他风险进行全体评估；对支持农村响应与适应能力的措施进行整体设计；建立具有创新灵活结构的资金和技术扶持渠道，鼓励民间社团以及研究机构参与，并推行政府部门和第三方力量（如NGO、当地社团）间的横向协作。同时，在整体规划时应注意社会性别的敏感性，充分关注妇女的脆弱性。

2. 加强农业灾害预警系统建设，村庄一级的预警系统应更适合妇女的需求

针对极端天气的频繁发生，需要提高农业灾害预测、预报，提高预警能力，完善气象综合监测体系。各地根据当地自然环境、农业自然灾害发生规律，以及气象数据，制定各种预警系统，将农业生产在极端情况下的损伤降到最低，提高农户抵抗灾害的能力。

3. 把握市场，拓宽农村收入渠道

在经济全球化的冲刷下，农村面对的气候变化以及其应对的不只是环境问题，而是和社会结构、制度和公正等问题相互交织在一起。地方政府通过规范化种植经济作物，能避免作物量多价低，增加农户家庭收入，特别是针对妇女的增收措施，以更好地缓解气候变化造成的极端天气的影响。

4. 构建从气候信息到农业信息的有效传播渠道，并考虑更适合妇女的传播方式

应对气候变化仅有政府的敏感远远不够，还需要充分考虑男女两性在接受信息时的差异，在传播相关信息时要考虑更适合妇女的方式，比如妇女更易接受指导而不是教室培训等，应从语言、直观性和实践性等方面进行考虑。

5. 公众参与决策，倾听妇女和弱势群体的声音

重视女性参与村治决策过程，充分聆听不同群体，特别是妇女和弱势群体的声音，畅通沟通渠道，使制定的决策与规则更具广适性。女性可以和男性一起出谋划策，充分参与决策和规则的制定，可以提升集体面对气候变化的凝聚力。

第二编
水资源短缺与农村生计

第四章　云南山区男女村民对干旱的不同应对措施

一　背景及研究目的

2009年秋季至2012年，位于中国西南部的云南省遭遇了百年一遇的罕见持续气象干旱（Wang and Meng，2013）。根据对昆明市1951～2013年年降雨量资料的分析结果，其2009年、2010年、2011年和2012年的年降水量分别低于多年平均值的42.3%、11.4%、32.8%和18.2%。[①] 项目研究点保山市2009年的降水量低于多年平均值的32%。[②] 截至2012年末，连续3年的持续干旱共导致数百万人畜缺乏饮用水，并对21741平方公里农田造成了影响。旱季降水量的减少和蒸发量的增加直接导致了大气环流异常（Lü et al.，2012；Lu et al.，2011）。在过去50年里，中国发生气象干旱的频率逐渐增加（Yu et al.，2013），并且气候变暖亦将导致全国大部分地区因蒸发而遭受气象干旱的风险增加，这一点在西南地区表现得尤为突出（Wang and Chen，2013）。在云南，水文干旱（即河川径流的减少）和农业干旱（即供农作物生长可用水量的减少）风险可能会因城市化和土地植被覆盖率的变化而剧增（Zhao et al.，2013；Yu et al.，2013）。社会对干旱灾害的响应决定了水资源短缺所导致的社会经济效应，并可能会加剧或缓解缺水情况（Cutter，1996）。因此，除了将干旱作为自然灾害，进一步了解其相关的自然过程外，评估其相应的社会影响，并了解如何通过对水资源可利用量增减变化的社会响应来加剧或缓解这些影响（Adger et al.，2005）也是非常重要的。

前人的诸多研究表明，气候冲击从不同方面对男性和女性构成影响（Pao-

---

① http://yn.yunnan.cn/html/2013－02/20/content_2623099.htm，最后访问日期：2016年6月12日。

② 中国气象科学数据共享服务系统提供的1951～2011年降雨量数据。

lisso et al. , 2002; Omolo, 2011; Quisumbing et al. , 2011)。气候冲击对男性和女性的影响根据具体情况不同而有所差别，而且该影响还取决于男性和女性不同的农业生产参与度以及其最终遭受具体气候风险的不同程度（Paolisso et al. , 2002; Nelson and Stathers, 2009)。另外，农业生产的参与度还与男性和女性的迁移特征相关（Hunter and David, 2011)。气候冲击的影响也与男性和女性取得并控制重要资产的差异（Carr, 2008; Roncoli et al. , 2001)、获取支持网络和信息的差异，以及参与决策的差异有关，而这些差异因素均受男性和女性权力力度的约束（Carr, 2008)。因此，关注男性和女性在家庭经济和自然资源管理中发挥的不同作用（Dankelman, 2002）以及对干旱的不同看法(Stehlik et al. , 2000）能揭示出在干旱的影响和应对干旱上两性的差异，从而提供微观层面的研究成果，为制定出更有针对性的措施，在解决旱灾问题(Alson, 2007）及适应长期的气候变化和气候多变性方面给予支持（Nelson et al. , 2002)。

外出务工以及大量农村人口短期和长期向城市流动是中国农村经济增长的主要动力（Zhang and Song, 2003)。男性和绝大多数的年轻女性通常都会外出务工，因此许多中年妇女选择留守农村（Mu and van de Walle, 2011)。这样一来，农业劳动的女性化程度日趋上升，而过度劳累可能对女性的健康和福利都有不良影响（Mu and van de Walle, 2011)。不仅如此，女性的劳动付出与她们最终所获得的作物销售收入不成正比，她们在家庭内部或村社内的决策地位也并没有得到显著的提高（De Brauw et al. , 2008)。尽管女性在农业用水管理和家庭用水供应上发挥着重要的作用，但是农村水资源管理政策并没有对性别问题给予特别的关注（Lu, 2009)，而水资源管理通常都是由男性来做主(Lu, 2008; Ge et al. , 2011)。

本章将探讨云南农村男性和女性对干旱的不同看法，进而讨论在农业生产活动和家庭用水中，干旱对男性和女性的不同影响及其做出的不同响应。本章还进一步探讨了男性和女性在家庭和村社层面对缺水适应措施进行决策时发挥的不同作用。笔者认为：关注男性和女性对干旱的不同看法和应对措施能够加强应对旱情的策略。

二 研究点的基本情况

云南地处中国西南部，总面积约为394000平方千米，具有地形多样化、生态多样化和社会多元化为一体的特点。在云南的总面积中，山地面积约占

94%。滇西北地区毗邻西藏自治区，海拔较高；滇东南地区与老挝和越南接壤，海拔较低。云南的地形复杂，气候多样，整个省区横跨温带、亚热带和热带。截至2013年，云南的总人口为4660万，其中超过60%的人口居住在农村，他们大多散居在有限的坝区，住在山区的人口比例较少（云南省人力资源和社会保障厅、云南省财政厅，2013）。农业人口约占全省总人口的60%，2014年云南省的人均国内生产总值仅为27341元，列全国倒数第三位。[①] 云南省2015年还有超过561万人口生活在中央政府2014年颁布的贫困线标准以下，贫困人口数居全国第二位。[②]

云南的地形复杂，加之地处东亚季风和南亚季风交会处，气候复杂多变。云南的水资源总量排全国第三，但是水资源的分布极不均匀，很多人口高度密集的区域都面临缺水问题（李九一、李丽娟，2012）。20世纪80年代以来，云南发生春夏干旱的频率逐渐增加，2000年以后，全省的降水量也呈下降趋势（程建刚、解明恩，2008）。距今（2009年）最近的一次严重旱灾发生在2005年，当时估计为50年一遇的严重干旱（程建刚、解明恩，2008）。

作为喜马拉雅山脉水资源管理和气候变化国际研究项目的一部分（Pradhan，2012），笔者在云南选取了三个研究点，分别代表不同海拔高度和不同农业生态系统。本章选取了其中两个研究点的数据用作分析。两个研究点分别是保山市隆阳区的A村和B村。保山市隆阳区A村的海拔为2473米，年平均温度为12.2℃，年平均降雨量是1200mm。全村辖6个村民小组，现有农户371户，98.5%都是汉族。村庄周围的山地森林覆盖率比较高，非木材林产品（如松茸、松子、核桃）、花椒、木材、烟草、牲畜、外出务工等是当地主要的收入来源。A村的人均耕地资源非常有限，玉米和大麦主要用于家庭消费或是喂养牲畜。因为只有少量简陋、蓄水容量有限的人工灌溉系统，村里的耕地一般都是旱作。村里超过70%的成年男性都在外务工，只有农忙季节、节日或家里有重要事情（例如结婚或丧葬）时才会回家。A村与周边的乡镇都有弹石路相连，距离乡政府所在地仅1小时车程。

位于保山地区唯一热区的B村，海拔为950米，年平均气温25℃，年平均降水量700mm。全村下辖9个村民小组，现有农户545户，主要世居民族是傣族和汉族。2013年全村共有634户2108人，其中男性1078人，女性1030

---

① http://tieba.baidu.com/p/3559804228，最后访问日期：2016年6月12日。

② http://news.xinhuanet.com/local/2015-02/12/c_1114354423.htm，最后访问日期：2016年6月12日。

人；农业人口 1882 人，劳动力 1558 人。该村适宜种植咖啡、龙眼、甘蔗等经济作物。全村现有咖啡种植面积超过 12000 亩，家家户户都有种植，被誉为“中国咖啡第一村”。农民的收入主要以种植业（咖啡）为主，由于咖啡种植的习性，季节性的外出打工也是村民经济收入的主要来源。该村位于保山地区（潞江镇）与怒江傈僳族自治州公路交通的咽喉，与周边村镇都有柏油路或弹石路连接，还有定时发送的乡村公交，交通比较方便，距保山市 70 公里，车程在 1 个小时以内（见表 4－1）。

表 4－1　B 村和 A 村基本情况

位　置	高海拔	低海拔
村庄	A 村	B 村
海拔（米）	2473	950
年平均气温和降雨（℃/mm）	12.2/1200	25/700
交通和集市	弹石路，距乡政府所在地 1 小时车程	距柏油路 10 分钟车程；距乡政府所在地 20 分钟车程
下辖农户数（户）	371	545
是否通电	是	是
灌溉渠道	有	有/老旧
气候	气候冷凉，降水较多，蒸腾量较低	热区，降雨少，蒸腾量高
气温变化趋势	上升	上升
水源	水源海拔较低，绝大多数的农户需要用抽水机汲水供家用	山泉水（季节性）和降雨
社区认定的主要挑战	春季供水不足	春季和旱季的供水不足
主要收入来源	野生菌、松子和核桃，花椒，木材，粮食，烟草，牲畜，外出打工	咖啡 60%，牲畜 12%，水果 15%，外出打工 13%
人口变化趋势	减少	上升

资料来源：2012 年村庄调查。

A 村的 6 个村民小组中有 2 个位于 A 村水源的上游，其他均位于下游。在通村自来水工程完工之前，位于上游的 2 个村民小组已经建好了供本村民小组用的蓄水池，并购买了水泵用于生产生活用水的供应。通常每个村民小组有一名经村民推荐选出的管水员专门负责供水系统的管理和维护，每年每个村民交 10 元钱，作为管水员日常工作的报酬。但是，如果需要进行管道和设备的维修和维护，村民必须自己出钱购买材料，并给管水员支付一定的劳务报酬。上游 2 个村民小组，每个小组差不多都有 100 户农民，各聘请 1 人协助管理供水系统。

A 村共建有 9 个蓄水池。2005 年以前，旱季时（2～5 月）大多数女性（有的时候也有男性）必须走上 500 米取水，以满足生活用水需求。近年来，在政府和一家香港公司的支持和资助下，村里为每户人家安装了水管。截至 2007 年，村里大多数家庭都用上了自来水，这无疑节约了大量的劳动力。许多家庭还装上了太阳能热水器。

B 村的水源主要来自高黎贡山国家级自然保护区内的山心河，附近还有和周边几个村共用的小河（根据对村干部的采访，通常情况下 B 村用了这个水源的 2/3）以及位于交通主干道（保山市经潞江镇至怒江傈僳族自治州六库镇）下方的怒江。本村共有 9 个小组，其中，1、2、3、7、8、9 小组在公路的上面，4、5、6 小组在公路的下面。上面 6 个小组共同聘请了一名管水员，每年每户按照户口册上的人口数缴纳 5 元/人的水费，几个小组给管水员开的工资是 4000 元/年，如果收缴的水费给管水员付工资后还有剩余，则上交小组保管；下面 3 个小组每个小组有一名管水员，一般是由小组长兼任。

B 村村民普遍认为从高黎贡山和山心河流出的水水质还不错，饮用水的水质也没有改变，但是引水的管道年代久远，遇到下大雨的时候可能会有水管堵塞或破裂的情况发生。维修期间一般都会停水，如果停水不超过 10 天不会影响村民的生活用水，因为大约 2/3 的家庭都修建了 2～3 立方米容积的蓄水池（蓄水池闲时蓄水，忙时用做泡咖啡的发酵池），维持一家 10 天左右的生活用水一般没有问题。但是，由于大量使用农药化肥的缘故，山心河下半段生产用水的水质受到了影响，河里已经基本没有鱼虾。从水量上来看，20 年前下雨水量大的时候，小孩子上学都需要大人协助过桥；但现在这种情况基本不会出现，因为即使在雨季水量也少了将近一半，有时候旱季的水量只有原来的 1/3。

就保山地区而言，虽然季风季节（6～10 月）降雨量充足，但是每年依然会出现缺水的问题。与云南其他地区一样，A 村也遭遇了始于 2009 年的严重旱灾。2012 年，在当地遭遇了连续三年干旱后，研究人员在 A 村和 B 村分别开展了以旱灾和农户应对为主题的实地调查，本章正是以此次调查为基础，辅以 2010 年以前积累的其他一些调查的所得和发现而写成。

三　研究方法

“过多和过少水区域性项目”（“too much water and too less water project”）于 2009～2010 年在保山地区针对气候变化下水资源的管理做了实地调查，旨在了解当地机构和政策在应对与水有关的灾害的适应能力建设中所发挥的作用。这次针对适应性与性别差异的研究是在该项目研究基础上，由大喜马拉雅山地区气候变化应对项目（HICAP）资助进一步展开的（ICIMOD，2009；Pradhan et al.，2012）。其目的在于了解农村男性和女性对缺水的原因，以及缺水对农业和生活用水的影响所持的不同看法；男性和女性在用水相关决策上的地位，以及基层组织和政府机构在帮助村民解决缺水问题中发挥的不同作用。

总体来说，在本研究中，笔者对前期调查成果（Pradhan et al.，2012）、当地水文气象数据和相关文献等二手资料进行了回顾和分析，根据媒体对干旱影响和应对措施的报道提出了研究问题。为了更全面和真实地了解不同人群的适应性及相关问题，我们综合使用了多种实地研究方法（Bogdan & Biklen，1998；Eisenhardt，1989），并进行方法间的三角测量，以改善研究结果的有效性和可靠性（Guion et al.，2011）。

笔者在两个村庄分别组织了男性和女性专题小组讨论。小组讨论采用参与式绘图方法，探究不同性别的人对水资源，以及男女在农业用水和家庭用水上的管理责任和分工的不同看法。女性小组参与人员包括村委会的妇女小组长、妇女代表和其他的农村妇女；男性小组则包括村委会主任、村民小组长和其他的农村男性。A村各有5名男性和女性村民，B村各有7名女性和男性参加了小组访谈。笔者请参与讨论的两个小组分别绘制了一幅村级现有水资源分布图，作为研究男性和女性对水资源管理不同看法的依据。

笔者还对两个村的其他31名女性农民和30名男性农民进行了半结构访谈。在访谈过程中，笔者和受访者一起探讨了他们对气候变化和水资源变化的看法，包括男性和女性在水资源管理中发挥的不同作用、缺水情况、缺水对村民生产生活的影响以及男性和女性采取的应对措施等大量标准化的问题。同时也给平时缺乏交流的村民创造了一个探究不同性别对上述问题看法的机会。此外，我们还对A村的妇女小组组长和管水员及B村的女村医和负责相关事务的村两委成员单独进行了关键信息人访谈，主要是关注社区内水资源管理的性别差异，以及政府对水资源管理的支持程度。

四　主要发现

（一）男性和女性对水资源可利用量的不同看法

A村的缺水问题早在2009～2011年那场干旱发生之前就困扰着村民的生

产生活。村民小组的管水员说：

> 我个人觉得，2005年（另一个干旱年份）的缺水问题并不严重，但是2006年以来，情况不断恶化。近三年（2009～2011年）是自我担任管水员以来情况最糟糕的三年。2005年旱季的时候，村里每两天都能开闸放一次水，情况并不算差。2006～2009年，发展到每三天才能开闸放一次水。到了最近三年，每四天才能开闸放一次水。

大约3/4的男性和女性受访者均认为水资源可利用量正在减少，这一减少趋势影响了农作物和树木的人工灌溉并增加了村民取水的往返距离。A村的农业长期靠天吃饭，只有极少的陈旧的灌溉设施。村民说，农地附近开挖的小水塘或溪流在雨季的时候会有充足的水，可以供他们在春耕时用于农作物或树木的浇灌（人工浇灌或用水泵抽提灌溉）。但是，男性和女性受访者都说他们家附近的溪流或水塘在雨季结束后很快就干涸了。根据农户家庭位置的不同，距离最近水源的距离从500米至3000米不等。从2012年访谈的反馈来看，大多数农民预计这些水源的水只够支撑四个月。

水资源可利用量的减少在一开始只是对农业灌溉用水构成了影响，但是近年来，农户的生活用水也时常得不到满足。2012年受访的大多数男性和女性表示，在过去的一年里，即便雨季有充沛的降雨，村里的水源也只能满足大约六个月的生活用水需求。剩下的六个月中，除了自来水供水外，农户还要从最近的水源处取水以满足正常的家庭用水需求。

A村的男性和女性列举了大量水资源可利用量减少的原因（见表4－2）。约1/4的女性和1/3的男性受访者认为旱季水资源可利用量减少的原因是雨季降雨量的减少。男性和女性均表示雨季降雨量有所减少，其中，更多的女性注意到了降雨天数和时间的变化。男性和女性都认为水资源可利用量减少是山下的铁路建设工程和周边村庄的农业活动造成的，例如，约1/4的女性认为降水减少的原因是山下修建的铁路工程引走了A村的水源，前任管水员则认为修建通村水泥路导致很多出水点被泥沙和水泥堵死。约1/4的女性和1/5的男性觉得，周边村庄和乡镇种植烟草也是导致水资源可利用量减少的一个原因。作为本地区最重要的经济作物之一，烟草一般在雨季末时收获，水分过多会降低烟叶品质。然而冰雹却常常在烟叶收获季节来袭，影响烟叶的质量。为了保证烟叶收入，当地政府通常利用播云技术发射防雹弹降低云层的含水量，防止下冰雹。因此，缺水不仅是降雨量下降等“自然”因素的结果，还是影响山地环境的人为活动和政府实施项目的结果。尽管男性和女性对一些问题的看法类似，但是还是有一定的差异。

表 4-2 A 村不同性别村民对缺水原因的认知

单位：人，%

可能的缺水原因	男性（N=17）	比例	女性（N=14）	比例
下游地区修建铁路	3	9	7	26
附近村镇的烟草种植	6	18	7	26
村内道路的修建	1	3	0	0
降雨减少	11	32	6	22
水源有限	3	9	3	11
位于高海拔位置	3	9	2	7
人口增长	5	15	2	7
森林砍伐/土地开垦	1	3	0	0
牲畜量增加	1	3	0	0

资料来源：2012 年农户问卷调查。

B 村老百姓使用的主要水源是高黎贡山国家级自然保护区的山心河，这条河是 B 村与附近 5 个村共用的水源。B 村的基础设施，特别是农村水利设施要比 A 村好很多，灌溉渠、饮用水管道系统、蓄水池以及较新的灌溉技术（滴灌和喷灌）都有。背靠高黎贡山和毗邻怒江的地理优势以及咖啡种植用水规律与常规农作物不一致等诸多特点，使得村民对旱灾的感受比别的地方，如 A 村来得慢一点。在开展入户调查时，笔者问村民：“过去 10 年间，村里的降雨量有什么变化?”44% 的男性和 28% 的女性觉得记忆最深刻的是 2009 ~ 2010 年持续 2 年的干旱。这次干旱对当地的咖啡种植造成了近乎毁灭性的打击，云南省的相关媒体，乃至中央电视台都对这次旱灾给 B 村造成的影响进行了相关的报道。随后当地政府优先在 B 村开展了万亩连片咖啡园建设，并着重投资建设了覆盖 800 亩优质咖啡地的喷灌和滴灌项目，从一定程度上缓解了 B 村灌溉用水的困难。与 2009 ~ 2010 年相比，4% 的男性和 3% 的女性认为 2011 年的降雨量虽然总体在减少，但是勉强够用；只有 10% 的女性认为 2012 年旱情仍然在持续（见表 4-3）。

表 4－3　过去 10 年间受访村民对 B 村降雨量变化的感受

单位：人，%

你觉得过去 10 年间本村的降雨量有什么变化	男性（N＝13）	比例	女性（N＝17）	比例
没什么变化，基本够用	5	20	4	14
2009～2010 年发生了很严重的旱灾，降雨大大减少	11	44	8	28
2012 年发生了很严重的旱灾，降雨大大减少	0	0	3	10
没什么太大的变化	0	0	1	3
总的来说，降雨和其他水源都在减少	8	32	10	34
2011 年水是够用的	1	4	1	3
用水需求逐年上升	0	0	2	7

资料来源：2012 年农户问卷调查。

与 A 村一样，B 村 32% 的男性和 34% 的女性都同意从最近 10 年的降水量和山心河的流量来看，总趋势是减少。但是在缺水原因的分析上，有 38% 的男性和 49% 的女性都认为在水源地附近发现的非法盗砍盗伐是导致水源减少和降雨量减少的最重要的诱因（见表 4－4）。由于 B 村毗邻附近保山地区腾冲县的烟区（高黎贡山的另外一边），为保护烟叶生产而采取的人工干预局部气候的做法也是导致降雨减少的重要原因。但是 B 村男女村民看法的差异比 A 村小。

表 4－4　B 村不同性别村民对缺水原因的认知

单位：人，%

可能的缺水原因	男性（N＝13）	比例	女性（N＝17）	比例
非法的砍伐	9	38	16	49
周边地区的烟草种植	6	25	7	21
土地的开发	2	8	3	9
降雨减少	4	17	0	0
人口增长	0	0	1	3
咖啡种植	1	4	2	6
村级领导集体能力不够	0	0	2	6
公路建设	0	0	1	3
环境退化	1	4	0	0
气候变化	0	0	1	3
工业发展	1	4	0	0

资料来源：2012 年农户问卷调查。

相比男性，B 村的女性也表现出对降雨减少的敏感性，例如，有 10% 的女性认为 2012 年旱情仍然在持续，但是没有一个受访的男性同意这样的看法（见表 4－3）。而且女性在分析缺水原因的时候列举出了更多的选项，这应该与大部分女性留守在村内管理咖啡和操持农业有关，她们对发生在村内和家庭里的事件了解得更多，感受也更为明显。

（二）男性和女性对缺水影响的不同认知和应对策略

通过几种社会科学研究方法的综合使用，我们希望进一步了解 A 村和 B 村男性和女性对缺水、干旱给农业生产和家庭用水产生影响的不同看法，以及他们随着时间变化而调整的应对措施。

就“缺水对农业生产造成的影响”这一问题而言，A 村男性和女性的认知和表述差别不大。约一半的男性和女性指出缺水导致了产量降低和作物类型或品种的改变。过去，小麦、大麦、谷物、土豆、玉米和花椒是主要农作物。2009 年以后，随着水资源可利用量的减少，很多农民都不再种植小麦和大麦，而花椒生产也连年歉收。一些女性村民说，她们已经开始在自家菜园里引种一些当地的药用植物（如滇重楼），这些植物需水量少，劳力成本低，市场价格也不错。由于降水不能满足一年生作物的需水量，许多农民已经开始在农田内种植树木，如松树、核桃、桉树和桤木。男性和女性均称每年都会试验新的品种，期望找到能更好适应当地缺水情况的品种。农民主要通过日常的相互交流以及在其他村进行的试验获取有关新品种的信息，有时当地政府农技推广站和种子站等单位也会引进一些新品种。除了改变作物类型和品种外，许多农民也改变了传统的耕作实践。如塑料薄膜的应用可以更好地保持土壤水分，提高土豆产量。在 A 村，玉米的种植越来越普遍。但是自 2009 年以来，由于可用水资源不足，原来大部分村民普遍使用的保水塑料薄膜都停用了，因为缺水太严重，几乎不会有任何收成，用薄膜只会白白增加成本。

对同一问题，B 村的农民认为：在目前农药化肥等生产物资供应放开，雇用临时劳动力很方便的情况下，降雨量的多少是决定咖啡能否丰收的最主要因素（男性 62%，女性 60%）；另外，有 19% 的男性和 30% 的女性认为降雨量的差别对咖啡品质的影响也很明显。但是，与 A 村完全不同的是，B 村只有女性受访者（占 6%）给出了也许会考虑种植其他农作物的回答，其余的受访者均没有考虑放弃咖啡。总的来说，咖啡的价格虽然受市场变动影响很大，但是前后经历过甘蔗、水稻、水果种植及其市场价格的巨大变动之后，多数 B 村农户还是觉得咖啡的利润比其他农作物要高，而且正常情况下（雨量充足）咖啡种植需要的劳动力相对较少，旱季过后（雨季期间）到咖啡采收之前的半年时间（5/6 月至 12 月）农民基本不需要对咖啡进行田间管理，很多的 B 村农民，特别是青壮年男性都借此机会到周边村镇或是外地打工，弥补家庭收入的不足；除此之外，保山市（隆阳区）已经决定把 B 村打造成地方特色作物——咖啡的种植示范点，除了前面提到的万亩连片咖啡园建设外，笔者还了解到当地政府也在着力支持延长本地咖啡生产的产业链，通过引入观光型咖啡庄园建设、鼓励建立咖啡合作社、推动咖啡精深加工、举办咖啡文化节等活动，努力打响 B 村咖啡的知名度。因此，农民对未来咖啡发展的预期是很正面的。综合以上因素，就可以理解为什么 B 村农民没有像 A 村农民那样把“改变作物品种”作为一个应对旱灾的重要选项。

图 4－1 为 A 村男性和女性列举的在 2009～2010 年干旱开始的时候采取的应对策略。更多的男性认为补种歉收作物或换种其他作物是有效的应对措施，而更多女性则认为减少耕种面积并调整种植时间更有效。调查表明，女性在面对潜在风险时表现得更为谨慎，她们更倾向于减少耕种面积和作物耕种投入，通过减少投入和花费（如家庭日常支出）来及时止损。而男性则更多地考虑采用技术方法解决问题，如修建蓄水槽或水沟来提高作物的人工灌溉率。

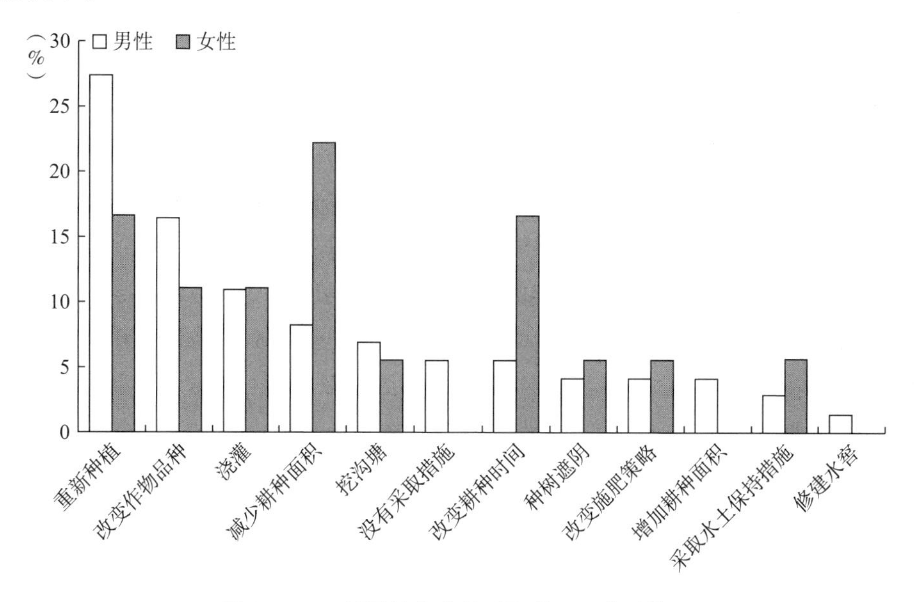

图 4－1　A 村男性和女性采取的不同应对策略

资料来源：2012 年农户问卷调查。

随着干旱的持续，男性和女性的应对措施有了更大的差异（见表4－5）。在农作物持续减产的情况下，女性更倾向于考虑增加对林业和畜牧业的投入。男性和女性均考虑到采取工程性干预措施，来提高作物的灌溉。但是，更多的男性选择挖水塘或水井，而更多的女性则选择挖蓄水槽、租用或购买水泵。由于A村是旱作农业，且产量也比其他地区低，因此许多农户长期以来养殖多种牲畜，以降低对农作物收入的依赖，男性则更多地外出务工以补贴家用。在持续干旱的形势下，许多男性认为他们“什么也做不了，只能等着老天下雨”。有1/4的男性表示他们没有解决农业缺水问题的办法或计划。

表4－5　A村男性和女性采取的不同应对措施

单位：人，%

应对措施	男性（N＝17）	比例	女性（N＝14）	比例
等待下雨/靠天吃饭	1	4	—	0
没有办法/计划	6	25	1	8
政府/非政府组织支持	4	17	3	23
转向发展林业/畜牧业	2	8	3	23
水泵/水管	1	4	3	23
挖水塘/水管	5	21	1	8
修建蓄水槽/水池	2	8	2	15
外出务工	1	4	0	0
寻找新水源	2	8	0	0

资料来源：2012年农户问卷调查。

相比A村，B村的老百姓，不管是男的（72%），还是女的（50%），都把“政府扶持修水利设施”作为长期应对干旱的重要选项（见表4－6）。这其实和2013年前后云南省政府对云南省持续4年旱情的分析研判不谋而合。B村的周边有很多可用的水源，唯一的问题是没有足够、有效的水利设施来保障农民的长期稳定用水。B村的旱灾实际上是在我国中西部常见的工程性缺水，即特殊的地理和地质环境存不住水，缺乏水利设施而留不住水。就此种情形来看，地区的水资源总量并不短缺，但工程建设没有跟上，造成供水不足。这次的连年大旱，暴露出云南水利基础设施仍然薄弱的现状。在采访中有老百姓表示：“我们（老百姓）虽然力量薄弱，做不了大事，但是只要政府愿意扶持我们（建水管，修水渠），我们也愿意出力。”妇女由于对家庭用水情况的掌握更为全面，因此也会更多地关注一些短期内马上起效的方法，例如“租用/购买抽水设备”（17%）。有22%的妇女表示如果长期干旱的情况没有得到改善，那么就会考虑“外出打工”谋生（见表4-6）。这说明妇女对流动/外出有了更多的了解，也希望能够到外面的世界看看。

表4-6　B村男性和女性对“农业如何应对长期缺水状况”问题的认知

单位：人，%

应对措施	男性（N=13）	比例	女性（N=17）	比例
租/购买抽水机（设备）	1	5.6	3	17
政府扶持	13	72	9	50
外出务工	0	0	4	22
用交通工具（车/摩托）/牲畜运水	0	0	1	5.5
没有办法/计划	0	0	1	5.5
维修灌溉渠	1	5.6	—	0
修建蓄水槽/水池	1	5.6	—	0
植树造林	1	5.6	—	0
利用怒江的水	1	5.6	—	0

资料来源：2012年农户问卷调查。

总的来说，男性村民对自己村庄的情况有比较全面的了解，也知道应该采取什么样的措施来应对，但是由于个体和村集体力量的微薄，因此只能将希望寄托在更高一级的政府扶持和帮助。另外，没有任何女性受访者提出类似于“维修灌溉渠”、“修建蓄水槽/水池”、“植树造林”、“利用怒江的水”等从宏观和村庄长远发展着眼的建议。很多妇女也表示村一级的事情特别是如管水等是男人的事情，她们更关心自己家的事情。这也可以看出在平日村庄的集体决策上妇女的真正参与很少。

干旱导致耕作方式的改变和产量的减少意味着收获更少，除满足家庭自身消费需求外，能够出售换取经济收入的作物也更少。因此，许多年轻男性和少数年轻女性选择加入季节性外出务工的大军，并以此作为其主要经济收入来源。男性外出务工造成的间接后果是，女性和老年人留在了村内，而不得不面对干旱和缺水带来的困难和问题。一方面，大量壮年男性外出务工不仅增加了女性必须承担的农业劳动量，如人工灌溉作物，而且也增加了他们的劳动时间和精力负担；另一方面，农业生产歉收意味着女性必须更多地依赖男性和其他家庭成员的外来汇款。

但是，A村所有的受访女性均表示，干旱对她们而言最大的影响是缺乏生活用水（包括饮用水）。一位受访女村民解释说："如果农业缺水，我们可以靠在外务工的丈夫汇款来维生，但是没有饮用水我们怎么能生存下来？"在女性村民的小组讨论中，参与讨论的妇女列举了缺水对生活的影响："在几乎半年的时间内（2~6月），确保家里有足够的用水成了我们每天最重要的一件事，每次取水都要花超过20分钟。"她们估计，平均每天要从最近的水源挑六桶水才能满足家庭的用水需求。在深入访谈中，65%的男性和14%的女性认为取水是男性的职责，而35%的男性和57%的女性则持不同意见。然而在进一步讨论中发现，男性认为他们的主要职责是在原水源干涸时"寻找新水源"，而从水源处取水满足家庭的用水需要则是女性的职责。随着与水源距离的增加，女性需要更多来自男性的协助。男性通常用摩托车、骡子或卡车帮忙运水，而那些丈夫或儿子在外务工的女性，还有年纪较大而独居的女性，她们则依靠邻里或亲戚的帮忙获取生活用水。在生活用水问题上，大约一半的男性受访者表示自己或是家庭中的其他男性在家里说了算（做决策），而只有大约1/5的女性受访者表示由家庭中的男性成员主导决策。

随着干旱的持续，村民还采取了其他各种各样的应对措施。大约1/3的男性和女性提出了大量的工程性措施，包括修建容量更大的蓄水槽、水池，开挖新水塘，架设水管或集水设施，等等。政府为部分农户提供了资金或物资来落实上述措施。更多的女性则提出了非工程性的措施（如运水），少数男性和女性提出节约用水的建议（见表4－7）。至于短期应对措施，约1/5的男性受访者表示没有解决生活用水缺乏问题的具体计划。

表4－7　A村男性和女性对"家庭如何应对长期缺水状况"问题的应对措施

单位：人，%

应对措施	男性（$N=17$）	比例	女性（$N=14$）	比例
亲戚帮助/协助	1	4	0	0
用汽车/摩托车/牲口取水/运水	2	8	5	33
政府/非政府组织支持	3	13	3	20
修建容量更大的蓄水槽/水池	2	8	3	20
没有办法/计划	5	21	1	7
开挖新水塘/水管	2	8	2	13
修建新的管道	2	8	0	0
动员村民集资，尽力做我们能做的事情	1	4	0	0
节约用水	2	8	1	7

续表

应对措施	男性（N=17）	比例	女性（N=14）	比例
收集屋面水	1	4	0	0
外出务工	2	8	0	0
从外面买水	1	4	0	0

资料来源：2012 年农户问卷调查。

对 B 村而言，村里修建的大蓄水池和各家各户为了处理咖啡而修建的小蓄水池至少能确保 10 天左右的基本家庭生活用水不受暂时性、季节性水量变化的影响。比如说，雨季发生泥石流，导致村内的饮水管道堵塞，或是水量减少、水压太低导致的供水减少都是可以暂时克服的。村民对村里的饮用水管理制度，即家庭用水由村公所聘用的管理员统一管理，每年支付给管理员 6000 元，这笔费用被分摊到每家每户，收费标准为 5 元/（人・年）。每年的收费结束后，超出 6000 元的部分用于维护水管等设施，受访村民认为这一做法相对公平，也比较满意，只是希望能够有更多的经费投入到村内饮用水管网的改善和日常维修上。除此之外，也有村民提出希望村委会能够在村内多建几个蓄水池，以应对人口增长、咖啡加工带来的用水压力。但是，没有一户农户表示愿意缴纳更多的费用来分摊因为设备维修等产生的费用。大部分的村民都表示，如果小蓄水池里的水也没有了，那还是只能找村委会反映情况，自己不能采取什么有效的措施。

（三）男性和女性在社区水资源管理中的作用

A 村和 B 村的管水员都是男性。小组讨论过程中，男性大都认为“之所以不聘请女性是因为这份工作需要大量体力劳动，女性根本就吃不消”。在随后的分性别小组讨论中，这一观点也得到了女性的支持。A 村的管水员则认为“女性只关心家务活，并不会考虑更大的事情”，因此不适合参与社区用水管理的决策。干旱期间，大多数时候都是女性给管水员打电话要求开闸放水，他将这作为女性不思考也不了解缺水原因的证据。因为管水员认为：村里的妇女不知道因为降水减少，蓄水池的进水量不足，正常的年份一般晚上村民不用水之后，进水管一晚上就可以放满蓄水池，第二天就可以正常供水。但是因为旱灾，雨量少，进水随之减少，有时候需要 3～4 天才能放满一池水，所以只能延长供水的间隔，即 3～4 天放一次水。而且由于管道架设和地形的原因，处在有利位置，比如说接近蓄水池，位置比较低的村民家来水比较快也比较多，来水较早的家庭大量储水，肯定会影响后面其他家庭的用水，这样自然会造成有些家庭在别人之后才来水，而且没有接到多少水就没有了。而妇女对背后的原因不了解，只知道没有水就打管水员的电话。

A 村在干旱期间，由管水员负责分配蓄水槽中的水。由于距离的原因，离蓄水槽近的农户能得到更多的水。而且距蓄水槽较近的一些农户，为应对缺水一般会储存更多的水，这便限制了村内其他农户的可利用水量。随着水荒的持续，水量分配冲突愈发频繁。虽然女性并没有正式被赋予管水的职责，但是无论是男性还是女性，他们均承认在监督管水员分配水资源的过程中，女性的作用越来越重要，因为女性的参与减少了男性间的肢体冲突频率。但是总的来说，女性对水资源管理的参与度还非常低。

考虑到未来的生产生活，男性和女性均强调“在（比原水源）更高的地点修建容量更大的蓄水池能缓解用水压力”。两个小组均表示村民们都准备好了“共同做出贡献”，也正在寻求当地政府的援助。村主任解释道：“我作了很多努力，说服政府将年度计划的预算放在一边。但是我们希望开始修建蓄水池，而无须等待政府援助。”与改善基础设施的讨论相反，A 村妇女小组组长（女性）重点关注的则是加强女性在通过节约用水和循环用水解决家庭水荒问题的长期战略中的作用。她强调：“必须通过村妇女组织鼓励女性种植更多经济作物。另外，我认为妇女和儿童能够在教育村民节约用水和循环用水上发挥更为重要的作用。”

B 村由于农业用水的分配涉及每家每户的生计和收益，因此个人之间由于用水分配产生的矛盾也不少。为此，最近几年，在降水减少、用水量大的生产季节，一般都是由村委会、村民小组的成员协助各个小组的管水员，有时候人力不够还要由老百姓集体出钱请村中的壮年男劳力来协助放水，这样的集体性放水活动一般持续 2 ~3 天，多的时候要持续一个星期。这样的工作一般是把女性排除在外的。村委会的大学生村官和村委会委员告诉笔者：“放水的时候要一天 24 小时都待在田边或是水源头，虽然潞江坝（B 村所在地）是热带，晚上也是很冷的，妇女怎么会熬得住。”总的来说，在农事活动上，妇女的话语权不高。在家庭的用水管理上，由于饮水管道一般都架设到户，而且各家各户都建有小型的蓄水池，绝大部分的农户不认为家庭用水的管理和使用存在明显的男女两性的差异。受访者大都认为，“谁有需要谁就用，谁要用谁就自己去用”，如果是需要到村里的蓄水池挑水以供家用，也是“谁有空谁去”。当然，在需要动用摩托车或者是农用车去运水的情况下，大部分人还是认为这是男性的工作，因为这是“重体力劳动”。

五　结论及政策建议

2009年秋季至2012年，云南省遭受了百年一遇的严重干旱。本案例研究表明，干旱对男性和女性所造成的影响不同，同时，男性和女性在选择应对和适应性方案上的侧重点也不同。

从村庄应对干旱的总体情况来看，对于B村，尽管村里的农业生产结构和生计结构已经发生了显著的转变，基础设施条件和地理位置也相对有优势，但是由于其农户的收入来源主要依赖于咖啡，旱灾对其影响还是很严重。而A村尽管基础设施条件较差，但农户的生产和收入来源比较多样化，旱灾的影响相对较轻。从两个村来看，鼓励兼业、鼓励生计多样化是应对旱灾，乃至不同灾害的重要措施。

另外，我们也要考虑到农户的生计受到了干旱的负面影响，干旱使得人们对生计资产的形式进行了重新权衡，这不仅影响了自然资本的可利用性，而且缩小了人们生计的多样化策略。生计多样化手段的减少对当地生计可持续性，以及当地人应对由干旱引发的生计压力的能力等方面都带来了损害。因此，如何解决生计多样化和生计无法多样化是应对旱灾的一个重要措施。

虽然农村用水机制不是笔者此次调查的主要关注点，但是笔者也发现农户目前主要以分户、分寨轮流用水为主。从目前的实际情况来看，社区内部存在以亲缘关系为基础的较为成熟的协商、协调机制，并且运转良好，使得这一地区有限的水资源能够被有效分配。但是社区自身受必要水利基础设施、资金能力等限制，进一步的应对变得困难，如果必要的水利基础设施、资金等能够投入，社区可以凭借自身能力实现抗旱。

值得注意的是，从两个村应对长期缺水/旱灾的回答来看，“政府扶持”或“非政府组织扶持”是比较优先的选项，这说明干旱已使得农户认识到个体力量已不足以应对，需要外部力量的帮助。除此之外，两村男性提出的“利用怒江的水”及“寻找新水源”表明农户也对寻找长久的解决措施有一些思考，但是他们知道这样的措施与高昂的费用紧密联系在一起，农户个人是心有余而力不足，向政府寻求帮助是目前看来比较可行的措施。这些都说明干旱是个体力量无法应对的，集体和政府的力量变得越来越重要。

从男女应对干旱影响的措施来说，最近10年来，外出务工成为A村收入的重要来源之一，B村的农民则仅仅是将外出打工作为农闲时候弥补家用的一个选项。随着干旱的持续，越来越多的男性和年轻女性选择外出务工，留守的女性（大部分是中老年妇女）则担负起更重的农业生产职责。由于缺水，女性要走更远的路、花费更多的时间和劳力才能获得作物灌溉用水和生活用水。如果水源的距离很远，男性会为运水提供支持。在男性大量外出务工的大背景下，外出务工成为应对干旱的重要策略，从而使干旱对A村女性产生负面影响。在许多发展中国家，农村向城市迁移的现象非常普遍，虽然这种迁移高度性别化，但是移民的性别组成以及干旱对女性和男性的具体影响可能会有所不同（Hunter and David，2011）。

干旱影响到了作物产量，更多的男性可能选择补种和换种来积极应对。而女性则更多地选择比较谨慎地规避风险的方法，以减少种植面积来应对干旱。随着干旱的持续，男性和女性都考虑对水荒采取工程性措施，但同时女性也提出了一些非工程性措施。更多的男性对农业和生活用水缺乏的问题没有具体解决方案。随着人们因用水匮乏发生冲突的频率上升，女性代替男性监督生活用水的分配可以减少男性惯常使用的肢体冲突解决方案。虽然在农村中女性更多地承担农业生产活动，但是由于传统的两性观念的影响，女性还是不能参与水资源管理的决策过程。男性和女性都接受以男性为主做决策的文化传统，但是女性也表示她们可能会在应对水荒问题上发挥更为重要的作用，尤其是通过改变用水实践来影响村民的生产生活。

现在国内的农村发展政策对农村水利的关注日益上升，来自政府的水利资金也越来越多，这样的做法有助于改善农村的水利基础设施建设，对农民本身也是有利的。但是来自官方的政策和资金极少关注男性和女性的不同需求，根本就没有确保女性参与农村水利设施建设、水资源管理和使用的相关规定，也没有考虑解决女性在水资源管理机构中赋权的战略需求（Lu，2009）。其他类似的研究表明，即使外出返乡的农民能为农村水资源管理带来新的想法，传统的男性和女性角色定位依然根深蒂固，将女性排除在农村水资源管理之外（Ge et al.，2011）。

总之，在各种社会不平等、气候变化和经济发展等多重因素影响下，农村妇女由于日常生活和生产更倚重自然资源的现实，特别是在更多的男性外出打工的情况下，已婚妇女因社会文化规范和家庭照料责任而留在村庄，“农业女性化”现象已变得越来越普遍。女性不仅承担了更重的农业职责，而且这限制了她们从事其他经济回报更高的生产活动的机会。另外，妇女除了种庄稼外，还需要包揽各种家务，气候变化势必加重妇女的家务劳动负担，如饮用水、饲料等供应往往由妇女负责，使得她们在气候变化带来的风险、威胁和灾难面前更为脆弱，她们在适应和应对气候变化方面也面临更大的挑战。但也正因为如此，妇女在应对气候变化中的作用不可忽视（胡玉坤，2011）。

另外，从村民到各级政府官员及普通大众都没有了解在解决干旱和其他气候危害问题中性别敏感意识的作用和重要性。即使从科研方面来说，与水资源管理情况类似，迄今为止对中国气候变化的性别影响评估非常少，这些本身就是一个极大的风险。因为政府倡导的适应性措施的设计可能并没有满足女性的优先需求，如果女性不能获得与她们在水资源管理中的积极贡献相对称的回报，则很可能加剧农村女性在公共事务中的边缘化。

因此，首先应积极倡导社会性别意识在普通民众包括村民和政府官员中的提升，让更多的人群了解社会性别在应对气候变化及各种社会经济变化中的关键作用和重要性。其次，在各级政府层面应有针对性地开展相应的能力建设和宣传倡导活动，推进相关政策和制度的社会性别主流化，以促进政府在制定应对气候变化及灾害管理政策中，增强社会性别敏感性，并将社会性别视角纳入气候变化政策和相关工作中。最后，在村庄层面，除积极倡导社会性别意识之外，实际的项目活动设计要满足妇女的优先需求，给妇女提供更多的培训机会，提高妇女对自身作用的意识，积极鼓励她们参与村庄公共事务，特别是通过妇女对环境友好的生产和生活方式，发挥她们在可持续利用和管理森林、土地、水等自然资源中更积极的作用，并确保她们的投入有相应的认可和回报。同时，应加大相关科研工作及应用研究，了解各地气候变化及对妇女生产生活产生的影响，积极通过各种渠道宣传研究成果，倡导在应对气候变化中关注妇女和弱势人群的状况和需求，使科研能够真正地从正确的方向影响政策和社会的发展。

正如联合国秘书长潘基文所说："我们不能忘记，妇女绝不仅仅是气候变化的受害者，她们掌握着适用于当地生存环境的知识，在食物供给、粮食收割、森林保护方面有丰富的经验。我们应该认识到她们的聪明才智在未来可持续的自然资源管理中能发挥巨大作用，并能使我们走向一个绿色繁荣的未来。"①

---

① http://news.idoican.com.cn/zgfnb/html/2009-12/14/content_47609603.htm，最后访问日期：2016年6月12日。

第五章　水资源紧张与妇女生计

一　水资源对妇女生计的重要性

水资源对于农村人口的生计有着极为重要的功能，它与土地一样是重要的生产性资源，也是根本的维持生计的资产，同时还含有文化资源的意义。对水资源的可及、管理和控制是农村妇女获得粮食和收入的根本，也是家庭生计发展的重要基础。妇女无论是完成家庭再生产角色所要求的活动如煮饭、洗衣服、清洁厕所、打扫卫生等方面，还是完成农业生产角色所要求的活动如农作物种植、饲养家畜等方面，都离不开水资源。男性对水资源的需求主要集中于生产性的活动，而妇女除了需要水资源以满足生产性活动开展以外，琐碎而繁重的家庭再生产活动对供水的需求很大。因此从妇女承担的角色来看，妇女对水资源的依赖性更高。

随着农业生产女性化在农村地区的普遍出现，越来越多的妇女承担了主要的农业生产活动。以妇女为主要劳动力的农业生产活动加上以男性为主的非农就业构成了当下中国农村大多数家庭的生计发展模式。保障家庭内部供水和农业生产用水以实现家庭粮食安全，维持并改善家庭生计成了妇女至关重要的任务。因此妇女对安全和可靠的水资源的需求在当下变得越来越重要。

妇女不仅是水资源的使用者，而且是水资源的管理者。为了满足家庭日常生活和农业生产对水资源的需求，妇女在家庭中扮演着平衡水资源需求与供给的管理角色，如在枯水季节储存水、循环使用水资源、对水源的保护、在家庭内部分配水的使用、在农业生产中提高水的使用效率、减少灌溉过程中水资源的流失等。

尽管妇女在家庭中承担主要的水资源使用者和管理者的角色，但是妇女保障水资源的可及性的能力是不稳固的，这种能力受制于妇女的地位、角色、责任和两性的权力关系，特别是对生计资产如水和土地的可及、使用和控制的权力关系。这种权力关系深刻地影响了两性如何使用和管理自然资源和其他生计资源。

妇女在保障家庭获得安全可靠的饮用水和农业用水两个方面的能力受到限制进一步影响了家庭生计的维持。尤其在气候变化的背景下，留守农村妇女成为气候变化影响的直接受害者。她们承受着森林退化以及各种污染带来的后果，她们必须应付因环境变化而频繁发生的自然灾害（如干旱和洪灾）。妇女不得不在日益退化的土地上和森林里寻找食物和燃料。

二　气候变化背景下的水资源短缺与妇女生计安全

从全球范围来看，气候变化带来的影响正在加剧人类社会面临的水资源日益匮乏的压力。全球范围内降雨量的改变，季节性降雨的变化都对供水、水的质量和洪水风险控制产生了严重的影响。未来全球的水资源格局将极大地受到社会经济条件和气候因素的多重影响。在亚洲地区，年平均降雨量呈现减少的趋势，持续增温，特别是夏季和干季增温，导致干旱发生的频率增加、强度加深。气候变化也加剧了淡水资源生态系统的脆弱性，日益减少的生物多样性和环境退化将长期持续地影响水资源的可供应量和质量（Bates，2008）。

在对水资源的需求持续增长，而安全可靠的水资源供应日益减少的双重影响下，水资源短缺将是中国未来 10 ~ 15 年面临的最大的发展挑战之一（ADB，2012）。

水资源对农业生产和农村生计发挥着至关重要的作用，全球有超过 80% 的农业依赖降雨，这些地区的农业对气候变化的影响很脆弱。虽然只有 18% 的农业依靠灌溉，但这些农业提供了世界粮食供给的一半。水资源的缺乏直接导致农作物减产甚至绝收（FAO，2003）。世界粮农组织预测降雨量和水流域储水周期的变化将改变季节性的、年度的和跨年度的水资源的可提供性，而这种变化将进一步引发农业生态系统的变化（FAO，2003）。水资源的缺乏也意味着可提供的饮用水的数量减少和质量下降，这将直接威胁农村人口获得安全的饮用水。

妇女比男性更容易受到气候变化的直接影响。一方面因为在目前的中国和云南农村，农业女性化已经是一个普遍的现象。男性大量外出打工，妇女留守在农村，承担了农业生产的大部分活动。妇女已经成为农业生产和保障家庭生计安全的主力军。妇女同时是环境恶化的主要受害者。另一方面由于长期存在的不平等的社会性别关系，妇女在社会、经济中的决策角色远不如男性，特别是在社区层面的自然资源的使用、控制与决策方面的角色缺失增加了妇女面对气候变化影响的脆弱性。

气候变化对农业生产和农村生计带来的挑战是持续性的。妇女作为维持家庭生计和保障生计安全的主要承担者，无论从实际的减少灾害造成的损失，维持家庭生计的需求出发，还是从预防灾害发生，减缓环境退化，保护自然资源，增加生计模式的弹性和多样化以更有效地保障生计安全的长远利益考虑，增强适应气候变化的能力对妇女都是至关重要的。妇女适应气候变化的能力增强可以帮助妇女更有效地保障家庭粮食安全、生计安全。从推动社会性别平等的目的来说，妇女的能力增强可以使她们在家庭和社区赢得更多的尊重，特别是在社区层面的自然资源管理中，妇女的能力提高可以帮助妇女获得更有保障的自然资源，也可以为妇女在社区参与自然资源管理的决策提供机会。因此，从这个意义上来说，加强制定气候变化适应性政策的社会性别敏感性，把妇女应对气候变化的现实需求和推动农村妇女在经济和社会各个方面发展的长远利益纳入气候变化适应性政策框架之中是非常必要的。

三 研究问题、目的及方法

（一）研究问题和目的

妇女的生计活动与实践的能力取决于妇女有效使用和控制生产性资源的能力。农村妇女能够获得水资源并参与到社区水资源管理的决策中，对她们维持家庭生计和增加家庭资产十分重要。然而，妇女正在承受着因环境退化、水资源及其他自然资源日益减少而带来的生计压力。气候变化引发的干旱、降雨减少、降雨的时空变化加剧等使得妇女面临的水资源紧张的问题更加突出。气候变化对人类的影响具有性别差异特征，气候变化有可能加剧现有的社会性别不平等，如妇女在应对和适应气候变化方面处于弱势地位。

妇女维持和发展家庭生计对水资源的可及性的需求主要包括家庭生活供水和农业生产用水，因此研究界定的水资源问题的范围主要是这两个方面。本章将重点探讨气候变化背景下水资源紧张对妇女生计安全的影响，具体分析妇女在水资源的可获及性和水资源管理中的脆弱性，妇女应对水资源紧张的困难，妇女维持家庭生计安全面临的挑战，以及长期适应气候变化所需要的能力建设、外部政策和机制的支持。

本章水资源缺乏的概念包括三个方面的内涵：一是自然性水资源的减少不能满足供水需求；二是水利设施建设不足，不能很好地控制、储存和分配水资源，也包含水利实施的可及性不够导致缺水；三是水资源管理机制不完善导致不能提供有效的供水服务。由于水资源的紧张对妇女生计的影响需要放在具体的社会经济、文化和环境变迁的背景下来考察，因此，本章尝试以正在经历水资源短缺的云南农村社区的妇女作为研究对象，采取案例研究的方法，深入细致地分析社区面临的气候变化和水资源紧张之间的关系，揭示水资源紧张对妇女维持家庭生计产生的影响，分析妇女应对气候变化与水资源缺乏面临的困难和脆弱性，评估妇女对长期水资源减少的适应性能力，并对气候变化的适应性政策加强对妇女需求的关注提出建议。

（二）研究方法

1. 研究方法

该研究采取案例研究的方法，在社区微观的层面来探讨气候变化背景下水资源缺乏如何影响妇女的生计安全。研究数据的收集包括一手田野调查资料和二手相关资料，结合定性和定量数据的定性分析是本章研究的主要手段。

2. 研究地区

研究选择了云南省怒江傈僳族自治州作为研究点。怒江傈僳族自治州位于云南省西北部、怒江中游，因怒江由北向南纵贯全境而得名。怒江傈僳族自治州东连迪庆藏族自治州、大理白族自治州、丽江地区，西邻缅甸，南接保山地区，北靠西藏自治区察隅县，境内国境线长449.467公里。怒江傈僳族自治州南北最大纵距320.4公里，东西最大横距153公里，总面积14703平方公里。州府泸水县六库镇，距昆明614公里。怒江傈僳族自治州辖泸水县、福贡县、贡山县和兰坪县。少数民族人口占总人口的92.2%，其中傈僳族占51.6%。

依据研究的相关性的筛选，具体的田野调查地点选在泸水县六库镇。六库东依碧罗雪山，西靠高黎贡山，怒江纵贯其间，全镇总面积375.94平方公里，境内山高谷深、沟壑纵横。最高海拔3101米；最低为怒江河谷，海拔803米。年平均降雨量1015.5mm，年平均气温19.6℃，属典型的亚热带山地立体性气候。镇境内居住着傈僳族、怒族、普米族、独龙族、白族、藏族、汉族、彝族、纳西族、傣族、回族、景颇族等12个民族，是一个典型的民族大杂居乡镇。在全镇总人口中，傈僳族占50.93%，白族占28.39%，汉族占7.95%，其他民族占12.7%。

3. 研究对象

研究选取了泸水县三个村子的妇女作为主要研究对象。三个调查村子的妇女均面临水资源紧张的问题。调查村新村[①]的妇女面临季节性人畜饮水困难，坝村的妇女面临严重的全年缺乏饮用水的问题，而沙村的妇女主要面临饮水不安全和灌溉水源不足的问题。在持续干旱和降雨的时空分布不均程度加剧等气候变化的影响下，调查村水资源短缺的情况有日益加重的趋势。三个调查村的缺水情况都是综合性原因导致的，既有自然性的水源减少和干涸，也有水利工程设计和质量本身的问题，同时还有水资源使用与管理机制不健全加剧水资源利用的紧张。

4. 数据收集方法

研究数据的收集包括社区田野调查和二手相关资料的查阅和分析。社区田野调查的主要方法包括：①关键信息人（州、县两级水务局的官员；镇、村领导和年长的经历气候变化的村民等）访谈；②不同民族、年龄、家庭经济情况的妇女小组访谈以及男性村民组访谈；③典型妇女的个人深入访谈；④家庭问卷调查。接受访谈的关键信息人一共有 10 位。在 3 个调查村共组织了 9 个妇女小组访谈和 7 个男性小组访谈，参加人数为女性 80 人，男性 70 人。并随机抽样 96 户作为问卷调查户，抽样率为 27.3%。共有 8 位妇女参加了个人深入访谈。二手资料的查阅和分析主要包括对州、县统计年鉴的数据进行整理以及农业局、水务局、气象局等政府部门的“十二五”规划和实施情况。

5. 数据分析

调查村水资源缺乏的数据分析从三个方面来考察：一是自然性缺水，主要指自然界水资源的缺乏不能满足妇女对家庭用水和生产用水的需要；二是设施性缺水，主要指水设施不足导致水的可提供性问题；三是机制性缺水，主要指因水资源管理制度不健全导致的缺水。水资源短缺对妇女生计影响与适应性的分析包含两个方面：一方面分析妇女在家庭供水和农业用水方面的角色、活动特征、生计类型、缺水状况和妇女的劳动力投入之间的关系；另一方面集中于妇女应对水资源缺乏的困难和脆弱性，以及妇女对水资源可及性的需求程度，这方面的分析包括妇女自身能力建设需求，以及阻碍妇女应对水资源缺乏、保障家庭生计安全的制度性的限制因素，如妇女的家庭再生产角色，社区层面妇女很少参与公共资源管理与决策，妇女对生计资源的可及性和利用的权利等。

① 本章对村名做了匿名处理，下同。

四　研究地区气候变化特点与水资源缺乏

（一）怒江傈僳族自治州气候变化与水资源缺乏

怒江傈僳族自治州地处祖国西南边陲，位于青藏高原南延的横断山脉中段，自西向东由担当力卡山、高黎贡山、碧罗雪山、云岭山脉呈北南走向的褶皱山系和独龙江、怒江、澜沧江 3 条由北向南大江深切谷相间排列，贯穿全境，是世界上最长的高山峡谷之一。州境内天气变化大，气候各异。全州气候具有年温差小，日温差大，干、湿季分明，四季之分不明显的低纬高原季风气候的共同特点。同时因受地貌和纬度差异的影响，具有北部冷，中部温暖，南部热；高山寒冷，半山温暖，江边炎热；部分地区雨季开始特别早，干季短暂，温季持续时间长，无春旱，立体气候显著的独特气候特征。

怒江傈僳族自治州内海拔最低 738 米，最高 5128 米，显著的海拔高差和复杂的地域环境影响热量条件的再分配，各地温度有差异。一般在海拔 1400 米以下的低热河谷区，气温最高，热量丰富，每年平均气温 16.8 ~ 20.1℃，最热月气温 21.7 ~ 24.7℃，最冷月气温 11.1 ~ 13.6℃，年极端最低气温 -28 ~ 3.7℃，大于或等于 10℃积温 5530 ~ 5019℃；海拔 1800 ~ 2300 米的中高山区，年平均气温 15.1 ~ 11.1℃，最热月气温 19.3 ~ 17.8℃，最冷气温 9.1 ~ 3.2℃，极端最低气温 -2.8 ~ 10.2℃；海拔 2300 米以上高山区，年平均温度 11.0℃以上，最热气温 17.8°以上，最低气温 31℃以下，极端最低气温 -10.2℃以下。[①]

怒江傈僳族自治州境内江河密集，纵横交错的江河使这里形成一座巨大的天然水库。据调查资料，全州降水总量为 259.95 亿立方米，年平均径流量为 1178.72mm，年径流量（产水量）为 169.4 亿立方米，人均占有量为 4.8 万立方米。怒江傈僳族自治州水利设施控制的水量为 1 亿立方米，由于地质条件复杂，山高水低，发展农业灌溉有限，目前利用率只占水资源总量的 0.44%。[②]

怒江傈僳族自治州有林地面积 64.9 万公顷，森林覆盖率 70%，为更好地保护动物资源，国家将泸水县和保山市毗邻的高黎贡山地段，以及泸水、福贡、贡山县境内的碧罗雪山海拔 3000 米以上的地带，划为国家级自然保护区，总面积达 32.3 万公顷，占全省国家级自然保护区总面积的 43.9%，占全州面

① http://www.nujiang.gov.cn，最后访问日期：2016 年 1 月 23 日。

② http://www.nujiang.gov.cn，最后访问日期：2016 年 1 月 23 日。

积的 22%。研究点所在的泸水县总面积 3203.04 平方公里，最高海拔 4161.6 米，最低海拔 738 米。全县辖 3 乡 6 镇，有 71 个村、4 个社区；截至 2013 年，全县总人口为 15.9 万人；全县共有耕地面积 19.2 万亩，其中水田 5.3 万亩，人均耕地面积 1.23 亩（怒江傈僳族自治州统计局，2012）。

（二）调查村生计类型与缺水状况

调查村所在的六库镇水资源的时空分布非常不均衡。水资源短缺程度以半山腰村落最为严重，那里没有水源也没有雪。其次为怒江边的山脚村落，山顶村落有自然地表水和雪山，因而水资源的状况稍好。而位于怒江以西，高黎贡山的村子因为植被丰富而很少缺水，而且水质更好；位于怒江以东，碧罗雪山的村子大多数有缺水问题，而且水质明显较差。从时间上来看，干季（4～11 月）缺水问题比雨季（5～10 月）更为突出。自 2009 年全省性的干旱发生以后，六库镇水源有不同程度的减少或干涸的现象，干季（4～11 月）尤其明显。而且雨季近五六年有明显的推迟，2015 年最为严重，雨季推迟到 6 月中旬。六库镇到“十二五”规划结束（2015 年）的时候已经完成全镇村寨人畜饮水工程。但是水源减少或枯竭，干旱暴晒、自然灾害损坏或是工程质量本身的问题等导致部分饮水工程已经不能正常使用，有些村子又出现人畜饮水困难的现象。六库镇有耕地面积 30075 亩，其中水田 3795 亩。人均耕地面积 1.12 亩，人均水田面积 0.14 亩。农业灌溉主要依靠降雨，水田灌溉主要是土渠引河水或山泉，渗漏十分严重。

三个调查村均位于怒江以东碧罗雪山。新村和坝村分别位于碧罗雪山东西两侧的半山区，沙村紧靠怒江边。三个村由于距离六库镇比较近，交通方便，就业机会多，大多数家庭都有非农收入，主要是外出打工，包括季节性外出打工和长期在外工作，外出打工收入平均占家庭收入的 40%左右。调查村很少有举家常年外出打工的情况，大多数家庭仍然耕种土地。新村有 85 户，村民主要以白族、傈僳族和汉族为主。村民的第一大收入来源是养殖业，其次是非农收入和种植玉米。坝村有 63 户，全部是傈僳族。该村的主要收入靠甘蔗，其次是外出务工和养殖业。坝村由于近两年来缺水情况加剧，加上蔗糖市场价格下滑的影响，参与非农就业的人数有逐渐增加的趋势。沙村是三个调查村中人口最多的村子，共有 204 户，村民以傈僳族为主。由于城市建设征地的影响，水田面积减少，非农收入占家庭收入的比例超过 50%，其次是种植蔬菜、水稻和玉米。表 5－1 分别对每个村的种植、养殖、收入结构以及生计类型做了说明。

表5－1　调查村耕地种类、种养殖业、收入结构与生计类型

单位：%

村名	耕地种类	种植业	养殖业	收入结构			生计类型			
				种植	养殖	非农	纯农业	以农业为主	以非农为主	纯非农
新村	旱地	玉米	猪、牛、羊、鸡	20	50	30	23.5	50.8	25.7	0
坝村	旱地	甘蔗、玉米	猪、鸡	60	10	30	15.7	53.4	28.5	2.4
沙村	水田 旱地	蔬菜、油菜 水稻、玉米	猪、鸡	50	10	40	19	47.5	31.8	1.7

资料来源：村领导访谈及问卷调查，2015。

调查村人畜饮水的水源主要来自降雨、小水塘和山泉。新村背靠的山有一个很大的山洞，山洞里出的泉水是全村重要的饮用水来源。但是泉水有雨季丰沛、干季干涸的季节特点。因此村民多数建水窖，雨季时期通过管道把水引进自家水窖，一是方便使用，相当于自来水入户；二是旱季可以起到供水的作用。但是各家的水窖储水不能满足整个旱季村民的供水需求，因此旱季村民面临不同程度的缺水。水窖大而且多的家庭旱季缺水1～2个月，水窖少而且小的家庭缺水则是3～4个月。根据问卷调查，40.6%的家庭反映在过去3年的时间里平均缺水2个月，46.8%的家庭同期缺水2～3个月，有12.6%的家庭同期缺水4～5个月。全村有8户没有水窖，他们都是村里的低保户。村子周围有两个小水塘，没有水窖的家庭人畜饮水靠从小水塘挑水。水塘由于没有水泥支砌，雨季的时候泥土流入导致水变浑浊。缺水的时候，多数村民去六库镇买水或是到其他有水的村子用车子拉水（见表5－2）。用于买水的支出平均是每个家庭289.5元。村民反映，2015年山洞出水很晚，6月中旬才出水，比往年晚了一个月。因此2015年干天缺水情况最为突出，特别是春节前后，结婚、请客、杀年猪等需要大量水，又无水可用。

表5－2　调查村水源、供水和储水方式、缺水情况及水质满意度

单位：%

		新村	坝村	沙村
水源	降雨	3.7	13.5	
	山泉	96.5	87.3	100.0
	小水塘	28.7	34.0	

续表

		新村	坝村	沙村
供水方式	到户水龙头	92.4	78.6	100.0
	挑水	35.6	68.5	
	买水	87.1	97.0	
储水方式	塑料桶	80.4	96.4	34.5
	水窖	93.6	44.3	98.3
缺水情况	0 个月			100.0
	1～2 个月	40.6		
	2～3 个月	46.8	4.5	
	3～4 个月		11.2	
	4～5 个月	12.6	32.0	
	5 个月以上		52.3	
水质满意度	非常满意			
	满意	81.3	35.6	9.5
	一般	15.6	46.2	41.7
	不满意	3.1	18.2	48.8

资料来源：家庭问卷调查，2015。

坝村的饮用水最为困难，该村 10 公里以内可用的山泉水源日益减少，村民面临全年缺水的问题。据村里的老人回忆，他们年轻的时候村子周围有4～5个地方出水，山箐或是山洞会出水。最近 20 年，气温比过去高，植被减少，山箐和山洞的水量减少，加上人口增加，缺水的问题就出现了。缺水问题在最近 10 年变得突出，尤其是 2009 年以来的持续干旱，村子周围的水源点都干涸了。据村干部介绍，30 公里以外有水源，水量大，但是饮水工程成本太高，村民自己做不了。政府帮助修建了水窖，安装了到户水龙头，由于没有水源，水窖和水管都没有发挥作用。村里只有一个水泥砌的小水塘，水塘即使在雨季时候也只能断续出水，仅能满足住在附近的村民供水（见表 5－2）。距离村子 10 公里左右的山箐目前发现两个水源点，但是水量太少，每个水源点只能供 15 家左右使用，干季还不够用。村民的饮水在干季十分困难，绝大多数家庭采取到怒江对岸去拉水的办法来维持家庭供水。没有车子的家庭需要支付汽油费请人帮忙拉水。每年每家买水花费平均是 627.9 元。

沙村的饮用水来自 20 世纪 50 年代修建的大沟，大沟从山上溶洞直接取水，出水口有水桶粗细，水源丰沛，离村子有 70 多公里。沟渠的水通过分水口一部分进入饮用水窖供全村使用，一部分用于农田灌溉。村里的饮用水窖是2002 年水务局修建的，有 80 多立方米，管子铺设到户，但没有建过滤池。为了用水方便，每家都有水池储水。虽然沙村没有饮用水缺乏的问题，但是该村饮用水不安全的问题十分突出。大沟上游有一个村子，村民的田地在大沟两边，生产生活废水直接排入裸露的沟渠。上游村民放羊、搞养殖、打农药、施化肥等生产活动严重污染水质。据沙村村民反映，甚至有两次有人跌入大沟死亡后一个多星期才被发现。4 ~ 6 月大沟的水很混浊，需要沉淀 2 ~ 3 天才能用。

三个村子只有沙村有水田，灌溉水源来自沟渠。沙村近 10 年的灌溉水量明显不能满足全村水田的需要，主要原因有三个方面：一是人口增加，人畜饮水量大，沟渠水首先要满足村民饮水需求，灌溉用水就减少了；二是缺乏水渠维护经费，遇到塌方、损毁等情况水量流失很大；三是 2009 年以来的持续干旱，沟渠蒸发太大，水量损失严重。灌溉水源减少导致沟渠末端的水田无水灌溉，不得不改为旱地种玉米。全村已经有 1/3 的水田改成了旱地。已有的水田也受到灌溉用水减少的影响，争水情况时有发生。水稻产量由原来的大约1500 斤/亩下降到 1300 斤/亩左右，村民认为水不够用是其中的一个影响因素。其他两个村子没有水田，旱地完全依靠降雨。两个村子在政府的资助下修建了灌溉水窖。新村有些水窖因工程质量问题不能使用。坝村由于连年降雨减少，特别是持续的干旱，水窖无法蓄水。

除了自然性的缺水以外，三个村子都存在水设施不完善和水资源管理机制不健全导致的家庭和农业用水不安全问题。坝村水利部门实施的饮水工程因为水源干涸没有发挥作用，之后对口帮扶的政府部门从怒江对岸修建了饮水工程，该饮水工程两年以后就完全没有水可用了。村干部去水源地查看，水源地的水量很大，他们认为缺水的原因是工程设计和质量问题。泸水县和六库镇的水利部门也反映该工程因技术原因（具体是水源位置低，水压不够导致水管损坏）而弃用。水利部门在修建饮水工程时要求成立村民管水协会，但现实情况是工程没有起作用，村民没有看到管水协会的必要性，因此在坝村没有成立管水协会。新村的水源有明显的季节特征。雨季水量充沛的时候，各家因资金和空间限制没有能够尽可能多地储存水以供旱季使用。新村也希望能够建一个更大的全村可以使用的蓄水池。新村是六库镇缺水问题最严重的村寨。新村在政府修建水窖的时候成立了用水协会，由于水窖是各家自己使用，水管也是各家从水源口接引到户，村民用水是免费的，因此用水协会没有发挥作用。沙村人畜饮水水质差的主要原因是上游村民生产生活用水直接排入沟渠污染了水质。沙村的领导与上游村子的领导协商，希望上游村民不要在沟渠两边放牧，没有结果。六库镇政府也出面调解过两个村子的用水问题，但是水质污染问题依然存在。除了饮用水的水质问题以外，沙村还存在灌溉水不足的困难。沙村的水田集中分布在怒江边，村里没有灌溉水分配的制度，村民采用沟渠顺流而下的方式进行灌溉，位于沟渠末端的水田时常用不上水。随着沙村人口的增长，人口与灌溉出现争水的状况，村民觉得村里的蓄水池不够用，很多家庭自己从灌溉沟渠用皮管接水入户。水田放水的时候全靠村民自觉关闭从沟渠私接水管，村里没有统一的管理办法。沙村没有安装水表，村里有一位管水员，由村领导指派，主要职责是雨季巡查和疏浚沟渠，如发现塌方，通知村领导组织村民进行修复。管水员并不负责灌溉用水的分配，其工资由村集体资金支付。

五 气候变化加剧水资源短缺对妇女生计的影响

（一）农业生产女性化的趋势

妇女无论在家务劳动还是在生产劳动中都发挥了极其重要的作用。家务劳动大多数由妇女承担，这些日常的家务劳动包括做饭、洗衣服、带小孩、照看老人和生病的人、送孩子上学、喂猪、喂鸡、挑水等。除了家务劳动以外，农业生产从播种，田间日常管理到收获的一系列生产活动妇女都承担了重要的角色。在调查村，平均2/3的劳动力是妇女。男性外出打工现象十分普遍，年轻妇女也经常外出打工，但是35岁以上的妇女大多数在家里。有18%的家庭男性长期外出打工，一年只是在收获季节回家帮忙。大多数家庭的男性外出打工是季节性的。由于三个村子距离六库镇不远，季节性打工的男性多数可以早出晚归，只有12.2%的打工男性1～2个月回家一次，或是半年在外、半年在家。年轻夫妇都外出打工的家庭比例只有7.8%。调查结果说明，妇女投入农业生产的时间比男性略长，有68.3%的妇女投入农业生产的时间超过半年，而男性的这一比例是63.4%。相反，有11.2%的男性参加农业生产在半年以下，而女性的这一比例是10.3%。在家庭种养殖的生产活动中女性劳动量的投入总体明显多于男性（见表5－3）。特别是在粮食作物的生产和饲养猪、家禽两个方面，女性的劳动量投入占第一的比例明显高于男性。男女两性在经济作物种植以及饲养牛、羊方面的劳动量投入基本上趋于平衡。

表 5-3 家庭农业生产劳动量投入情况

单位：%

种养殖业生产	劳动量投入第一		劳动量投入第二		劳动量投入第三	
	男性	女性	男性	女性	男性	女性
粮食作物	47	53	58	42	50	50
经济作物	46	54	57	43	50	50
养猪	33	67	44	56	50	50
养牛	48	52	54	46	0	100
养羊	55	45	40	60	80	20
饲养家禽	28	72	50	50	0	100

资料来源：家庭问卷调查，2015。

（二）男女两性参与和水有关的活动与决策的差异

在参与水有关的活动与决策方面，两性存在明显差异（见表5-4）。首先，在家庭供水方面，主要的活动如挑水、清洁水窖、沉淀杂质、烧水、储存水和处置家庭废水等都是以妇女的劳动投入为主，只有拉水和修建水窖两个活动是以男性为主。从家庭供水活动的性别分工来看，妇女承担的活动具有日常性的特征，也就是每天都要进行，而男性承担的活动具有阶段性的特点。这就意味着妇女在家庭供水方面的劳动和时间投入总体比男性多。其次，在农业生产用水方面，妇女和男性对灌溉设施都是同等可及的。由于妇女在农业生产活动方面的投入多于男性，因此水稻和经济作物的灌溉活动女性比男性承担得多。为了改善灌溉条件，家庭不同程度都需要修建和维护到户的小型灌溉设施，这些活动由于在家庭层面，妇女与男性都是共同参与完成。由于两个调查村的农田都是旱地，完全依赖降雨，因此这个方面的数据只是反映了有水田的沙村的信息。最后，在村一级的水资源管理方面，妇女除了参加水设施的修建和维护以外，普遍没有参与水资源管理的决策。因为参与者和决策者主要是村领导，而三个调查村的村主任和副主任均为男性。三个村都有社区管水员，也均为男性。

尽管妇女在家庭内部分配水资源的使用方面拥有决策权，但是她们在社区水资源管理方面的角色缺失反映了调查村妇女在社区公共设施与财产管理方面的参与性普遍很弱的事实。

表 5－4 参与和水有关的活动与决策的性别差异

	女性	男性
供水		
①挑水	+ + + + +	+ +
②建水窖	+ + + +	+ + + + +
③清洗水窖	+ + + + +	+ + + + +
④沉淀去杂质	+ + + + +	+
⑤烧水	+ + + + +	+ + +
⑥废水处置	+ + + + +	+ + +
⑦储存水	+ + + + +	+ + + +
⑧家庭用水分配	+ + + + +	+ + + +
⑨拉水	+ + +	+ + + + +
灌溉		
① 灌溉设施可及性	+ + + + +	+ + + + +
② 灌溉水稻	+ + + + +	+ + + +
③ 修建和维修到户灌溉设施	+ + + + +	+ + + + +
④ 灌溉经济作物	+ + + + +	+ + + +
社区水资源管理		
①维护和修缮水设施	+ + + +	+ + + + +
②与邻村协调水问题	－	+ + + + +
③社区管水员	－	+ + + + +
④寻找新水源	－	+ + + + +
⑤向政府反映缺水情况	－	+ + + + +
⑥分配灌溉水	－	+ + + + +
⑦调解村民用水冲突	－	+ + + + +

注：“+ + + + +”表示完全参与决策；“+ + +”表示参与不多；“+ +”表示很少参与；“+”表示一点点参与；“－”表示没有参与。

资料来源：家庭问卷调查，2015。

（三）水资源减少导致妇女的劳动量增加

三个村子都不同程度经历了气候变化带来的水资源短缺和自然灾害加重的情况。从问卷调查的数据来看，92%的女性被访问者认为在过去10年中气候变化比较明显。妇女普遍认为的气候方面的变化包括：天气热，雨水少，庄稼病虫害增多，前些年洪涝灾害多，这几年又转成干旱。妇女认为干旱是近五年来最严重的环境问题，同时伴随着难以预测的极端天气（如暴雨）的频率增加、时间没有规律等。除了2009年以来的持续干旱，妇女反映近两年的干旱特点是旱季时间延长，雨季雨水太集中。

妇女为了获得充足安全饮用水以满足家庭日常生活所需不得不投入更多

的劳力和时间，因此她们没有时间和精力参与更多的增加家庭收入的活动。3个调查村的问卷调查结果显示，在干季妇女的劳动时间投入保障家庭和农业用水比较过去平均增长了1.43倍。其中，饮用水资源最困难的坝村妇女用于挑水和储存水等方面的劳动时间增长了1.52倍，高于平均值0.09倍。新村妇女维持家庭生活用水和牲畜饮水的劳动时间平均增长了1.39倍。而沙村妇女虽然没有饮用水缺乏的困难，但是也面临饮用水不卫生的问题。她们在烧水、沉淀、过滤等改善饮水质量的活动方面投入的劳动时间更多，较过去花费的劳动时间增加了0.91倍。在沙村，农业用水方面妇女劳动时间的投入反而比过去减少，因为灌溉不能及的水田大多数已经改为旱地种玉米。

妇女的劳动量除了在保障家庭供水方面明显增加以外，在维持家庭生活的其他方面也增加了很多。比如，在坝村，由于严重缺水，妇女洗衣服不得不背到怒江边，边洗边晒，平均来回一趟要3个小时。根据每个家庭卫生习惯不同，妇女每个月背衣服、床单去怒江边洗的次数是1～3次不等。由于妇女从事的大多数家庭劳动都离不开水，缺水给妇女维持家庭日常生活带来了很大的压力。坝村有位妇女很生动地描述说："我每个月都要背衣服去怒江边洗，因为大多数妇女都去洗，去晚了离家近一些地势又平坦的好的位置就没有了，就得背着脏衣服走很长的路找适合洗衣服的地方。每次去洗衣服都害怕，害怕不小心滑到江里。下雨天一般不敢来洗，容易滑倒，衣服要攒到天晴才来洗。有时候遇上连续下雨，衣服攒得多，背不动。"由于缺水，村里的大型集体娱乐活动基本不举行。一位妇女具体解释了这种缺水的困难："我们村子离怒江不远，看着村子下面滚滚的怒江水，而我们却没有水喝。我们村子现在很多集体的娱乐活动不能搞，就是因为没有水。因为传统的集体活动要请客吃饭，没有足够的水来煮饭，吃完以后洗碗的水都没有。现在村里还保留的集体活动只有红白事。做红白事的时候，主人家要把全村的水集中起来。办事那几天村里其他人都没有水用。"坝村一位年轻妇女也谈到她家因为用水的困难请客吃饭的时候不得不用一次性的纸碗。她说道："我家去年冬天修房子，请了5个工，做了10天的活。我每天负责做饭。因为干天缺水太严重，每天做饭的时候就发愁。水只能尽量保证多煮饭，少做菜，做菜都得考虑不能要绿叶子的菜，吃完饭一堆碗没有水洗，只得买一次性的纸碗来用。"妇女们形容说："在我们村子，一盆水也要省着用，先洗菜，再洗碗，最后还要喂猪。"

新村虽然缺水程度总体没有下坝村严重，但是近两年来出现旱季时间延长的趋势使得每家水窖储存的水不够用到雨季。对于新寨村的妇女来说，雨季来临的前两个月是最困难的。有位妇女说："我家的水池小，水池的水用完以后，天天盼着村里的山洞出水。山洞出水有早有晚，往年最晚不会超过 5 月底。但是去年雨季比常年晚了，山洞到 6 月 25 日才出水，比最晚的年份还晚了一个月。我晚上经常急得睡不着，因为不知道第二天去哪里找水。"新村是政府出钱修建水窖最多的村子，但是妇女反映最近修的一批水窖发生渗漏的现象比较多，很多水窖因渗漏无法使用。村子周围的田地里有两处小泉水，平时水窖里的水用完的时候，多数妇女都要到小泉水去挑水。挑水工作几乎每天都需要投入妇女的一个劳力。如果家里人多、牲口多，就要两个劳力。无论是需要一个劳力还是两个劳力的家庭，打水大多数是妇女的劳动。男性有时间的话也会帮妇女打水。妇女说："泉水离家不远，但是房子在坡上，泉水在下面的田里，挑满水然后上山，太累了。天不亮就得起床去挑水，因为挑水的人多，水出得少，去晚了水就没有了。天太早的时候水太浑，挑回来还要沉淀才能用。如果早上没有挑到水，那晚上一定要去守着出水，否则第二天只能出钱去拉水来用。"妇女谈到缺水的时候，一天从早上忙到晚上，挑回来的水只够煮饭、喝水、喂猪和鸡。缺水时期她们不敢洗衣服，也不敢洗澡。

（四）农业收入减少增加妇女维持生计安全的风险

水资源的短缺导致农作物产量减少，养殖业的数量也同样受到很大的限制，从而威胁到妇女的家庭生计安全。妇女家庭生计安全的风险增加主要体现在两个方面。一是农作物产量减少，农业收入减少，妇女不得不常常采取削减家庭生活支出的办法来应对农业收入减少带来的困难。结果是妇女遭受更多的生计安全风险增加的压力。二是在坝村和新村，家庭的粮食供给主要依赖经济作物（如甘蔗）或养猪业，气候变化导致甘蔗和玉米的产量减少，养殖业数量减少，进一步加重了对这种用现金收入以购买粮食的生计模式的影响，也就增加了妇女维持家庭粮食安全的风险。像沙村，虽然大多数家庭有水田，水稻种了基本够吃，不用额外花钱买粮食。但是仍然有 1/3 的家庭因为缺水，水田已经改为旱地种玉米，这些家庭主要通过外出打工的钱购买粮食，如果打工收入不能及时拿回家，这些家庭的妇女同样面临维持家庭生活的困难。

坝村的旱地以种植甘蔗和玉米为主。随着干旱加剧，玉米产量连年减少，现在有些家庭已经不种玉米了，还在种的家庭主要是为猪和鸡提供饲料。甘蔗是该村主要的收入来源。最近三年甘蔗的收入下降很多，甘蔗收入最好的时候平均每个家庭的甘蔗收入有4000～7000元，现在只有600～1000元。除了影响甘蔗收入的主要因素——市场以外，村民普遍认为近几年的干旱直接影响了甘蔗的产量。甘蔗收入的减少增加了妇女在家庭日常支出、生产性支出、孩子的教育支出和健康支出之间进行分配与管理的困难。妇女提到她们在管理和安排家庭各项开支方面的压力增大。一位妇女叙述了她在管理家庭支出时候面临的困难："我们家里有两个老人，年纪大了，平时在家里帮我煮饭、喂猪。丈夫多数时间在六库周围做建筑，田里的活大多数是我做。我家过去收入来源主要靠甘蔗。甘蔗是劳力需要很多的工作，甘蔗好的时候，我和我丈夫都在家才管得过来。甘蔗收入减少以后，丈夫只能去外面打工。但是丈夫打工的收入不稳定，经常拿不回钱来。家里一个老人身体不好，经常吃药。家里还有两个小孩，一个在读初中，一个在上高中。甘蔗收入减少以后，为了保障上高中的老大的学费，只能减少孩子的零花钱。过去每个星期给他们两个200～300元，现在只能给150元。这几年干旱，家庭开支很紧张。过去收甘蔗的时候要请工20多个，现在没有那么多钱，只能请十来个工。更多的活要靠自己和丈夫做，尽量少花钱。前几年我养两头猪，自己过年吃一头，再卖一头增加收入。这两年我只养一头。因为我家里土地面积小，玉米种得少，原来有钱买粮食喂猪，现在钱要紧着花，就只能喂一头自己吃。"

养殖业是新村的主要收入来源。村民普遍饲养的牲畜有黑山羊、猪、鸡和少量的牛。由于持续干旱缺水，该村的养殖业发展受到限制。除了少数经济条件好的家庭，通过多建水窖或水池来满足牲畜用水以外，多数家庭采取外出打工的办法来增加家庭收入。但是妇女多数认为丈夫外出打工的收入不稳定，这实际上等于增加妇女管理家庭开支的困难。妇女解释男性打工收入不稳定的主要原因，一是过去她们的丈夫也在家里从事农业生产，没有打工经验，没有用工信息，只能靠亲戚朋友介绍，有时找得到工作，找不到的时候只能闲着；二是即使找到工作，老板经常不能按时支付工资，或者是分几次支付，这样就攒不起钱拿回家来。新村的妇女提到她们虽然留在家里，但想多养猪、羊也不可能。一方面是丈夫外出了，家里劳力少了，加上旱季延长，缺水时间长，妇女在家的时间和劳力主要忙于应付家庭成员的生活用水，没有时间投入增加养殖数量上面；另一方面是缺水的客观限制，即使妇女主观上想多养，也没有那么多水用来喂牲口。一位妇女举例说："我不怕受累，为了增加家庭收入我愿意多做。但是，我家里只有两个水窖，每年雨季前一两个月两个水窖的水就没有了。有一个月用钱买水，一般花 300 元，剩下一个月的时间每天要挑水才能维持家人的日常生活和牲畜的饮水。现在我养了 8 头猪、30 多只鸡。去年的猪价好，但我没有办法增加养猪数量，家里只有我一个劳力，我完全忙不过来。以前我最多的时候养过 30 头猪。丈夫打工拿回来的钱和卖猪的钱要合理分配，主要是买粮食的钱要保证，其次孩子上学要用一些，家里的油、盐、酱、醋要留一些，种子钱也要留好。"

沙村的妇女也提到由于干旱，玉米产量减少，影响了养殖业的发展。有一位妇女讲述了她家的玉米产量减少影响养猪数量的情况："我家里一共有 3 亩旱地，全部种植玉米，最远一块地需要走路约 30 分钟。家附近有一块水田（8 分地），跃进桥旁还有另一块水田（6 分地）。两块水田每年在大春时节可以先种植水稻，收割翻地后，在小春时节可以开始种植油菜，以及供自家吃的蔬菜。原来家里养殖大小猪共 20 多头，但现在因为水源减少，旱地玉米产量下降，所以养猪数量下降。今年家里总共只有 10 头猪，其中 3 头大猪，7 头为小猪。3 头大猪今年要留两头在女儿出嫁时用，一头自己家里吃。目前卖了 6 头小猪，按照售价 12 元/斤来算，今年卖小猪总计有 3000 多元。已经卖掉的小猪是因为没有玉米继续喂，只能卖。今年全家收入仅靠售卖田里种植的油菜，以及儿女打工贴补家用。"另一位妇女叙述了她家水改旱导致农业收入减少，她和她的丈夫计算了水改旱的具体损失："家中原来拥有水田 5 亩，养殖 10 多头猪。但因为水田地理位置处于江边，离村中农用灌溉主水渠距离最远，因此每年分水灌溉农田时只能分到一次，或者还需要去争水。所以一次性把自家水田全部改为旱地。曾经尝试过种植橘子，但是不划算，所以现在全部改种玉米。家庭收入严重受影响。原来家中有水田时，5 亩水田共产四五千斤稻谷，大部分可以出售，谷子 0.5～0.8 元/斤，大米 1 元/斤，可收入四五千元。收割稻谷后水田可继续种油菜，油菜能收 9～10 袋，共卖约 2000 元。之后田里可种冬玉米，产出的玉米用作猪饲料。每年可以卖五六头猪，每头 700～800 元，共收入约 3000 元。一年全家的全部收入约 1 万元。但自从水田改旱之后，田里只能种植玉米，导致收入急剧下降。并且因为旱地离水渠距离远，因此玉米产量也受影响，今年只收了 30 袋，如果出售只能有 3000 元左右。但是因为家中养猪，所以玉米全部用来喂猪。又因为玉米产量低，所以现在家中只有 5 头猪，每年可以卖3头，今年卖猪收入大约为4200元。田地上的收入比过去减少了一半还多。以前每个星期都去六库赶街，买衣服和百货。现在只能2~3个星期去一次。”

（五）妇女缺少非农收入的机会

3个调查村都距离六库镇比较近。六库镇是怒江傈僳族自治州和泸水县政府所在地，也是泸水县经济条件较好的乡镇，交通便利，市场发达，就业机会多，为外出打工提供了有利的条件。打工收入已经是3个村子应对干旱导致农业收入减少的普遍的另类生计来源。但是，多数妇女还是不得不留在家里，并没有机会外出寻找新的收入来源。传统的社会性别角色与分工仍然是阻碍妇女寻找就业机会的主要因素。在访谈中，妇女提到最多的不利因素是照顾家庭，特别是家里有上学的小孩或是老人，妇女没有时间参与增加收入的活动。妇女解释说：“传统以来我们就是煮饭、洗衣服、喂猪鸡、照顾老人和小孩。男人们不太会做这些事。男人来做这些事，只是帮助妇女，但不是他们分内的事。”坝村的妇女提到自从甘蔗收入减少以后，几乎每家的男性都去打工了。但是妇女还是出去的少。她们说：“现在村里很多家的男性都外出打工，地也不种了。但是妇女一般要留在家里，不能出去挣钱。因为用水紧张，劳力不够。有些家里有老人帮着照看的，妇女可以出去找点钱，但也要在家周围，因为家里的家务事，还是妇女的责任重。家里没有老人的，妇女完全不能出去找事做。”妇女普遍受教育程度低也是一个重要的限制因素。很多妇女因为外出机会少，缺乏经验，不敢出去。根据问卷调查数据，上过小学的妇女与男性的比例基本平衡，大约占40%。最明显的性别差异在于未读书的和读过初中的两个人群。未读过书的妇女占所有被调查妇女的23.6%，而男性这一比例只有17.1%；上过初中的妇女占所有被调查妇女的比例是30.3%，而男性这一比例高于女性（35.1%）。

妇女缺乏非农收入的机会带给妇女的影响主要有两个方面。一方面，农业收入是妇女的主要收入来源，农业收入的减少意味着妇女的收入减少。妇女的收入在家庭中主要用于维持日常生活消费，比如买油、买菜、买日用品、交通费等。收入的减少导致妇女在管理和安排家庭各项开支方面的压力增大。在问卷调查中，有65%的妇女认为她们的非农就业机会没有男性多；有62%的被访问者同意妇女维持家庭日常开支的压力增大。另一方面，妇女缺少非农就业机会进一步证明了妇女留在家里承担更多的维持家庭供水责任的事实，也说明了妇女应对水资源紧张较男性而言缺乏外出打工这一应对措施。妇女没有能力使用打工收入弥补农业收入减少带来的家庭现金开支的紧张，只能依靠丈夫的非农收入。

（六）贫困妇女的脆弱性凸显

沙村的经济收入水平在3个调查村中属于最好的，据村民小组长估计，2015年村里农民人均年收入超过4000元。除了村里的五保户以外，根据村领导对本村村民的经济状况的分类得知：新村约有20%的家庭是经济条件比较差的；坝村有20%～25%的家庭属于非常贫困的家庭；沙村仍然有10%左右的特别贫困家庭。贫困家庭的妇女应对干旱和缺水的可利用资源低于经济条件相对好的家庭，导致其维持家庭生计安全的压力和风险明显增加。

对于经济条件较好和中等的家庭，在农业产量减少的情况下，妇女更有能力和办法降低粮食安全风险，而且她们的措施往往是比较多样化的。在粮食作物减产的时候她们可以用家里的积蓄购买粮食以维持家庭的日常消费。她们有经济能力多建几个水窖，一方面可以储存更多的水，帮助家庭减少缺水的时间；另一方面有水就能够维持一定的养殖数量，弥补农作物收入的损失。她们也有能力买水而不是每天挑水，这样就节省了劳力去从事增加收入的生产活动。新村的一位妇女，家庭经济条件在村里属于较好。家里供人畜饮用的大水池有4个，其中两个是政府援建的。因家里养了10多头猪、2匹马，还有鸡，水池不够用，自己又出钱建了2个。干天水池里的水用完以后，她家出钱买水，每年花300～400元。她说她已经有七八年没有挑水了，利用省下来的时间去管理玉米地。她家有5亩旱地全部种玉米，她一个人可以管理，玉米产量好了，就有足够的饲料维持养殖的数量。

问卷调查说明，新村缺水4～5个月的家庭中92%是贫困家庭。大多数贫困家庭只有一个水池储水，外加塑料桶。贫困家庭的水池都是政府统一修建的。新村目前仍然有3个贫困家庭没有水池，只有自己买的塑料桶用于储水。坝村缺水超过5个月的家庭中有80%是贫困家庭。坝村的缺水现象是水源枯绝所致，政府农村饮水工程项目所修建的大蓄水池基本是干的，没有发挥作用。因此多数家庭储水的方式是塑料桶，少数家庭在自家院子建一个小水池。笔者在与贫困妇女的访谈中了解到，她们应对缺水最现实的困难有两个：资金缺乏和劳力不足。这两个困难相互影响限制了贫困妇女保障家庭供水安全和维持生计的能力。

与新村一位妇女的深入访谈揭示了贫困家庭妇女应对干旱和缺水的脆弱

性。受访妇女，68 岁，白族，全家共有六口人，分别是受访者夫妻，儿子儿媳，孙子孙女。儿子已经在外打工 8 年，两三个月回来一次，全年会拿回 1 万元左右给家用；丈夫年龄大，有 70 多岁了，还有病，没有劳动能力，在家里煮饭都不行；孙子 19 岁，初中毕业，在六库打工，挣的钱只够他自己用，从来不拿钱回来；孙女 10 岁，在读五年级。受访者读过三年级，在家负责喂猪、砍柴、做饭、打扫卫生等家务。全家有三块旱田，没有水田，只种玉米，年产 1400 ~ 1500 斤，一小块自留地种豌豆、蚕豆。家里养了 1 头母猪、3 头架子猪、11 头猪仔，玉米全部用来喂猪。家庭现金收入全靠卖猪和儿子打工。儿媳妇是家里的主要劳动力，栽玉米、施肥、收割、搬运回家等全部由儿媳妇承担。儿媳妇的另一个重要工作是背水。

受访妇女解释了家庭用水紧张的情况。雨季用水是两家合用一根胶管从溶洞直接接下来。在唯一的水窖因为分家归二儿子使用后，其成为全组没有水窖的 8 户之一，只有一个能够用一个月的小水池。干季没水后，每天儿媳妇需要用半天的时间背三次 50 斤的水。村子周围有两处水源可以背水，只有没有水窖的 8 户家庭需要每天背水。最近的水源离家的直线距离只有半公里，但是由于水源的位置在地里，只有一条很窄的山路，下雨天路太滑，背着水更加难走；最远的水源在坡下面，有 2 公里左右，坡大，背水更困难。近几年天旱，水源出水很少，只能勉强够 8 户没有水窖的人家使用，雨季水会大一些。水源水质远不如水窖干净，早上水好一些，下午只有浑浊的水，背回来以后只有经过沉淀后才能使用。受访者家庭因两个儿子分家以后，房子面积太窄，没有地方来新修水窖。笔者跟随受访者家里的儿媳妇实地察看了最近的一处水源地，发现水源是敞开的，也没有水泥支砌。由于位置在田地里，人畜频繁经过，很脏。因此受访家庭饮水除了水量不够使用以外，还存在严重的卫生不能达到安全饮用水标准的问题。

六　妇女应对水资源短缺的措施与需求

（一）妇女应对水资源短缺的措施与脆弱性

3 个调查村目前应对水资源的短缺主要以家庭为单元进行。村里没有社区层面的集体应对行动，州、县、镇三级水资源管理部门也没有明确提出针对气候变化与水资源缺乏的措施。三级水务部门“十二五”规划的相关重点是农村安全饮水工程。泸水县和六库镇在 2015 年底要解决全县和全镇农村人口的饮水问题，实现农村安全饮水工程全覆盖的目标。然而，泥石流、塌方等自然灾害影响，饮水工程完成后水源干涸现象多发，以及没有资金维护饮水设施等因素导致建好的饮水工程被损毁，或是不能使用的情况比较普遍，因此州、县、镇三级水务部门在“十三五”规划中的一个重点任务是重建已经不能使用的饮水工程，提升农村人口饮水安全的质量。坝村就是水源干涸导致饮水工程完全没有发挥作用的一个例子，但是什么时间可以重建，六库镇水保站的领导也不清楚。

研究区域除了州、县、镇三级有妇联组织以外，没有其他政府和非政府的妇女组织。气候变化对于当地的妇联组织来说是个全新的概念，州、县、镇三级妇联没有关于气候变化与水资源缺乏的项目和培训。在推动农村妇女发展方面，妇联的角色主要是动员并组织妇女参加农业、林业、畜牧业等部门举行的技术和健康知识培训等。此外，从 2009 年起，妇联还参与实施对农村妇女的“贷免扶补”项目。根据州妇联的介绍，2014 年参加该项目的农户达到 689 户，贷款金额总计 4651 万元。

三个调查村的妇女在面对持续的干旱和水资源日益匮乏的现实上，不同程度地采取了一些应对措施。这些应对措施与妇女的家庭收入状况、总体经济水平、生计类型以及可获取的家庭劳动力资源密切相关。目前，妇女普遍采用的措施主要集中在保障家庭人畜饮水。对于家庭供水保障，目前妇女普遍的做法是修建水池、水窖，或购买储水设备（如简易塑料桶）。在最缺水的时候买水是多数妇女和她们的家庭必需的支出。然而贫困家庭的妇女由于没有钱买水，其更普遍的做法是投入更多的劳动量找水、取水、背水以满足家庭需要。而对于农业用水，由于调查村都是雨养农业，而且农业生产的基础十分薄弱，增加或改善水利设施完全超出家庭和妇女的经济能力，因此除了水田改为旱地、减少种植面积等被动应付的方法以外，妇女没有更有效的主动减缓干旱的措施。

表 5－5 总结了三个调查村不同的水资源短缺的主要表现、妇女的应对措施及影响。妇女采取的这些措施主要是以家庭为单位进行。这些措施对改善饮水安全，比如沙村水质差存在的健康隐患，比如坝村和新村保证家庭基本用水产生了积极的影响。但这些措施只是家庭为本的被动应付，无法从根本上解决缺水问题，因为三个村子缺水问题的解决需要水资源管理机制的进步与完善，这就超出了妇女自身的能力。这些措施以增加妇女的劳动量为代价，从长远的角度来看，不利于妇女的健康和妇女自身的发展。

表 5-5　水资源短缺与妇女的应对措施及影响

调查村	水资源短缺的主要表现	妇女采取的应对措施	影响
新村	1. 季节性缺水 5~6 个月 2. 旱地用水全靠雨水 3. 储水设施不足导致不能有效解决季节性缺水，体现在： • 村里没有集体大型的储水设施 • 家庭储水设备不够 4. 干天村子周围有两处小水源，但量少，水浑浊不干净	1. 90% 的家庭建了水窖 2. 10% 的家庭没有水窖，主要是贫困妇女家庭 3. 贫困妇女主要靠背水满足家庭人畜饮水需要 4. 非贫困家庭的妇女主要是买水 5. 离家远的地块不再种玉米，闲置，以缓解劳力不足 6. 多数家庭丈夫外出季节性在本地打工	1. 由于储水设施不够，妇女仍然有 1~3 个月无水可用 2. 猪、牛、养的饲养数量有减少 3. 大多数家庭人畜饮水能基本保证 4. 妇女仍然难于平衡劳力不足与供水紧张，特别是对于贫困家庭的妇女
坝村	1. 因水源干涸或减少导致全年缺水，干季特别严重 2. 政府修建了人饮工程，但水源枯竭，无水可用 3. 降雨减少，玉米和甘蔗的产量减少 4. 村民雨季饮水主要靠村子周围的零星小山泉水源，距离村子平均 1~3 公里，但是出水不稳定 5. 干季山泉减少，用水困难，特别是 12 月至来年 2 月，家家户户必须买水	1. 妇女在家，丈夫外出打工正在成为新的生计方式 2. 一些家庭的妇女也出去寻找非农工作 3. 减少玉米种植面积，节约劳力 4. 建小水池 5. 增加简易塑料桶储水 6. 家庭循环用水：做饭—喂猪鸡—洗衣服等 7. 婚丧嫁娶等大型社区活动，妇女采用纸杯、纸碗，减少用水 8. 挑水是妇女的一项重要任务	1. 妇女以投入劳动力和时间为代价满足家庭成员的日常基本用水需求 2. 目前的措施只是被动应付，妇女没有有效办法解决水源干涸和减少导致的缺水问题
沙村	1. 人畜饮水有保障，但是上游村子的农业生产活动，导致水质不安全 2. 村里有灌溉水渠，但用水紧张，特别是位于灌溉沟渠末端的怒江边的水田，用水十分困难 3. 上游水源充足，水资源的问题主要是没有与上游村子建立联合管理水资源的机制所致	1. 全村 1/3 的水田已经改为旱地 2. 妇女采取先沉淀，后把水烧开饮用的方法改善水质差可能引发的健康问题 3. 修建水池或水窖储水 4. 定期清洗水池、水窖	1. 没有发现因水质问题引发的全村性疾病 2. 水改旱的家庭，妇女种玉米比种水稻收入减少一半 3. 妇女对于水源充足而缺乏灌溉用水的问题无能为力

妇女应对水资源短缺以维持家庭生计存在明显的脆弱性，主要体现在以下三个方面。一是水资源短缺凸显了妇女用于农业生产方面的劳动力短缺的问题。因为妇女为应对水资源短缺，投入了更多的劳力和时间，从而没有充足的劳力投入农业生产。调查村的妇女普遍采取的解决劳力短缺的办法是减少玉米的种植面积，特别是离家远的地块几乎无法种植。二是妇女寻找另类生计机会的能力受到经济和社会因素的双重限制。怒江傈僳族自治州是集山区和贫困为

一体的边疆民族地区，全州所辖四县均为国家扶贫开发重点县和滇西边境山区集中连片贫困地区片区县，贫困发生率 38.65%，居云南省之首。调查村普遍经济基础比较薄弱，农民收入水平低、贫困人口集中、山区小农耕作方式为主、土地资源缺乏、农作物单一等经济限制因素，制约了妇女生计来源多样化的能力，因为扩大生计来源需要有一定的经济基础。社会方面的限制因素主要是传统的对妇女家庭角色的认识制约妇女寻找非农就业机会。三个调查村均离六库镇不远，适合妇女的非农就业机会较多，但是家庭的打工收入主要靠男性，妇女仍然留在家里从事农业生产和照顾家庭的工作。另一个关键的社会方面的限制因素是妇女受教育程度相对于男性偏低，制约了妇女获取气候变化的知识与信息、新的耐旱农业技术的学习，以及妇女获得非农就业的技能培训。

贫困家庭的妇女应对水资源缺乏的脆弱性尤其突出。首先，贫困妇女的家庭多数是支出结构型贫困，这些家庭要么有长期生病的家人，要么有读高中或是大学的孩子。医药费和教育费是她们家庭的主要支出。这些家庭往往支出远大于收入，即使她们的收入不错，仍然是贫困的。支出结构型贫困的家庭劳力短缺是普遍的问题，劳力短缺使得妇女在应对灾害和缺水的时候更加困难。以坝村和新村为例，首先，贫困家庭由于没有更多的钱用来买水，妇女的劳力投入较非贫困家庭更多，因此贫困妇女面临更为严重的劳力短缺。其次，贫困妇女的家庭往往收入结构单一，过度依赖经济作物，比如坝村只有甘蔗，一旦受灾，家庭收入就会锐减甚至没有，严重影响粮食生计安全。最后，多数贫困妇女的家庭是维持型生计类型，这种生计类型的特点是家里很少或是没有现金积蓄，家庭可变现使用的财产也不多。在这种情况下，她们的家庭遭遇灾害后往往很难恢复，特别是遇到持续的旱灾。而且，她们也没有能力主动预防灾害，只会采取适应性的措施，比如种植耐寒作物、增加打工收入等。

以上三个方面关于妇女应对水资源短缺存在的脆弱性主要是体现于妇女的劳力缺乏、收入水平低、受教育程度偏低、多样化的生计来源机会少等制约因素。这些制约因素阻碍了妇女适应气候变化的能力发挥。除此以外，妇女的脆弱性还体现在妇女的气候变化适应性和应对水资源问题缺乏相关制度和政策的足够关注与支持。比如，在水资源管理方面：在社区层面，妇女在水资源管理中没有角色，在政府的相关规划和项目中，社区的用水需求，包括妇女的需求没有得到充分的关注；在金融支持方面，妇女对小额贷款和农业灾害保险补贴的大量需求仍然难于获得。

（二）妇女应对长期的水资源减少的需求分析

1. 妇女对水资源减少的认识

3 个村子都不同程度地经历了气候变化带来的水资源短缺和自然灾害加重的情况。从问卷调查的数据来看，超过 85% 的女性被访问者认为在过去 10 年水资源减少的现象比较明显。妇女感受到的变化包括冬天比过去热、雨水少、雨季每年推迟、雨季时候的雨水太集中、洪涝灾害比过去多。妇女还提到一个重要的变化是降雨时间没有过去有规律，有时提前，有时推迟，难于把握栽种时间。一旦错过最佳栽种时间，减产是必然的，进而影响收成和收入。坝村的妇女还发现她们村 20 年前的水源已经干涸了一半，剩下水源的水量也明显减少。在与妇女讨论水资源减少的原因时，她们认为人口增加是最主要的原因，其次是气候变化导致的干旱加剧了水资源短缺的问题。每个村具体的水资源短缺的原因不同。比如，沙村的妇女小组讨论获得的信息是该村水资源丰富，但是妇女仍然面临灌溉水不够和饮用水不卫生的问题，妇女认为她们村水资源的问题主要是上游村子的农业生产污染了沟渠里的水，加上不节约用水所致。为此，沙村的妇女说她们没有办法，只能靠政府出面协调。妇女对水资源的短缺也普遍表达了焦虑。问卷调查显示 95% 的妇女表示非常担心未来水资源日益缺乏，她们的担心主要是来自两个方面：一方面是没有水可以提供家庭日常需要，洗衣和做饭等最平常的活动都难以完成，妇女的压力很大；另一方面是妇女担心目前的应对措施还能维持多久，她们自己也说不准。

虽然妇女对水资源的缺乏都有切身的感受，但是对气候变化可能导致水资源日益减少的认识很模糊，也很少听说气候变化是什么意思，对如何应对水资源日益减少的趋势妇女更没有太多的想法。男性小组访谈也说明男性对气候变化对水资源的影响缺乏认识，男性面对长期的水资源缺乏也没有好的办法。妇女与男性有相同的对政府的期望，他们期望政府能够在实际解决水资源的问题上扮演更重要的角色，比如寻找新水源、改善现有的供水设施、加强水资源的管理等。

2. 妇女增强适应性能力的需求

由于水资源日益减少正在影响并威胁妇女的生计安全，妇女在应对和适应水资源缺乏的能力增强方面有着现实的需求。需求分析主要采用妇女小组访谈的形式，与妇女一起识别和分析她们增强适应性能力的需求是什么，然后与妇女共同讨论为实现这些需求应该采取哪些具体的行动。按照妇女认为的重要程度可将妇女的共同需求分为以下几个方面。①保障充足、安全、可获取的水资源是妇女的需求之最，妇女认为只有水资源短缺的问题得到解决，她们才能有时间投入农业生产和其他创收活动。②增加妇女的收入对妇女适应气候变化和水资源缺乏十分重要，因为妇女有了收入，就可以增加家庭的储水设备，缺水的时间会大大缩短。妇女还可以在没有水可用的时候选择买水以节省用于取水的劳动力。妇女认为增加收入可以帮助她们更灵活地应对水缺乏的问题。③妇女普遍认为目前应对水资源短缺除了使用她们自身“免费”的劳动力以外，没有其他的金融支持。如果政府能够为妇女提供农业保险，可能会弥补因干旱而损失的农作物收入，从而帮助妇女减缓水资源紧张而导致的家庭生计风险上升。④从长期适应气候变化和水资源短缺的角度来看，妇女提到建立气候知识和灾害预警信息平台对她们十分必要。⑤此外，妇女还提出了长期保护水资源和环境的需求。她们认为她们可以采取的行动就是在家里节约用水，并把这种观念和意识传递给她们的孩子（见表 5 - 6）。

表 5 - 6　妇女的需求和可能的行动

需求分类	可能的行动
保障足够的安全的可及的水资源	1. 家庭循环使用水、废水再利用 2. 建更大的水窖和水池 3. 保护水源，取水处用水泥支砌，加上盖子 4. 水源周围不砍树
增加妇女的收入	1. 新型农业技术的引进，尤其是耐旱而且商品价值高的作物和品种 2. 另类生计策略发展，主要是非农就业机会和技能
提供妇女可获取的金融支持	1. 农业保险补贴 2. 妇女小额贷款
建立气候变化知识与信息平台	1. 以社区为单位建立平台，方便妇女使用平台 2. 平台提供的服务包括：气候变化知识培训；应对气候变化的经验分享；灾害预警等 3. 鼓励妇女参与和管理社区平台
保护水资源和环境	1. 社区多宣传环境保护的作用 2. 提高节约用水意识

资料来源：根据对妇女小组的访谈整理。

除了表 5 - 6 总结的妇女的共同需求以外，三个村子的妇女还提出了她们具体的需求。坝村的妇女特别提出重建饮水工程，她们认为目前村子周围已经没有充足的水源可以利用了，有水源的地方距离比较远，饮水工程需要政府投资才能解决。新村的妇女提出建立社区更大的蓄水池，再把水分到各家各户，就能很好地应对干天缺水的问题；新村贫困家庭的妇女则希望把村里仅有的两个出水处保护一下，防止水源被污染。沙村的妇女觉得目前她们村存在的饮用水质量问题应该由镇政府协调解决，因为两个村子隶属于不同的行政村。

七 结论及政策建议

农业生产是易受气候变化影响的一个领域。在农业生产日益女性化的当代农村转型的背景下，妇女直接经受气候变化带来的水资源短缺、自然灾害频发对农业生产和家庭日常生活的影响，增加了妇女的家庭生计安全风险。这些影响主要表现在农业生产成本增加，间接地减少了家庭收入，增加了妇女获得安全饮用水以满足家庭日常需要的困难。妇女为保证家庭饮用水需求必须投入更多的时间和劳力，减少了妇女为家庭增加收入的机会。对于贫困妇女而言，粮食安全风险加大。特别是云南自 2009 年以来连续 4 年的干旱，给妇女维持家庭生计安全带来了持续的压力。

妇女在应对水资源紧张方面采取了一些措施，比如建水池和水窖、减少种植面积、增加劳力投入、家庭循环用水等。这些措施在短期内维持了家庭的基本用水需求，然而，从长期应对水资源缺乏以保障家庭生计安全的角度来看，妇女的脆弱性是明显的。劳力缺乏、收入水平低、受教育程度偏低、多样化的生计来源机会少等因素制约了妇女适应气候变化能力的发挥。特别是贫困家庭的妇女，劳力和资金短缺更加凸显了妇女的脆弱性。

妇女作为维持家庭生计和保障生计安全的主要承担者，增强适应气候变化的能力对妇女是至关重要的。目前，妇女积极应对气候变化带来的影响缺乏外部环境的支持：社区层面缺乏灾害预报以及减灾防灾的意识和措施；政策层面缺乏社会性别敏感的气候变化适应性的长期策略。

水资源减少对农业生产和农村生计安全带来的影响是持续性的。在评估妇女长期应对水资源紧张存在的脆弱性以及妇女增强适应气候变化的需求的基础上，结合怒江水资源短缺加剧的事实，本章提出五个方面的政策建议，以缓解水资源紧张带给妇女的压力、增强妇女适应气候变化的能力。

（1）增强农户的储水能力，减轻妇女的负担，有效应对季节性缺水的问题。

季节性缺水是怒江傈僳族自治州和云南省大多数山区水资源紧张的一个共同特点。在气候变化的背景下，雨季推迟、雨水过于集中、时间分布不均的现象日益突出，在有水源的村子帮助农户修建和改善储水设施，减少农户缺水时间是十分必要的。特别是有利于减轻妇女用于取水的劳动量和劳动时间。比如，新村每家都有水窖和水池，但是储水能力有限，家庭也不适合修建体积大的水窖，因此在村一级修建大水池，再分配到各家是可行的。

（2）加强乡镇一级在协调村级之间水资源分配中的角色，建立上下游水资源共同管理机制，提高水资源利用的有效性。

很多村子的缺水是缺乏上下游一体的水资源管理机制，导致水资源的分配不合理，水资源没有得到有效利用。调查村之一的沙村就是一个典型的例子。上下游水资源的分配常常涉及几个村子的利益关系，不是村子内部能够解决的问题。因此，加强乡镇一级在村级之间水资源分配中的协调角色，制定合理的水资源分配机制，可以极大地提高水资源利用的有效性。

（3）在农村人畜饮水和农业灌溉工程项目实施的全过程中鼓励社区和妇女充分参与，以保证水设施建设和改造符合村民和妇女的需求。

水务部门在实施人畜饮水和灌溉工程项目之前，工程设计方案要征求社区村民，特别是妇女的意见。妇女对水设施的方便使用应该纳入工程设计方案，以提高妇女对水设施的可及性。水利工程的设计同样需要考虑在气候变化背景下水源的可持续性利用，避免水利工程因水源枯竭而失去作用。

（4）设计针对妇女气候变化适应性能力建设项目，提高妇女应对气候变化和维持家庭生计安全的能力。

妇女应对气候变化和维持家庭生计安全涉及农业、水务、畜牧、林业、妇联等多个部门，因此妇女的能力建设常常需要多部门合作。妇女能力建设的项目包含适应气候干旱的农业生产技术知识与技能的妇女培训项目、妇女创收项目、妇女循环利用水资源项目等。

（5）建立社区气候变化知识与信息平台，帮助妇女更积极地采取预防性措施。

在社区建立气候知识和信息平台，让妇女更多地了解气候变化相关知识和灾害预防知识。帮助妇女建立气候变化适应性的相关知识、技能和信息，妇女可以更主动地采取预防性措施，使妇女有更多的知识和技能应对气候变化带来的影响。

第六章　农业与农村生计受气候变化影响的社会性别分析及适应性评估

一　引言

《联合国气候变化框架公约》提出：“在性别问题方面，气候变化很可能对男性和女性造成不同的影响。”《联合国气候变化框架公约》秘书处要求尽快形成“将‘性别’内容纳入应对气候变化的政策措施”，同时强调在应对和适应气候变化过程中，女性扮演着“非常重要的角色”，是“变革的推动者”。另外，还专门任命一名性别问题协调员，成立了性别问题联络人小组，以确保性别问题纳入《联合国气候变化框架公约》的三个方案领域。

从世界范围看，气候变化对农户、边缘化人群以及依赖于自然资源的家庭和农村妇女影响最大，因为这些群体受气候影响的风险更高，他们更低的适应能力增加了整体的脆弱性。贫穷是气候脆弱性的主要驱动因素，因为他们缺乏预测气候灾害影响的能力，缺乏减少风险投资的能力，也缺乏应对气候变化的能力和提高适应能力的手段，他们获得公共服务、进入社交网络和使用公共资源能力更差（Ribot，2009）。而农村妇女更容易受到气候变化的影响，因为她们是当前农业劳动的主力，常常要负责保障日常家务的用水、饮食和能源需求，而气候变化将使资源进一步匮乏。因此，气候变化成为阻碍发展、公平和社会公正的一个重要问题。

事实上，农村社区所面临的许多气候影响包括干旱和洪水等（Min et al.，2008）。然而，气候变化将产生新的风险，改变人们曾经了解的制度有效地运行的总体状况以及行为方式（Su et al.，2009）。农村妇女要成功地适应气候变化就要基于更广泛的经济、社会、政府的支持，因为适应性“要通过相关制度的推动或约束的个人行动以及制度本身的实施得以具备”。因此，贫困的农村妇女是否能够成功地适应气候变化在很大程度上取决于环境和政策能否降低气候脆弱性（赵惠燕，2012）。

农业女性化、农业劳动家务化的中国特色使得中国农村妇女在气候变化的大背景下更为脆弱，但是脆弱程度、暴露度、敏感性如何，还没有确切的数据支持，因而也不能为国家政策的制定提供有力的支撑。尽管中国有“男女平等国策”，但农村妇女“从夫居”的现实和所处的小农经济、传统观念的社会和脆弱的生态环境状况与其他国家明显不同，特别是贫困地区的农村妇女在气候变化、传统观念、环境状况下，在面临气候变化时所处的脆弱性是国家政策支持的重要的急需的信息（赵惠燕等，2015）。

位于中国西北部的陕西省是世界上气候影响最敏感的地区之一（魏娜、孙娴，2012），近 50 年来已经经历了气候变化的影响，包括温度升高和降雨减少，同时，暴风、干旱、洪水、暴雨、大雪，以及突如其来的霜冻和冰雹等极端天气事件变得更加频繁和激烈（殷海燕等，2010；陕西省农业区划委员会办公室，1996；姜雁飞等，2012；王德丽，2011；董大学等，1993；李琰等，2011；孟丹丹等，2010）。这些不利因素严重制约着陕西农业、农村和农民的发展，对农村妇女的影响尤为严重，因为她们是当前农村中的主要生产群体。陕西省是中国西部代表省份，也是农业大省、贫困县大省，贫困县近乎占全省一半。以陕西贫困地区农村妇女适应气候变化为研究对象，具有一定的代表性，也是陕西省政府政策支持所急需获得的重要信息。因此，2012～2013 年西北农林科技大学、陕西农村妇女科技服务中心的志愿者，依据陕西不同气候脆弱区域分布，创建了参与式适应气候变化评估工具，并用该方法选取调查地点和进行调查，以期为国家和地方政府制定相应的政策提供理论依据和案例。

二 调查目的与方法

（一）调查目的

2012 年以前，国内还没有明确的可量化的评估指标来评价气候贫困人口的脆弱性，统计体系也没有反映其规模大小、地理分布、贫困特征，也没有气候与贫困有关的问题和性别适应气候变化战略或政策，特别是缺乏贫困地区评估气候变化的工具和方法。而脆弱性评估目前在国际上已成为制定和优先考虑公平适应政策和计划的极其重要的方法。因此，本研究的目的就是透过社区、家庭和政府的政策、制度，评价陕西农村妇女在气候变化大背景下的脆弱性，分析气候变化对她们的影响与挑战，探索农村妇女适应气候变化的策略，为国家制定贫困地区农村妇女适应气候变化提供理论依据；同时，创立中国农业适应气候变化评估工具，为研究者提供思路与方法。

（二）选点依据与调查方法

通过查阅陕西省气候变化资料和与省气象局气候变化中心、西北农林科技大学干旱半干旱研究中心专家和农业气象专业专家座谈、学习与研讨，根据陕西省不同气候区域和人力、财力状况选择了7个县[①]，每个县选1个农村社区进行了实地调查。具体情况见表6－1。

表6－1　调研区域地理特点、产业特点、气候变化特点及其影响

县名	镇名	村名	地理特点	产业特点	气候变化特点	气候变化的影响
梅县	槐花镇	槐花村	陕西关中平原，八百里秦川中心，土壤肥沃，生活富饶，作为对照村	产业以草莓、杂果为主	气温升高、干旱加剧、持续降雨、风灾，对化肥农药的依赖增强	减产、强风吹倒草莓大棚、渭河洪涝不再种植水稻、收入减少、妇女椎间盘等疾病发病率上升
吴县	郭镇	秦家村	陕北黄土高原东部、黄河边上	产业以枣、小麦、玉米为主	气温升高（尤其是冬季）、降水量增加、病虫害增加	病虫害严重、枣类歉收、收入减少、妇女腰肌劳损等疾病发病率上升
幕县	保卫镇	高家村	陕北最北部黄土高原，与内蒙古自治区接壤	产业以养羊、小麦、玉米为主	温度升高，尤其是夏季，增加了干旱；强降雨少而集中，造成农业需水时无降水，一旦有则造成原底洪涝	干旱导致产量下降、作物歉收、灌溉用水与饮用水供应不足、发病率上升、收入减少、妇女腰肌劳损等疾病发病率上升
常县	镇口镇	余家村	陕西黄土高原最西部，紧邻甘肃	产业以小麦、玉米为主	气温升高、秋季降水增加、虫害加剧	长期干旱，产量降低，病虫害发生频发，收入减少，妇女椎间盘、腰肌劳损等疾病发病率上升
河川县	黄家寨镇	安康村	关中北部	产业以苹果、小麦、玉米为主	气温升高（尤其是夏季）、干旱加剧、强暴风雨、植物病虫害增加	干旱导致作物产量降低，同时，病虫害频发导致苹果产量与质量的下降、收入缩减、放弃果园、妇女腰肌劳损等疾病发病率上升

① 本章提到的调查县和调查村的名字皆非真实的名字，系作者自命名。

续表

县名	镇名	村名	地理特点	产业特点	气候变化特点	气候变化的影响
宁县	巴镇	罗家村	陕南大巴山偏西深山，南邻四川，西接甘肃	产业以杂果和玉米为主	气温升高、极端天气事件的增加、暴雨频率和强度增加	频发的极端天气造成产量降低，作物歉收，收入减少，妇女关节炎、风湿等疾病增加
蓝山县	管都镇	吉祥村	陕南大巴山偏东深山，南邻四川	产业以水稻、杂果为主	气温升高、干旱与持续降雨、突发强暴雨	产量降低，作物歉收，收入减少，难于取水，妇女关节炎、风湿等疾病增加

1. 选点依据

调研地点必须在气候脆弱区（见图6－1），必须是贫困县或特殊区域，生态和产业结构具有代表性。

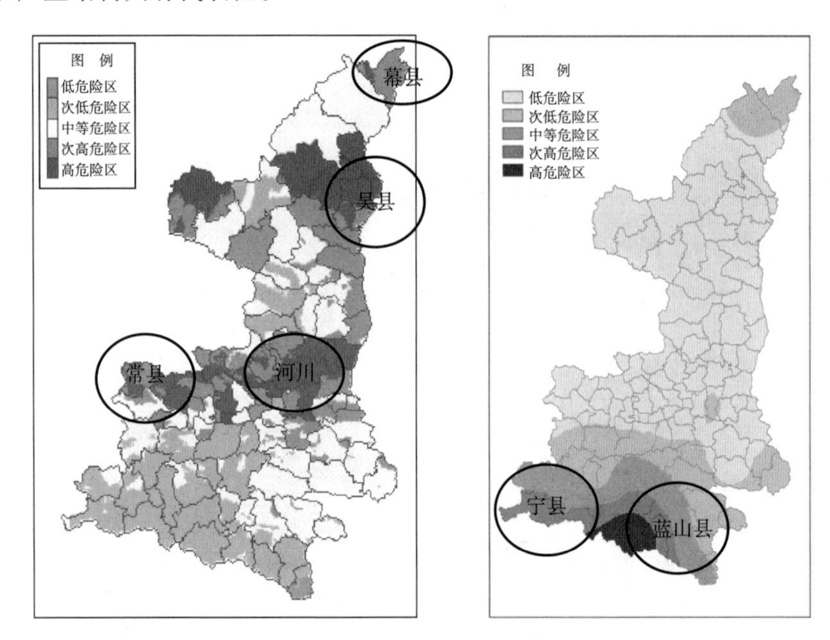

图6－1　不同气候区域选点图

注：左图标注的是指干旱地区，右图标注的是洪涝地区。

2. 农村社区适应气候变化调查方法与目的

本研究采用性别敏感的参与式调查方法（赵惠燕等，2015）。为了充分了解各层次人群对气候变化的感知、认识、知识和应对策略，我们将半结构访谈的人群分为5组，包括村干部组半结构访谈（特别关注女干部），目的是了解全社区基本情况。绘出社区资源图的目的一是识别缓慢发生的和新出现的脆弱或风险；二是详细标出土地使用模式和资源，以便与村民绘制的资源图做比较。老年或重要信息人组讨论并绘制社区大事记图，目的是了解社区历史与近30年社区遭受过的灾害/重大气候事件/社会事件/政治事件，找出所关注的时间段里气候发展趋势上的变化。其他三组分别是男村民组、女村民组和弱势群体组，讨论并绘出主要农作物的农事历和社区关系图，目的一是了解哪些作物在何时最容易遭受气候灾害和应对措施；二是识别社区种养殖业种类、季节性变化、相关灾害、疾病和一年中具体各月份相关信息，帮助我们看清楚什么时候会进行哪些生计活动，并预测当一种气候灾害可能发生时，这些生计活动是否还能照常进行；三是比较不同群体对气候变化的不同感知和不同认识等特殊的视角。

最后，全村分享大事记、农事历和社区关系图，对致灾因子排序和受损作物或生计投票，目的是为后续适应气候变化对策提供依据。

根据五大资本设计入户访谈提纲，访谈比例为10%以上，其中贫困户和富裕户各占30%，一般户占40%。入户访谈重点对象是妇女、壮劳力、村医、男女村干部等。

3. 政策支持体系调研

如前所述，农村妇女适应气候变化离不开政策支持，因此，本研究调查了14个机构，包括省和地方的政府部门、研究机构、大学和NGO，访问了官员、专家、学者、志愿者共计35名。

4. 资料分析方法

陕西农村社区正面临多种风险以及环境和社会发生的重大变革。气候变化只是加剧农村社区脆弱性的许多影响之一，不可能将气候变化的影响与其他因素分离开来；同时，农村妇女不是独立的群体，很难将她们适应气候变化的情况从家庭层面完全剥离。为了分析气候变化对农村社区和农村妇女的影响，在制定评估指标体系时，尽可能地将其与其他因素剥离。

根据社会经济学原理分析资本积累与易受气候变化影响的生计区以及对人，特别是对农村妇女的影响。社区脆弱性由5种资本（物质资本、人力资本、金融资本、社会资本、资源资本）决定，这5种资本的组合创造生计并约束一个特定家庭和社区，也直接影响农村妇女的脆弱性。本研究以此为基础构建妇女应对气候变化脆弱性评估指标体系和社区脆弱性目标综合评判指标体系（见表6-2、表6-3），识别脆弱性产生的原因，确定最可能受气候变化影响的资本类型和人群；分析社区和农户以及农村妇女最能适应气候变化的资本和原因；探索减少不同资本脆弱性及减少妇女脆弱性的条件与气候变化之间的联系；评估可持续生计；探索资本积累和妇女气候脆弱性之间的关系。

表 6－2 妇女应对气候变化脆弱性评估指标体系

X_1－人力资本（人力资本与脆弱性密切相关）	x_{11}	老年人占人口比（1、2、3、4、5 级）。目前在村里的劳动力 60 岁以上的占 50% 者为 1 级，40% 为 2 级……显然，老年人的气候脆弱性大于年轻人
	x_{12}	劳动力性别比（1、2、3、4、5 级）。目前在村里的女性劳动力所占比例，一般农妇的气候脆弱性大于农夫
	x_{13}	劳动力文化程度（1、2、3、4、5 级）。高中 12 年为 5 级，9 年为 4 级，6 年为 3 级，3 年为 2 级，文盲为 1 级。文化程度高的接受气候信息能力大于文盲，而农妇受教育的程度一般比农夫低
	x_{14}	外出打工比例（1、2、3、4、5 级）。50% 为 1 级，40% 为 2 级……外出打工人的气候适应能力大于留守的农村妇人
	x_{15}	劳动力/亩（实际调查数）。每亩劳动力数量大，反映人力资本的充沛，脆弱性降低
X_2－金融资本（收入高的应对气候变化的资本高，脆弱性降低）	x_{21}	打工收入比（按实际比例，如 10% 为 1 级，30% 为 2 级，50% 为 3 级……）
	x_{22}	纯农业收入（1、2、3、4、5 级）。每户平均农业纯收入，除以 5 分成 5 级
	x_{23}	农产品销售难易程度（1、2、3、4、5 级）。1 级为难，5 级为易。销售容易，其金融资本积累容易，降低脆弱性
	x_{24}	信息（1、2、3、4、5 级）。获取商品交易等信息容易为 5 级，困难为 1 级。销售容易，其金融资本积累容易，降低脆弱性
	x_{25}	价格决策程度（1、2、3、4、5 级）。能否决定或影响价格的程度，1 级为难，5 级为容易
	x_{26}	贷款难易程度（1、2、3、4、5 级）。非常难为 1 级，较难为 2 级，有过贷款，但有一定的难度为 3 级，小额容易为 4 级，额度大且容易为 5 级
	x_{27}	农业生产保险（1、2、3、4、5 级）。没有听说过为 1 级，听说过没有买过为 2 级，买过 1 次为 3 级，买过 3 次为 4 级，经常买为 5 级
X_3－社会资本（社会资本丰富，其应对能力强，降低脆弱性）	x_{31}	气候信息可获性（1、2、3、4、5 级）。不看电视、听广播者为 1 级，仅看电视者为 2 级，看电视、听广播者为 3 级，看电视、听广播、看手机者为 4 级，主动了解天气预报者为 5 级。调查 11 户，仅有 1 户不听天气预报为 1 级。全村总共 11 户，平均每户气候信息可获性为 1.91
	x_{32}	市场信息可获性（1、2、3、4、5 级）。从政府、报纸、电视、计算机、村民聊天等主动获得信息者 5 级，少一项减 1 级
	x_{33}	技术支持可获性（1、2、3、4、5 级）。没有技术培训和服务为 1 级，有 1 次技术培训或农资配套服务为 2 级，有 3 次以上技术服务为 3 级，每增加 1 次增加 1 级
	x_{34}	合作社有无与作用如何（1、2、3、4、5 级）。没有为 1 级，有 1 个但没有运转的为 2 级，有 1 个并运转为 3 级，有 2 个并运转为 4 级，有 2 个以上 5 级
	x_{35}	合作社的参与度与知晓率（1、2、3、4、5 级）。没有听说或不知道为 1 级，听说但没有参与为 2 级，听说并参与为 3 级，参与并参与决策为 4 级，负责人为 5 级

续表

	x_{36}	社会资源帮助（1、2、3、4、5级）。没人帮助包括亲友为1级，有家人和亲戚为2级，有家人、亲戚还有朋友为3级，还有社区、村干部帮助的为4级，还有政府帮助的为5级
	x_{37}	村内社会组织（1、2、3、4、5级）。仅有村委会、党支部为1级，还有庙会松散组织的为2级，还有红白理事会为3级，还有妇女活动中心为4级，还有娱乐机构为5级
	x_{38}	社会保险与低保难易（1、2、3级）。没有为1级，有但非常难为2级，有且享受到为3级
X_4－自然资源（自然资源占有量和多样性丰富，其脆弱性降低）	x_{41}	人均耕地面积（1、2、3、4、5级）。调查总亩数除以调查人口数。
	x_{42}	出租土地，租他人地（1、2、3、4、5级）。未租为1级，30亩以下为2级，50亩以下为3级，100亩以下为4级，100亩以上为5级。有能力租别人的地其能力强脆弱性程度降低
	x_{43}	生计多样性（按种类数）
	x_{44}	土地使用情况（耕地与林地比值为1：2为1级，1：1为2级，1：0.5为3级）
	x_{45}	水资源使用情况（1、2、3、4、5级）。人畜饮水困难、吃窖水为1级；不太困难，有井水为2级；没有困难，有自来水为3级；吃自来水并可灌溉，但困难为4级；没有困难为5级
X_5－物质资本（物质资本占有越少越脆弱）	x_{51}	家禽、家畜数（1、2、3、4、5级）。没家畜、家禽者为1级，户均家畜、家禽分别为2头和20只以下为2级，家畜、家禽5头、30只以下为3级，家畜15头、家禽50头为4级，家畜、家禽均100头以下为5级。这些都是妇女的物质资本
	x_{52}	交通（1、2、3、4、5级）。1级未通村公路，2级有通村公路但没有通组公路，3级有通村通组路，但距离镇10公里，4级距离镇四五公里，距离县10公里以上为5级
	x_{53}	房屋（1、2、3、4、5级）。土窑为1级，土房为2级，砖窑为3级，砖房为4级，楼房为5级
	x_{54}	抗灾强度（1、2、3、4、5级）。包括房屋等基础设施
	x_{55}	农用车与交通工具（1、2、3、4、5级）。架子车、喷雾器为1级，水泵摩托车为2级，三轮拖拉机3级，四轮车为4级，汽车为5级
	x_{56}	水资源获取（井数，水泵数，水库）。如果家里有1个水井，或是2个水泵，脆弱性为1级；2个水井、4个水泵，脆弱性为2级；依此类推

表6－3　社区脆弱性多目标综合评判指标体系

X_6－风险暴露度	x_{61}	灾害频率（1、2、3、4、5级）。近20年中4年一次灾害为1级，5年一次为2级，6年一次为3级，7年一次为4级，8年一次为5级
	x_{62}	灾害类型（1、2、3、4、5级）。涝、旱、霜冻、病虫、大风都有为1级，少一种加1级
	x_{63}	预警系统（1、2、3、4、5级）。有责任明确和分工的组织（性别）、雨量报警器（大喇叭、锣鼓、哨子、手电等）、有专人监测（性别）、避险地点、全村知晓率或演练。全有的为5级，少一种，减1级

续表

	x_{64}	风险资产数量（1、2、3、4、5级）
	x_{65}	0～20%为1级，20%～40%为2级，40%～60%为3级，60%～80%为4级，80%～100%为5级
X7－敏感度	x_{71}	自身感受（1、2、3、4、5级）。全村0～20%为1级，20%～40%为2级，40%～60%为3级，60%～80%为4级，80%～100%为5级
	x_{72}	可获得性（1、2、3、4、5级）。减轻灾害对可获得资源的敏感性。
	x_{73}	粮食安全性（是否足够，2，1）粮食够吃，均为1
	x_{74}	健康（因病致贫数）。每年医药费支出超过5000元的户数占调查人数的比例，如3户/11户
	x_{75}	种植种类变异1（作物敏感性1）。以前种现在不种了3种类为5级，或5种农产品易损为5级，2种不种了或4种农产品易受损为4级，1种不种3种易损为3级，2种易受损2级，1种易受损为1级
		气候变异2（作物敏感性2）。以前没有现在有的气候变异的种类
		病虫害3（作物敏感性3）。以前没有现在有的、因气候变异的种类
		损失4（作物敏感性4）。所有灾害遭受的损失程度，5级最高
	x_{76}	净收入（生计敏感性1）。总收入减去总支出，再除以总人数
		收总收入（生计敏感性2）。包括种养殖和打工总的收入
		打工走的成员数（生计敏感性3）。外出打工总人数除以总调查人数
X8－应对能力	X_{81}	应对措施。5种、4种、3种、2种、1种
	X_{82}	主观能动性。积极主动为5级，较积极主动为4，一般为3级，被动为2级，听天由命为1级
	X_{83}	灾害政府补贴有无（1、2、3、4、5级）。没有为1级，有1000元以下为2级，有5000元以下3级，有10000元以下4级，10000元以上5级
	X_{84}	净收入。同上
	X_{85}	年龄结构（生计敏感性5）。（妇女＋60岁以上老人＋儿童）/总人数

5. 多目标综合决策的目标函数的确定与脆弱性、暴露度、敏感性以及应对能力分析

根据上述指标体系，用层次加性加权法（李维铮等，2012）建立多目标社区脆弱性评估函数，如以人力资本越少越脆弱、金融资本越少越脆弱、社会资本越少越脆弱、物质资本越少越脆弱、自然资源资本越少越脆弱，分别建立社区和妇女多目标综合评判模型 $F\min = X_1 + X_2 + X_3 + X_4 + X_5$，然后由56个参数共同构造规范化决策矩阵 $Z_{ij} = \min Y_{ij}/Y_{ij}$，最后根据参数重要性规定权重 W_1'，W_2'，…，W_n'，计算脆弱性并排序。虽然5种资本组合创造生计并约束一个特定家庭和社区，但是暴露度、敏感性和应对能力严重影响脆弱性评

估。因此，在脆弱性评估过程中，分别计算各个社区妇女的暴露度、敏感性和应对能力，作为脆弱性多目标综合评判的一个重要指标。

三　研究点的背景资料

（一）陕西气候特征

陕西气候以秦岭为界，南北差异显著，秦岭以北属于暖温带，以南属于北亚热带。陕北黄土高原属于暖温带半干旱气候。该区是全省气温低、湿度小、冬季长、大风多、降水少的地区。年平均气温低于10℃，1月最低气温可达-32℃，夏季极端最高气温可达38℃；年降水量不到500mm，集中于7～9月，多为暴雨，1977年8月1日晚，榆林毛乌素沙地边缘，9小时雨量达到1400mm，是我国陆地上罕见的特大暴雨；春季多大风、沙尘天气。关中地区属于暖温带半湿润气候，年均温12～13℃，夏季炎热，西安处于该区域的高温中心，最高温度在40℃以上。年降水量600mm左右。陕南地区属于亚热带湿润气候，是全省平均气温最高、降水最多、大风最少，湿度最大的地区。年平均气温14℃以上，安康以南在16℃以上；降水充沛，年降水量750mm以上，集中于夏秋两季，尤其是秋季，常出现秋雨绵绵的现象，易致山洪暴发、河水泛滥。

（二）气候变化趋势

气候变暖趋势明显，根据全球气候模式预测结果，未来50年平均气温将升高1.15～2.10℃。平均降水量呈减少趋势，大雨和暴雨发生频次增加；极端天气事件呈增加趋势；大风、沙尘天气呈减少趋势；城市热岛效应增强（魏娜、孙娴，2012；赵宗慈等，2003；郭慕萍等，2009）。

四　陕西气候变化对农村社区和农村妇女脆弱性影响分析

（一）气候变化透过社区、家庭直接影响农村妇女的生产和生活，加剧了妇女的脆弱性

农村社区妇女脆弱性由5种资本（物质资本、人力资本、金融资本、社会资本、资源资本）和气候风险暴露度、敏感性以及主观能动性共同决定，7个社区农村妇女的脆弱性与社区脆弱性密切相关，农村妇女气候脆弱性十分显著。

1. 气候变化条件下，社区、家庭脆弱性多目标综合评判结果

社区脆弱性多目标综合评判结果表明：吴县秦家村对气候变化最敏感，其次是幕县高家村、宁县罗家村和常县余家村，第三为梅县槐花村，第四为蓝山

县吉祥村和河川县安康村。梅县暴露度最高，其次是幕县，第三是吴县和蓝山县，第四是宁县和河川县，最后是常县。在应对气候变化的能力上，梅县适应气候变化能力最强，其次是河川县和幕县，第三是宁县，第四为蓝山县，第五是吴县和常县。综合上述指标：吴县农村社区最脆弱，宁县、常县次之，第三为河川县、蓝山县，第四是幕县，最后是梅县。由此看来脆弱性与经济、资源、人的主观能动性密切相关。

社区脆弱性多目标综合评判建立在各家各户的评判指标基础上，结果（见表6－4）表明：不管是物质资本、社会资本、资源资本还是金融资本、人力资本吴县秦家村都最脆弱；宁县罗家村、常县余家村次之；第三为河川县安康村、蓝山县吉祥村；第四是幕县高家村；最后是梅县槐花村。因为槐花村不仅有充沛的人力资本，而且都是青壮年，同时，它的资源资本丰沛，道路修到各家各户，灌溉条件、产品销售设施和途径多样，而且它的金融资本雄厚，可以主导市场价格，销售渠道多样，合作社作用发挥得好；其社会资源渠道广泛且物质资本丰富，家家都有动力交通运输工具等。梅县槐花村对气候有较大的敏感性最大的原因在于梅县的经济作物产值高，微小的气候变化就会影响它的农业产值。但它有较好的物质资本、社会资本、资源资本和较高的金融资本，帮助它应对气候灾害，所以，它对气候变化非常敏感，但不脆弱。而吴县秦家村对气候的敏感性相对于梅县来说不算最大，因为干旱和病虫害等气候极端事件会严重影响农业产量和产值，而其拥有的5种资本较少，因而适应能力差，进而严重影响其生计与生存。所以吴县秦家村对气候变化既敏感又脆弱。这再次证明：气候脆弱性＝敏感性＋适应性。

表6－4　社区脆弱性多目标综合评判结果

	吴县	梅县（对照）	幕县	常县	河川县	蓝山县	宁县
脆弱性综合评判结果	7.84	28.60	21.04	7.85	18.10	15.98	13.00
脆弱性排序	1	7	6	2	5	4	3
敏感性	9.82	26.60	16.17	13.58	10.13	17.02	10.05
敏感性排序	1	7	5	4	3	6	2
应对能力	0.17	1.00	0.04	0.23	0.10	0.17	0.06
应对能力排序	4	1	7	2	5	3	6
暴露度	69.90	187.20	124.90	76.40	133.70	105.16	84.30
暴露度排序	7	1	3	6	2	4	5

2. 社区脆弱性多目标综合评判结果与妇女脆弱性密切相关

对可以明确剥离出的妇女的资源、贡献等33个指标进行多目标综合评判，然后与相应的社区资源多目标综合评判结果进行回归分析，结果表明：社区脆弱性与妇女脆弱性显著相关（见表6－5），相关系数达0.921。

表6－5　妇女脆弱性与社区脆弱性之相关分析

	吴县	梅县	幕县	常县	河川县	蓝山县	宁县
社区脆弱性多目标综合评判结果	7.84	28.60	21.04	7.85	18.10	15.98	13.00
妇女脆弱性多目标综合评判结果	2.42	12.10	10.44	4.22	9.76	7.21	5.31
回归方程	$y = 1.999x + 1.361$　　$R^2 = 0.921$						

3. 农村妇女脆弱性分析

从人力资本的调查结果可见：当前农村农业女性化、农业劳动家务化早已成为农业生产主流。农业生产劳力主要是留守妇女（见表6－6），而且留守女性大多是老年女性。众所周知，农业生产是雨养产业，受气候影响最为显著。而由于传统观念的影响，女性劳力的文化程度显著低于男性1.3年，文盲比例显著大于男性0.3个百分点，这样在应对气候变化时，她们的气候变化知识的接受能力、知识储备与应对能力显著低于男性。留守的妇女无法在其有限的土地上获得足够的收入，同时也由于劳动力的缺乏，很多适应气候变化的策略已经变得不再可行。例如，牲畜的饲养是妇女最大的收入来源，然而由于男性外出打工，妇女不仅要管理果园、种植庄稼，还要照顾家庭老少的日常生活，因而不得不放弃牲畜的养殖。这样，妇女的家庭收入降低。

表6－6　陕西省农村社区外出打工的性别比例

单位：%

地区	陕北		关中			陕南	
村庄	幕县 高家村	吴县 秦家村	常县 余家村	河川县 安康村	梅县 槐花村	宁县县 罗家村	蓝山县 吉祥村
打工的比例	45*	72*	78	88	30	65	82*
女性占打工人数的比例	41	43	40	37	41	33	35

*未统计举家外出打工或搬迁户。

进城务工正改变着农村劳动力结构。调查的村里留守的绝大多数是妇女、儿童和老人，而进城务工的劳力大部分是男性和年轻女性，进城务工所挣的工资占农户收入的41.1%～70%。如调查的吴县秦家村，全村70户，其中30多户全部搬出农村，现在村庄里仅有30~40户“看门人”，且绝大多数是60岁以上的妇女和儿童，乡镇干部说这个村子就等着“自然减员”。在气候灾害来临时这些村庄的应对能力极差，因此是极为脆弱的区域。

极端气候事件会增加妇女额外的劳动。如梅县，大风刮倒了草莓棍棚，她们不得不重新搭建并加固，由此带来的财产损失使她们悲愤而无力回天。在河川县，不断升高的气温使得水资源匮乏，导致水井越挖越深，取水越来越费劲，在干旱月份她们为生活和生产用水发愁，要跑更远的路去打水。极端气候事件常使她们担忧房屋的安全，增加了她们寻找家畜、家禽的食料，护送路途学童，照顾家中老人、田间庄稼和果园的工作量。那些以前由丈夫（或共同）承担的应对气候变化和农业生产的劳动都压在了妇女身上。特别是极端天气发生的时候，80%的妇女感到束手无策、身心疲惫不堪。

气候变化的影响与人口、政治、经济和环境变化的影响相互作用。这些重大变化深刻影响农业产业的调整，农业产业逐渐单一化：一些产业从谷类作物占主导地位向果园、经济作物和家畜转变。为了应对气候变化的影响、产业结构的变化、劳动力的短缺和市场的困难，调查的村庄无一例外地都逐渐从粮食为主的生产转变为以水果、蔬菜生产为主的产业，尽管这增加了农村妇女的收入，但是，极端气候事件一旦发生，会给单一产业带来灭顶之灾，妇女们难以承受。同时，新的农业产业使妇女的劳动量和难度加大了，一些原来男性劳动（如果树修剪、打农药等）也落在了留守妇女身上。安康村妇女改娃说：“以前村里只种小麦、玉米，小麦种上以后除了春季除草外，妇女基本没有多少活路，现在果园开春就疏花疏果、打农药、上肥料、套袋、剪枝……一天到晚忙个不停，真把人都能累死，如遇上冰雹我就完蛋了。”槐花村的女村民在草莓收获期，每天1人要采收1000多斤草莓，还要拉到市场上去卖，忙不过来，只好批发卖给商贩，收入要减少3成以上。因此，人力资本的缺乏和人力资本本身的素质导致妇女在气候变化下更脆弱。

气候变暖导致种植制度、模式、产业结构的改变，增加了妇女的精神和思想压力。妇女必须学习新产业技术，适应气候变化带来的种养殖制度、模式和产业结构的改变，90%的妇女都认为产业结构的变化额外地增加了她们的精神和思想压力，否则她们就跟不上农村发展。相对于男性农民来说，女性农民的脆弱性更明显。

从金融资本看：在气候变化的大背景下，大多数农村妇女在农产品销售方面的脆弱性显著高于男性村民。一方面，妇女获得的经营销售信息面窄，又受文化程度的限制，对气候变化条件下的市场信息和动向难以把握；在产品销售过程中不能参与价格的决策，98%随大流，加上极端气候事件和商家的恫吓，使得农村妇女在农产品销售方面的脆弱性增加。另一方面，主要从事农业生产劳动的妇女在贷款中更是处于弱势，困难重重，甚至于笔者调查的村庄中，女性村民赵芳让笔者帮助她们贷款，因为冰雹砸断了果枝致使苹果减产。男村民可以贷到款去购买高接换头（苹果生产的一种技术，替换老品种），女性村民贷不到。从农业保险知晓率调查看，没有一个妇女知道有农业保险，更不说购买了。所以，在气候变化背景下，妇女在金融资本方面更为脆弱。

70%被调查妇女认为：气候事件直接导致农业收入的减少，间接影响农村妇女的家庭地位。蓝山县向荣告诉我们："我给孩子们上学的钱来自农业生产，理直气壮；而问在外打工的老公要钱则低三下四。"河川县的张巧说："我拿卖苹果的钱给自己买衣服、化妆品理直气壮，问老公要钱甚至要买卫生纸的钱都要看老公的脸；现在老天爷总和我们作对，该下雨时不下，不该下雨的时候却多得要命；庄稼、果树收入减少，想买个啥都要看人家（指老公）脸色。"在脆弱性低的梅县槐花村，康梅说："我卖草莓挣的钱比老公打工还多，孩子们都佩服我。"所以气候变化使贫困村庄妇女脆弱性更加显著。

在吴县，气候变化导致主导产业——枣不再适合在本地种植：2010～2012年秋季的持续降水影响了枣的收获，而春季的降雨影响了枣树授粉，进而影响产量。而且冬季相对温暖，害虫的越冬基数增大，造成危害，影响了收成。果树需要水分的时期恰逢最干旱的时节，这延缓了枣树的生长，进而影响其价格。而在收获季节则出现频繁的暴风雨，降低了水果的质量，并导致了70%～90%的减产。在大多村庄中，妇女说："由于农作物的减产和价格低廉，我们不再种植小麦、棉花、荞麦或者维护某些果树，虽然这些作物与果树曾经给我们带来过稳定的收入，没有办法啊！"

从社会资本来看：目前，农村获取气候信息是通过电视、广播、手机、亲友相传及主动获取这5种渠道。而农村妇女获取气候信息的主渠道是亲友相传，比例为47%，梅县槐花村村民姜燕燕说："一天的农活、家务，哪有工夫看电视、听广播，只是通过老公或亲友了解天气情况，从来没有主动看过手机的天气预报。一旦老公不在家，自己忘了问亲邻，就有可能在极端天气中束手无策，不仅自己遭遇气候灾害（如淋雨），还会因为没有准备导致农业生产和家庭损失。"

气候变化对农产品市场价格影响的信息来自政府、报纸、电视、网络、村民聊天等渠道，妇女对这些信息不敏感，只有不到2%的妇女从村民聊天中偶然得知气候变化对市场价格的影响。对于应对气候变化的技术支持，目前各村还没有具体的实用技术，并且以往应对早春寒流、夏季雹灾、洪涝等技术培训和技术支持，没有妇女参与。因为那些培训和技术支持都在县里或乡镇，妇女因家务和农活难以脱身。

陕西省在20世纪90年代就开始应对气候变化，近年来应对气候变化已成为省级政策重点。其政策宗旨为：气候变化是一个可持续发展的问题，减缓与适应要同等对待，农业和水资源是适应的关键领域，干预措施侧重于科学和技术。这些宗旨为气候变化应对工作打下了基础，并得到了国际社会的称赞，为中国的气候政策提供了决策依据。但是，在所有应对、适应气候变化的政策中还没有看到社会性别敏感的政策出台，尽管国际社会也是如此。当然，适应气候变化是一个复杂的问题，目前如何实现、监控以及评价气候变化影响及应对策略仍然是一个重要问题。调查中许多妇女反映：山区精确的气象信息缺乏，如霜冻，由于各家各户的敏感性作物零散分布，妇女因为孩子、自身安全的担心很难采取预防性措施保护作物；一些最贫困的妇女由于没有电视、手机，或总是忙于生产生活，没有能力获得气象信息或者没有时间收看天气预报；气象预报无法为妇女提供用于长期生产规划决策的相关气候信息。

农民专业合作社是农民共同抵御气候灾害和市场风险的经济组织。所调查的7个村只有梅县槐花村有一个实质性的合作社，通过集体购建钢架草莓大棚抵御极端天气、集体购买农资、统一管理、统一销售等，减少了气候灾害造成的损失。其他6个村几乎没有合作社，即使有也没有发挥作用，因而村民知晓率与参与程度不高，女村民的知晓率和参与度几乎为零。在气候灾害来临时和发生后，能够获得政府帮助的农户为3%，能够获得村干部帮助的有10%，大多是亲戚、朋友和邻居的帮助。而妇女能够得到的帮助主要是后三者，占到调查者总数的90%，这主要是心理支持，有时候妇女还寄托于城隍庙（几乎每个村庄都有）的“神仙”。在极端气候事件发生后，女性获取低保要比同样贫困的男性困难得多，这项工作主要掌握在村干部手中，他们认为女性主要靠男性、靠家庭。特别是社区适应气候变化的重大决策（如气候易引发地质灾害点的确定、倒春寒的防御）与预警体系（如政府发放的预警锣、哨）都将妇女排除在外。

从物质资本的积累和占有看：家禽、家畜是妇女掌管的主要物质资本之一，而这些也是暴露度高的资本之一，一旦这些资本遭受气候灾害，对妇女的收入特别是家常开销是不小的损失。如果在生产劳动中发生极端气候事件，交通工具是决定应对气候变化成功与否的重要手段。而交通工具如四轮、三轮等大型机动车妇女占有率为零，摩托车占有率仅为10%，最多的是自行车，占有率达到43%。因此，灾害来临时妇女躲避的概率要小。特别是家庭必需品等资源由妇女掌控，在极端气候灾害来临时，因为舍不得这些仅有的自己能掌控的资源和对子女老人的挂念而遇难的妇女不在少数。在调查的村庄中，宁县罗家村一户人家，强降雨导致滑坡几乎冲垮了她的家，是他爱人硬拖着她不去抢救财产才保住了性命。水对妇女来说是能够掌控的非常重要的物质资本，因此每天的生活都要靠她们来操持。强降雨、干旱、暴风雪等都会导致饮用水的缺乏，进而影响生活。所以，在极端气候事件来临时，妇女是脆弱的，尽管她们会想尽办法应对。

从自然资源资本来看：改革开放以来，农村实行联产承包责任制，加上我国从夫居的现状，农村许多妇女没有土地。调查的村中，有6%的妇女没有土地资本，这样使得生计多样性降低了许多。当气候灾害来临时，没有土地的妇女暴露度和脆弱性就大于有土地的村民。由于耕地面积少，出租给别人的概率就小，租用别人耕地的可能性就增加，相应的负担就增加了许多。在水资源的占有方面，当家中有留守的男劳力时浇地没有问题，能及时解决干旱问题；但是，家中男劳力外出打工仅有留守妇女的话，浇地就成了问题，甚至为浇地发生口角或拳脚相加事件，幕县高家村一次为浇地发生了较惨烈的斗殴事件，影响很大，以至于镇政府出面解决纠纷。

气候变化不仅从可持续发展的生计元素（5种资本）影响农村妇女的脆弱性，其同样对妇女身体健康也产生影响。根据宁县乡村医生介绍，气候变化对村民的最大的影响是疾病发病率升高，特别是妇女、老人和儿童，这将需要大量的金钱，给家庭带来了经济负担。这种观点在笔者的走访中得到了进一步的验证，有家庭称降雨的增加造成了妇女和老幼群体感冒风寒，并加剧了关节炎的疼痛。持续的暴风雨淹没了大小道路，并引起了滑坡，造成了房屋与动物畜栏的破坏；给妇女接送上学的孩童、寻找柴火、打猪草、担水做饭额外增加了困难。

（二）农村妇女适应能力分析

1. 农村妇女对气候变化影响的认识

在所有受调查乡村中，妇女都经历了多变的气候。这些变化包括降雨的时间与强度、季节性的天气变化、霜冻的时间、干旱、洪水、大风、暴雨与持续性降雨等恶劣天气的频率与强度的增加，同时还存在沿着不同的气候带空间分布的变化。北部与中部的农村出现了更多的干旱，而南部的乡村则降水量有所增加。这些极端的天气事件已经成为常客，并引起了持续的担忧，尤其是那些仅依靠农业为生的女性。在全省范围内，气温升高、湿度增加以及降水增多为农业病虫害创造了适宜的微气候条件。妇女们已经认识到温度升高和极端气候事件的增加，注意到病虫害在数目上的增加以及在空间上的蔓延，包括蚜虫、卷叶蛾、玉米螟、地下害虫以及因土壤传播的细菌与真菌而引起的腐烂病等，也注意到气候变化对个人身体状况的影响。

2. 农村妇女对气候变化的自发应对和适应策略

在所有调查的村庄中，妇女都已经适应了新的气候。家庭所做出的适应气候变化决定是根据收入与政策、制度支持体系进行的。调查显示，农村妇女适应气候变化活动包括改变耕种时间、作物布局安排，用其他作物替代，使用抗旱、抗病虫品种，以及挖排水沟渠。妇女尝试着不同种类的小麦与玉米品种，以发现哪些品种更加合适。河川县、常县的妇女告诉我们：这里小麦的播种时间提前了 7 ~ 15 天。陕北与关中为应对干旱，采用各种技术来维持土壤中的水分，包括地膜玉米、小麦，在土壤上铺一层碎石子等。在宁县，妇女应对干旱与霜冻的举措是对受冻害的玉米进行修剪，去除其生长点上方已经冻死或干死、腐烂的组织。然而，妇女反映，这些效果是有限的。在吴县干旱季节有些妇女用水车来灌溉土地，然而由于水资源的缺乏，这也不是长久之计。利用国家的农资补贴，妇女可以普遍使用抗旱、抗病虫害的种子、地膜等。然而，这些补贴不足以使贫困家庭可以负担相应的成本。在幕县，农民使用塑料水管将水从灌渠中引出，并减少蒸发……。所有的这些措施都是费时费力的。对于贫穷的家庭和妇女而言，她们无法获得更多的经济来源对这些简单的技术进行投资，这进一步限制了她们缓解不利影响的能力，进而导致了贫困的加剧。

由于经济重组与市场经济的变革，传统的粮食作物已经被更为集约的经济作物与饲料作物以及果蔬的农业系统所替代。30 年前，农民种植的作物种类包括小麦、玉米、棉花、荞麦等。小麦、玉米目前仅被小规模的种植，以满足家庭自给自足的需要。而由于政策与气候变化的综合作用，作物布局已经发生了显著变化，如玉米的种植得到政府政策上的支持，妇女开始转向大量生产周期更短的玉米等作物，也能避开春季的霜冻。在幕县，部分家庭妇女开始种植更多的树苗，以弥补谷物减产的损失。

陕北妇女为适应气候变化已不再种植荞麦、小麦与其他一些谷类，陕南地区由于持续的降水和春季的霜冻，妇女也已经放弃了小麦的种植。陕南妇女放弃了水稻、油菜的种植和桑蚕的养殖，因为河水泛滥造成水稻无法收获，油菜受降雨的影响，减产严重；老品种虽然抗病性好，但产量较低；家蚕需要较长的生长期以及温暖干燥的天气。关中的梅县槐花村在渭河沿岸，气候变化无常，使得渭河支流的洪水常淹没河边即将收获的水稻，妇女现在已经不种水稻改种玉米，以躲避夏季洪水的泛滥。

气候变化也带动了农村妇女草根互助组织的成立和活动，如互助托儿所、生产互助组、妇女活动小组、自乐班等。河川县安康村老年妇女由于孙子的拖累，影响生产劳动，也怕夏季天气突然变化，她们成立了互助托儿所，轮流带孩子；宁县的青年妇女轮流看孩子，腾出时间搞生产……

气候变化带来的灾难迫使妇女寻求外部支持，如前述让笔者（西北农林科技大学的专家志愿者）帮助贷款、让村干部帮助借水泵、借助县乡政府解决水资源利用纠纷、托在外打工的儿女们通过电商帮助她们销售产品、期望笔者或县乡科技人员进行技术培训等。

3. 农村外出务工也是适应气候变化的策略之一

随着气候变化更加无常，农户家庭的收入来源也多样化了。外出打工的收入是农业收入的两倍之多，成为农民适应气候变化的自发应对策略。目前，有外出打工的农户家庭已经对这种收入模式产生了依赖。在所有的调查村庄中，大部分外出打工的是男性（见表6－6）。同时，女性外出打工也有了突破性进展，最高达到43%，这是妇女适应气候变化的新策略。当然，这种策略离不开家庭的整体计划。

劳动力的流动机遇与挑战并存。其增加了家庭的收入并且可以缓解气候变化造成的极端天气影响。但是，依赖打工收入来源的家庭容易产生波动。调查村的妇女反映：现在工作越来越难找了，平均有10%～30%的家庭、42%的妇女又返回农村，不再外出打工。农村妇女面对气候变化的应对和适应策略见表6－7。

表6－7　农村妇女面对气候变化的应对和适应策略

风　　险	应对策略（短期）	适应策略
气温越来越高	播种期提前或延后、提高水资源的利用率	地膜、塑料水管（SM）、在土壤上铺设碎石子以减少蒸发
降水方式改变：强降雨或该降不降，不该降时却降	在雨季之前抢收，放弃油菜种植和蚕桑、生猪养殖，停止种植水稻，改种花生等其他作物	玉米等谷类代替小麦种植、改变收获与播种时间、采用早熟品种或选择成长期更短的蔬菜、外出打工

续表

风　险	应对策略（短期）	适应策略
干旱越来越频繁	增加灌溉，补种、改种其他作物，销售家畜，挖掘深井	耐旱的种子
暴风与暴雨的增加，导致了洪水与滑坡	补种、借种、搭架子固定植物、在暴雨之后加固围墙、修排水沟	建排水沟、提前播种以避开雨季、作物多样化、使用抗倒伏作物品种、间作
霜冻越来越多频繁	使用烟雾、抗霜冻剂	种植生长期更短的谷物
病虫害越来越猖獗	使用更多的农药	对树木进行修剪、清园、喷撒草木灰、焚烧秸秆、减少病虫害越冬场所、辣椒水防治病虫害
强降雨可能带来的滑坡和泥石流	知晓滑坡地点和风险、了解气候信息（尽管人数很少）	生产互助、互助托儿所等降低孩童风险，提高效率、降低生产损失
持续干旱，饮水问题	收集雨水、寻找支持	挖窖储存雨水、寻找新水源
极端天气事件	寻找气候知识和防范知识（很少）	教育孩子和家人防范

（三）农村妇女应对气候变化的需求和加强自身能力建设

1. 农村妇女应对气候变化的需求

根据调研结果：由于气候变化、发展政策和制度等综合影响，农业生产严重萎缩，进而降低了农业收入与粮食安全性；同时，气候变化对妇女身心健康等带来显著的影响。因此，在应对气候变化上，不同地区的妇女有不同的需求（见表6－8）。

表6－8　农村妇女应对气候变化的需求

村　庄	需　求
梅县	治理渭河支流，草莓、猕猴桃等水果新品种，技术培训，替代作物或水果，妇女健康普查，小额信贷，电子商务培训，气候知识的培训
吴县	枣类品种多样化、病虫害控制、修葺旧屋舍、种植其他替代作物如红洋葱、妇女健康检查
幕县	打井、解决灌溉问题、妇女小额信贷支持、技术技能的培训、小型农用机械
常县	技术培训、生计多样化、改善道路、编织技术培训、妇女小额信贷、农产品加工培训
河川县	果园管理培训，减少病虫害、农作物的选择等技术，支持妇女小额信贷、电子商务培训
宁县	种养殖技术培训，蘑菇种植、农产品加工，建立排水渠道，改进道路状况、改进种子品质
蓝山县	妇女小额信贷，资金支持，农业技术培训，包括果树种植与牲畜饲养、抗逆品种的供应

2. 农村妇女为应对气候变化需要加强自身能力建设

调查结果表明，农村中最容易受到气候影响的群体为最贫困的、主要依赖于农业收入的妇女。这种脆弱由村庄外部更大的社会、政治或经济体系而引起，限制了家庭层面的应对能力。因此，需要在这些村庄中帮助妇女提升适应气候变化的能力，以保证她们更好地应对气候变化以及快速变动的农村社会其他风险。

气候变化适应能力的提升比基础设施的改善更难实现。社区能力与社会凝聚力也是适应能力的重要指标。在宁县，妇女在危机时彼此帮扶，并且与邻居以及社区一起共同利用资源；村委会、妇代会、妇女学习小组等同样也是支持的来源。个别村庄缺乏此类社区网络，在面对气候变化的种种挑战时，她们感觉到无助。

虽然村民面对气候风险已经采取了应对措施，但没有体现优先级以及决策机制。在社区重大决策时，妇女通常因家务等不能参与而被排除在外。由于目前大部分留守村民都为妇女，这一问题日益严峻。在决策中，应当听到妇女的声音。因此，在应对气候变化时，第一，提升农村妇女应对气候变化特别是极端气候变化的自信心，做到遇事不乱，沉着应对。具体需要加强灾害管理培训和训练，提高应对气候变化的主观能动性，消除听天由命的悲观的被动的适应思想和策略。第二，进行气候知识宣传、培训，妇女要参与预警机制中的组织建设，在重大气候灾害事件发生前、中、后期能够发声、参与决策并行动。第三，提高适应气候变化的农业生产技能，挖掘自身潜力，寻找新的更好的应对策略，以提高收入。在遭受灾害后学会找出减少灾害损失的方法和补救措施，以保证收入。第四，培养妇女领袖，加强农村妇女草根组织建设和团队建设，提升妇女的交流沟通能力，使妇女在面临极端气候事件时能在第一时间获得草根团队支持。同时，组建应对气候变化的妇女营销农产品的团队；对留守的青年妇女进行电子商务培训，提高电商、微商的能力。第五，提升争取外援的能力和政府的救助、补贴等。

3. 农村妇女面对气候变化挑战及获得制度上对适应的支持

如前所述，农民应对气候干旱时使用塑料水管将水从灌渠中引出，并减少蒸发，等等。这些措施都是费时费力的。对于贫穷的家庭和妇女而言，他们无法获得更多的经济来源和社会支持对这些简单的技术进行投资，这进一步限制了他们缓解不利影响的能力，进而导致了贫困的加剧。这一证据表明，如果有恰当的工具与社会保障网以及制度上的保障，妇女就可以应对风险。

（1）气候信息的获得

农村妇女通过不同的渠道获取天气信息，包括电视、广播、村庄广播系统等，有些还可以接收气象局或省水力资源部防洪办发出的短信。电视是信息传递最可靠的方法，有些妇女家庭参照气候信息制定耕作计划。然而很多妇女反映山区精确的气象信息缺乏，如天气预报仅仅能预报到霜冻出现的大致时间，但不同的地块、种植制度等出现霜冻的时间是不同的，所以，这样的预报对她们来说实际应用的意义不大。一些最贫困的妇女由于没有电视、手机，或总是忙于生产生活，仍然没有能力获得气象信息或者没有时间收看天气预报。天气预报对妇女的短期生产生活计划很有帮助，但是无法为妇女提供用于长期生产规划决策的相关气候信息。由于缺乏预报霜冻的精准信息，妇女很难采取预防性措施保护作物。村干部也不知晓有关长期气候趋势的气象信息，因此只能依照过往的经验进行决策，而这已经不再可靠。

（2）灾害管理

随着极端天气事件越来越频繁，大部分调查村庄中并没有建立应急方案或语境系统。妇女感觉她们并没有能力应对灾害并避免受到气候事件的影响。目前，农村社区发展规划与村中极端天气事件的增加并不相符，虽然村干部对村中容易受到灾害影响的区域了如指掌，但是其没有能力去解决资金和政策、制度上的问题；妇女也较少参与灾害预警与管理；对妇女、老人和孩童的预警训练没有提到议事日程，尽管农村妇女目前是农村第一线的主要劳力。这些情况表明，我们不仅需要规划，还需要一个灵活且循环的规划体系，以解决社会问题以及与气候变化引起的相关问题。

（3）用水供水系统

在所有的调查村庄中，水资源的利用都是一个大问题，影响妇女的生活质量以及农业的可持续性。在 7 个村庄中，有 5 个村庄属于半干旱气候，水资源一直是一个大问题。不同的村庄之间，水资源的利用、可用度以及基础设施与需求都不尽相同，而现有的基础设施与管理体系明显不足。幕县高家村具有灌溉设施，然而，此设施需要各家轮流使用。梅县的妇女为了给草莓浇水，不断花钱打机井；由于干旱，地下水位下降，机井不得不越打越深。即便是在陕南两个村，虽然一年中大部分时间降水都比较充足，但是水资源的分布依然不均衡。干旱导致地下水资源枯竭，饮用水也开始变得紧张。河川县安康村于 2011 年安装了自来水，然而由于水资源匮乏以及管道系统管理问题，一年中只有 3 个月的时间可以使用。政府每年都对管道系统进行检查，然而由于当地财政的紧张，政府并没有能力去修复管道。由于水资源使用的不足，有些妇女已经在家里建造了蓄水池来收集雨水，以解决生活用水问题。同时，村庄还有一套从邻村调水以补足水需求缺口的非正式系统。如宁县罗家村四组2010年安装了自来水，而另外三个组则使用水窖来收集雨水作为饮用水，当水窖水不足时去四组调水。鉴于水资源越来越紧张，需求越来越大，加之气温升高，蒸发加剧，对水资源的管理显得至关重要。然而，妇女很少参与水资源的管理。水资源的减少导致村民之间的冲突时有发生。因此，必须基于目前与未来的气候特点解决这个问题，以长远应对气候变化。

（4）农业支持系统

政府已经通过农业补贴、保险、建立农村合作社与信用合作社等方式对农业进行扶持。同时，农业部门根据气候变化带来的产业结构调整进行新技术培训等，这些措施通过提供支持服务来缓解气候风险，并且有能力对未来的风险进行充分管理，因此这是有效的政策工具。然而，由于执行机制的不充分，最需要扶持的妇女往往从中受益有限。

由于农业技术部门的人力、财力等限制，适应气候变化的农业技术培训方法和模式不能惠及农村妇女。第一，培训地点不适合农村妇女。因为目前的农业技术培训一般集中在县、乡所在地区，妇女没有条件到场。例如宁县罗家村到镇政府要30多公里，到县政府要60多公里。王家沟一个村从一组到九组的距离就有10多公里，即使在村委会培训妇女也很难参与。除去交通问题（有的村组还没有通公路或组路），还有家里的老人、孩子、家禽、家畜的拖累以及安全问题，都使得农业技术不能到达最需要的农村妇女那里。第二，培训时间不适合农村妇女。农忙时妇女要完成比男村民更多而且是必须完成的工作量，而且劳动的种类也远远多于男性；而农业技术培训最好的时间是生产关键期，如何协调这对矛盾，农业部门还没有更好的策略。第三，培训方法仍然按照过去满堂灌的方式，与男村民的眼神和语言交流多，很少关注女性的接受程度，而农业技术的应用恰恰是未被他们关注的农村妇女群体。很少有农业科技工作者关注女性知识系统与男性的不同点，培训语言中较多地应用专有名词，妇女难以理解，缺乏必要的重复。第四，农业科技推广人员的素质有待提高，知识系统有待提升，以便适应气候变化带来的农业变化。

在农产品销售方面，除了梅县外，其他所有村庄在面向市场时都要面临挑战。主要挑战是道路设施建设不足，合作社没有发挥作用或是没有合作社组织。这些因素影响了农产品的价格以及农民参与定价的能力，减少了农民的家庭收入，在这个环节上，妇女几乎没有发言权，甚至没有发声的机会。在过去几年中，调查中有3个村庄建立了合作社（梅县的合作社在开发市场以及定价方面最为成功），但是合作社由农村中地位突出的少数人操纵，而将妇女和最贫穷的农民排除在外。其他合作社的规模较小，大多没有在官方注册或者并没有建立利益分享机制，一些妇女对合作社不知情。

妇女很难通过农村信用社获得信贷，以对农业进行投资，一些妇女至今仍然依靠不正规的贷款网络进行资金筹措。妇女缺乏满足基本农业需求的备选筹资渠道，这是一个重要的问题。在常县，尽管在村庄内部建立“基金互助合作社”，以简化贷款流程，但其并没有发挥应有的功能。

调查发现，很多妇女都要求农业新技术培训，包括农产品加工、编织、市场营销等。农业技术培训曾在4个村的层面上展开，如河川县安康村组织了果树管理技术培训，而宁县罗家村的技术培训，因有2个组距村委会5公里，所以没有妇女参与。所以，在新技术培训方面缺乏最佳管理实践进行培训的机制。在蓝山县，农技部门对核桃、板栗的种植提供了培训，对象主要是妇女，但她们反映，农技人员讲得太快，没有听明白。

（5）政府对农村妇女适应气候变化能力建设支持系统

在适应气候变化方面的农村妇女能力建设，各级政府还没有切实可行的措施。基层政府和相关部门自己对气候变化问题理解不深不透，没有认识到“气候变化问题归根到底是发展问题”。因此，在笔者每调查一个县后，都为县政府汇报，这实际上是一个气候变化培训。常县、蓝山县、宁县、幕县等县政府在我们汇报完以后，县领导要求笔者为政府相关部门工作人员进行培训。如果政府的基层人员都不十分清楚气候变化问题，就不能更好地帮助农民适应气候变化，也不能制定出有针对性的政策，更难于关注最底层农村妇女适应气候的能力提升。因此，提升基层政府应对气候变化特别是适应气候变化的能力和制定政策的能力应当放在首位。

（6）社区内部对妇女适应气候变化能力建设的支持系统

农民专业合作社、妇女互助组等农村草根组织是农民集体应对气候变化的组织，应对气候变化能力和妇女参与气候管理能力是组织成功运作的基础。但是，这些组织大多数不正规，更没有专门的适应气候变化的能力建设。

农村合作医疗是农村适应气候变化发展的基本需求与社会保障，需要政府进一步投资和职能部门与人员尽职尽责。尽管所有的村庄都已经建立了农村合作医疗系统，但是针对妇科病的诊断、治疗和预防还远不到位，特别是在气候变化多端的今天依然如此。

五　结论与政策建议

（一）结论

陕西省农村妇女适应气候变化的能力因同时发生的经济、社会和政治变革所带来的重大影响而改变。她们已经认识并经历了逐渐升高的气温与多变的天气，并且被动地采取了一些适应措施。但由于农业女性化、农业劳动家务化，气候变化的影响透过家庭间接影响农村妇女，加剧了妇女的脆弱性。然而，气候变化影响因地而异，妇女在风险和适应能力方面的差异使得脆弱性也呈现不同的特点。

当前及未来气候变化将继续加剧农业风险，间接地影响农村妇女的地位。贫穷、健康状况差以及水资源的缺乏与制度的缺乏等复杂、多重因素的共同作用导致了妇女的脆弱性。因此，政府、农村社区与社区组织的能力和支持对于妇女适应气候变化至关重要。这种支持首先要满足最容易受气候变化影响的农户的适应性需求，尤其是那些依赖于农业的家庭以及贫困者和妇女。实际上，气候的脆弱性正在使这些群体目前易受影响的情况不断恶化，让贫困农村妇女本已举步维艰的生活更加困难。

政府缺乏有针对性的干预与规划，适应气候变化的政策很少传达到那些易受影响的群体中。

水资源的使用是所有被调查村庄妇女提的最多的问题。气候灾害应对和管理体系是适应气候变化的重要举措，然而，妇女很少参与水资源的管理决策和灾害管理体系。

要想公平、公正地采取适应气候变化的措施，就需要确定哪些群体最容易受影响，同时需要在开发适应性策略以及分析相关措施的结果时必须具有社会性别敏感性。鉴于农村妇女的气候脆弱性高，而主要适应性政策领域为农业、水资源和灾害管理，适应性策略显然应当更集中于农村社区和农村妇女，同时应认识到对农村妇女的投入是实施有效政策干预所必不可少的措施。

（二）建议

1. 制定性别敏感的适应气候变化的政策

通过评估长期与短期气候风险的叠加过程，将适应气候变化的措施纳入开发、农业、灾害与水资源规划中通盘考虑。对削弱当地男性与女性适应能力的气候风险进行评估；建立可以听取易受影响群体（尤其是老年人与妇女）声音的机制，以对支持农村响应与适应能力的措施进行整体设计。建立具有创新、灵活结构的资金扶持渠道。

2. 降低气候灾害风险

不仅为政府管理部门工作人员、管理者进行气候知识的普及，同时对农村特别是农村妇女进行气候知识培训；根据气象信息与预测，优先发展农村妇女长期与短期适应极端天气事件的能力。扩大社会保障网络，降低气候变化影响程度，包括与农村妇女共同审查现有适应方案以推行作物与牲畜保险等，以提高其效率。根据对社区技能与资源的充分评估，设计政策激励机制，以鼓励妇女采用经过实践检验的良好经验，如抗逆品种的引进、土壤修复、生态农业以及生活多样化等。

3. 水资源的利用、管理和灾害管理

对短期和长期农村家庭与社区水资源利用与可用度进行评估，以制定性别敏感的协调的水资源管理方案，支持妇女参与管理决策。提升并支持妇女灾害管理能力，强化极端缺水社区的适应能力。开发并执行经过验证的管理措施，以提升对水资源的本地管理以及解决用水冲突的能力，例如建立有效的水资源协会并对其行为进行监督与审查等。

4. 发挥农业支持系统的作用

易受气候变化影响的妇女对农业扶持系统有优先使用权。评估本地对信贷、协助以及补贴的需求，以提高适应能力，尤其是妇女与老年人的适应能力。推行有效的妇女参与的农民专业合作社，以减少家庭的风险与费用、增加收入、提高生计的可靠性与投资能力，并将合作社的发展与社区的需求、政府的方向密切结合。农业技术体系支持系统应对妇女需求进行评估与响应。

5. 增强当地凝聚力与妇女的适应能力

对妇女多维度脆弱性进行评估，以设计、执行并评估可以增加生计资产的能力。执行相关政策，以增强当地凝聚力与妇女的适应能力，如提供卫生保健、让妇女参与公共投资决策等。加强留守妇女的社会保障体系建设，为她们职业技能的提升提供便利，以实现谋生手段的多元化。

第七章　种植业中妇女应对干旱、气候变化的适应性*

一　研究背景

云南省是生物多样性与生态脆弱性并存的地区，也是对气候变化敏感的区域之一。从1961年有气象记录以来，云南年平均气温和各季节平均气温均呈不断上升的趋势，其中冬季气温上升最明显。年降水量呈现弱减少趋势。但从季节分布来看，降水量的变化趋势明显不一致。春季和冬季降水量有弱增加趋势，夏季和秋季却有弱减少趋势。而极端气候事件也呈增强和增多的趋势（程建刚等，2010）。研究进一步显示，云南从20世纪90年代后期增温最明显，全省降雨日数逐渐减少，高温干旱事件频率增加。特别是进入21世纪以后，云南降水减少，高温干旱事件有增强、增多趋势（程建刚、解明思，2008）。在全球气候变暖的大背景下，云南的极端温度（包括极端高温和极端低温）事件明显增多。有研究预估，云南未来100年的年平均气温将呈上升趋势，年平均降水将呈减少趋势（程建刚等，2010）。农业与气候的关系非常密切，不论程度如何，气候变化都会给农业尤其是种植业带来影响。云南90%以上属于山地，海拔高度悬殊、地形地貌复杂，雨热同季的气候特点和自然灾害频发，加之经济综合实力较弱，农业生产方式相对落后，使得云南的种植业对气候变化具有较高的敏感性和脆弱性。

由于传统性别分工制度的限制和规则的存在，在回应气候变化带来的影响的过程中，妇女没有像男性一样可以有更多的机会外出打工，以规避气候变化，特别是气候灾害对于农业影响的脆弱性。从农村到城市的人口流动大潮依

* 在调研过程中得到了大理白族自治州农业局、妇联，剑川县政府、农业局、气象局、水务局、妇联，以及甸南镇和金华镇政府的大力支持，特此致谢！

然没有减退，大批农村青壮年外出打工谋生，许多农村的“空心化”日益突出，留在农村的大多是老人、妇女和儿童，其中妇女不仅要承担传统上的生儿育女、照顾家庭的再生产的责任，还要独自承担起农业生产的重任，农业女性化程度日益加深，农村妇女的劳动负担也在加重，气候变化给农村妇女带来的影响甚于男性。但农村妇女绝不仅仅是气候变化的受害者，她们同时也是应对和适应气候变化、更好地满足家庭生计需求的积极能动者。正如联合国秘书长潘基文所说：“我们不能忘记，妇女决不仅仅是气候变化的受害者，她们掌握着适应于当地环境的知识，在食物供给、粮食收割、森林保护方面有丰富的经验。我们应该认识到她们的聪明才智在未来可持续的自然资源管理中能发挥巨大作用，并能使我们走向一个绿色繁荣的未来”（胡玉坤，2010）。

因此，在全球气候变化的背景下，区域性的受影响人群尤其是农村妇女如何在农业种植业中适应气候变化，是一个非常值得研究的问题。本研究展示了妇女在耕作制度调整、变更作物品种、改变耕种时节与灌溉方法等环节积累的经验与知识，以应对和适应气候变化，保证家庭生计能够从种植业中获得更多的收益。对妇女在种植业方面的适应和改变，所获得的来自政府、社区、妇女之间的资源、能力和知识方面的支持以及她们所受到的限制方面的展示与分析，并进行深入研究，归纳和总结妇女在种植业中应对和适应气候变化的方式、方法以及她们面临的障碍，在此基础上提出如何增强外在的支持和资源，保障妇女权利、满足妇女需求、充分发挥妇女的知识和经验，以提高妇女参与可持续发展和适应气候变化的能力。

二 研究方法

（一）研究方法与地点的选择

研究主要采取定性研究的方法，在农耕历史比较长的大理白族自治州剑川县选择 2 个乡的 2 个村庄作为研究地点，运用参与式的农村评估（PRA）方法与工具，结合个人深度访谈、分男女组的焦点小组访谈和村干部小组访谈，并分别与县、乡两级政府相关部门座谈，以及结合二手资料收集等方法来开展本研究。调研过程中研究人员运用了社区图、大事记、部门关系图、季节历等参与式工具辅助焦点和小组集体访谈获得信息；分别在两个村庄访问了 40 多名妇女，10 多名男性（包括村干部），以及相关政府部门的官员 15 人左右；同时收集了政府相关部门的有关文件、资料，以及相关领域的学术论文、新闻报道等。

调研村庄的选择标准主要考虑以下几个方面：

（1）传统农业在村庄的生计中占主要比重，种植业为农户主要生计之一，其收入应占农户收入的一半以上；

（2）近5年来有明显的气候变化特征，包括干旱、升温等，或发生过相对严重的气象灾害；

（3）是当地主体民族——白族聚居的村庄；

（4）至少一个村有传统作物品种；

（5）山区村和坝区村各1个，以便进行对比分析。

经过调研小组与大理白族自治州和剑川县农业、气象和水利部门的访谈，综合各部门的建议，选择了剑川县甸南镇剑湖边的X村和金华镇东山上的L村作为案例研究村庄。前者是典型的坝区农业，后者是山区农业的代表区域。

（二）研究的问题及其主要内容

气候变化对社区农作物产生影响，例如农产品的减产或绝收、病虫害、种植结构的改变等。而在种植业中男女有不同的角色使得气候变化对妇女和男性的影响存在明显的差异，研究需要揭示气候变化对妇女生计安全的脆弱性是哪些（资源缺失、决定权、资金缺乏、劳动强度增加、粮食安全和营养缺乏、传统农业知识/经验失效）？而妇女在应对气候变化过程中的具体实践、应对的方法和能动性表现在哪些方面？还存在哪些限制因素（资源、知识、信息、决策权等）？

为了回答这些问题，研究的主要内容包括与村民共同确认村庄气候变化的主要类型特征以及村民，特别是妇女对气候变化的认识；了解气候变化对村庄传统农耕体系的影响，包括在作物品种、结构、节令、方法、劳动力投入、产量、收入、灌溉方法等方面带来的变化；了解气候变化对家庭生计和传统知识的影响；在农户和社区层面村民尤其是妇女应对气候变化的方法和策略，以及从资源、信息、技术、知识等方面分析来自社区外部的支持等。

三　研究地点基本情况

剑川县位于滇西北横断山中段、三江并流自然保护区南端。东邻鹤庆，南接洱源，西接兰坪、云龙，北靠丽江，在东经99°33′~100°33′和北纬26°12′~26°47′之间，是大理白族自治州的北大门。全县面积2250平方公里，其中山地面积占87.78%，县城所在地海拔2200米，年平均气温12.3℃，辖5镇3乡，人口大约17万，居住着白、汉、彝、傈僳、回、纳西、普米等16个世居民族，少数民族人口占总人口的94.47%，其中白族人口占总人口的88.12%，是全国白族人口比例最高的县。

距今可考的考古和历史研究资料显示，早在4000多年前的新石器时代，白族先民就生活在苍洱之间，在河畔湖滨的台地上创造了世界上早期的稻作文明。在剑川“海门口”发掘的铜石并用的考古文化遗址上发现的碳化谷物，表明在剑川已有3000多年的水稻种植历史（杨聪、何润，1986；李福军，2004）。南诏时期的水稻梯田法和稻麦复种制被认为是中国最早记载（朱霞、李晓岑，2000）。剑川的甸南镇是海门口文化遗址发掘地之一，金华镇与甸南坝子连成一片，是剑川最大的坝子，也是传统稻作农业区和剑川的鱼米之乡。

此次研究分别以甸南镇的狮河村委会X村和金华镇青坪村委会L村作为案例研究的地点，两个村子分别代表剑川县不同自然条件下的农耕状态。

X村位于甸南镇坝区南端，距村委会1公里，离镇2公里，距县城12公里。村庄面积0.91平方公里，海拔2200米，年平均气温12.3℃，年均降水量827.10mm，适宜种植水稻等农作物。X村在狮河村委会的3个自然村中位于最南端，因处在穿村而过的石狮子河的南岸而得名。全村有耕地960亩，其中水田744亩、旱地186亩（另有30亩耕地修水渠占用及其他建设征用了），人均耕地1.70亩；有林地435.00亩，其中经济林果地280亩，人均经济林果地0.57亩，主要种植核桃、李子等经济林果。X村辖2个村民小组，有农户128户，总人口560余人，其中农业人口512人，劳动力360人。

X村所在地狮河是剑川的木雕名村，传统木雕是当地村民主要的收入来源，全村从事木雕的老板和私营企业有十五六家，年产值在50万~100万元不等，而年产值在10万元左右的家庭作坊有几百户，80%集中于另外两个村民小组。甸南镇建有木雕协会，有会员259户，会员主要以另外两个小组的村民为主，X村有20户左右家庭作坊。

与其他两个村小组所不同的是，X村虽然多数家庭的男性都做木雕，但木雕生意多是由木雕工业园区的老板所分包，而且从事机械化雕琢的户数少，且规模小，从收入构成上看，农业种植尤其是烤烟种植收入依然是X村民，尤其是妇女的主要生活和收入来源。从家庭经济的构成来说，X村有近半数农户的烤烟收入占到其家庭总收入的50%，最多则达到80%；稻谷的种植多是为了满足家庭内部生活所需，很少出售；玉米由于品种的改变，现在种植户都已基本不再自食，而是用于喂猪或鸡；种植烤烟的家庭也多种烟后蔬菜，主要种类有豌豆、青豆、青花、白菜和萝卜等。2014年春蒜成为村民的主要收入之一，尽管种植面积小，户均种植只有0.2亩左右，但由于春蒜的收购价格高，因此种春蒜的纯收入可以达到1.4万~1.5万元/亩。在10年前，养殖业（猪、牛、鹅和鸡）是X村的另一项主要收入，但近年来，村民们养殖牲畜和家禽的数量都减少了，除了满足家庭日常生活的需要外，耕牛也被拖拉机和摩托车替代，养殖业对家庭经济的贡献较以前大为减少。如果按收入的多少排序，X村村民的收入依次为烤烟、水稻、玉米、春蒜和其他蔬菜，对于少数小老板和家庭作坊来说，木雕也是一项主要的收入。

X村是典型的坝区农业，村里有狮子河横穿而过，加上甸南镇最大的玉华水库，该村历来是一个水源丰沛的村庄，坝区农业所需的水利设施都较完备，是典型的坝区发达农业区域。

村中男性是从事木雕的主要群体，加上外出打工的年轻人，村中农业劳力的主体基本是妇女和老人，在家庭种植业的管理和规划上，大部分家庭是妇女在掌管，在村中农业生产和发展的重大事情方面，妇女也越来越发挥着重要的作用。目前，村里的村民小组长就是一位能干的妇女，她带领本村的女性，积极参与村里的发展，维护村民利益，向乡、县政府反映村民和村庄发展的诉求，极大地体现了女性的能动性。

与X村不同，L村位于金华镇东边的东山上，与鹤庆相邻。村委会距县城16公里，海拔2580米，村委会下辖3个自然村，有3个村民小组，共计240户，1114人，劳动力620人，其中女性315人。全村面积38.69平方公里，海拔2700米，年平均气温11.5℃，年降水量750mm，当地适合种植马铃薯、玉米等农作物。全村耕地面积1705亩（其中水田40亩，旱地1665亩），人均耕地1.2亩；粮食作物播种面积3964亩，蔬菜面积55亩、烤烟650亩、玉米2000亩、土豆2000亩以上；药材（白芨、重楼、独定子）50亩，玛卡400多亩。该村属于贫困村，农民收入主要以种、养殖业为主，主要种植玉米、土豆等作物。全村拥有林地28565.5亩，水面面积227.7亩，其他面积27540.6亩。笔者所调研的L村有100户，共437人，其中女性190人。L村是一个典型的山区农业区域，而且自古以来依靠降雨来维持农业，加上东山的地貌属于亚喀斯特地形，土壤保水能力较差，所以L村长期处于缺水状态，一直是在抗旱中发展农业。全村有40人左右外出打工，多数是两夫妻一起出去，年龄多在20~30岁，主要去北京、天津做工程、盖房子，或是到浙江的工厂里做工，村里年轻人初、高中毕业后大多不在家，全村读高中的仅有4个，读大学的7个。

四　研究的主要发现

（一）气候变化的基本特征

政府和村民都明显感受到气候变化的特征：冬季气温升高、各季降雨量减少，尤其是春夏。近年来春夏干旱越来越严重，特别是2015年，是近50年最为干旱的一年。

剑川气象局提供的近10年气象资料表明，近10年，剑川气温偏高，平均气温为13.0℃，较近30年常年12.5℃偏高0.5℃，特别是4～5月偏高1.5～2.0℃。而10年来的平均降水量为705.0mm，较历年平均值偏少39.0mm，偏少幅度为5%。降水主要集中在汛期（5～10月），冬春季降水量少，5月中旬至6月上旬出现2～3次持续时间较长的高温晴热天气，土壤快速失墒，旱情发展迅速，使得春旱、初夏旱较重。而主汛期6～8月降水量较正常期略少。2008年至今已经连续7年干旱，特别是2015年直到7月5日才开始有降水，比正常年整整晚了一个半月。

两个村的村民虽然没有用数字来表达气候变化的信息，但是从他们切身的经验当中也能感受到当地天气的显著变化。

X村的村民们说：

一年比一年干旱严重，今年最严重，50年不遇。（狮河村委会座谈）

最干旱的2～3月（农历），剑湖水位降了1～1.5米。（狮河村委会座谈）

（天气）转暖了很多，干旱的时间多了，特别是今年。冬天暖和了，夏天更热。（QSD，64岁）

下雨时间少，以前清明前后就下雨，现在不会了（今年6月才开始下雨，去年夏至左右）。（QQT，64岁）

过去是7～8月雨季，现在雨季少了。（QST，53岁）

以前冬天结冰很厚，白天还有，还有冰柱，可能有-10℃左右，现在晚上会结冰，早上就没有了。（DZP，48岁）

夏天比过去热。以前夏天不用穿外衣，现在常常流汗，不盖被子都觉得热。去年夏至才来雨，这几年雨量少，从20世纪80年代开始降雨就开

始来得迟了，一年比一年迟，特别是1983年以后，来雨后下得不多。今年来得迟，下的时间长。（WJZ，53岁）

在和甸南镇政府干部座谈时，他们提供了当地气候变化的数据：

从降雨量来看，往年827mm，近5年显著减少，去年降雨量不足500mm，今年目前329mm（8月），比往年同期偏少113.7mm，预测今年很难超过450mm。干旱已经变成一个常态。

上个世纪末，五月中下旬来雨，2000年以后六月中旬来雨，今年七月才来。

L村的村民说：

雨季往后推了个把月。2006年和今年最旱，2006年火把节之后才下雨。今年更严重……（L，43岁）

今年（2015年）8月份就不下雨，吃水都成问题……（H，50岁）

干旱太严重了，雨水少，导致没有地下水，人畜饮水都有问题，雨水少已经四五年了，影响水源，自来水也不能用了。（G，54岁）

气温也升高了，一年比一年高，不结冰了。（G，54岁）

今年（2015年）特别旱，前几年也旱，但没有今年严重。气温升高，一年比一年热一点。（H，56岁）

春、夏季的干旱和全年的气温升高，是明显的气候变化特征，而且持续的干旱和越来越缺水，成为影响当地种植业最重要的气候因素。两个村子所处的自然地理环境不同，气候变化的影响就不一样。对于X村来讲，由于当地水资源较丰富，所以只是表现在对于农业灌溉用水方面的影响。而L村是在缺水的山区，则明显感受到人畜饮水的困难。

（二）农业可以利用的水资源明显减少

在连年干旱的影响下，最为明显的是种植业可以利用的水资源在减少，降水量的减少直接导致剑川县整体水资源的数量和储量下降。全县每年应该有

3000 万立方米的蓄水量，但是现在每年只能蓄水 2500 万立方米，而 2014 年，只能蓄水 1042 万立方米。按照县水务局的说法，即使 3000 万立方米能够蓄满，也无法满足日益增多的用水量，各个乡镇建立的水量观测点近 5 年的数值均未达到 30 年的平均量。

在甸南镇调研时，镇水管站的同志介绍，甸南镇主要依靠玉华水库进行农业灌溉，玉华水库是 20 世纪五六十年代开建，属于小一型水库。其一天可蓄水 3 万立方米左右，一月可达 100 万立方米，一年可蓄水 1200 万立方米。该水库是复式蓄水，一年可累计蓄水 1500 万立方米。当时设计是解决金华和甸南两个乡镇的用水，灌溉 20000 亩农田，全部农田灌溉一次需要 30000 立方米的水量，可以看出水库的蓄水量和农田灌溉需要的用水量之间有很大的缺口。同时，玉华水库还要供应甸南镇饮用水，供水 5000 ~ 7000 立方米。

金华镇水管站的同志也谈到目前境内几个水库的蓄水加上格美江的水，只能满足坝区 20000 亩耕地的灌溉，而东山的青坪村和庆华村就只能依靠水窖，雨季蓄水，没有摆脱靠天吃饭的状况。

县水务局的同志也提到，目前农业灌溉的沟渠修建在坝区已经差不多了，但主要的问题是水源明显不足。而山区的大部分农民依然是靠天吃饭，全县依然还有 6 万人需要解决人畜饮水的安全问题。

在笔者调研的两个村庄，从水源上看，情况迥异。X 村由于濒临剑湖，狮子河从东向西横贯全村，以往的水利资源比较丰富，沟渠密布，农业用水不缺。但是自从 2002 年修了玉华水库的东大沟，将东山上的水源径流接入玉华水库，加之连年干旱，剑川县西片区人畜饮水困难，政府在石狮子河的水源处修了两个管道，一条是通往西片区的自来水管网线，另一条就是将水引入玉华水库的管网，由此 X 村村民家中的水井多变干枯。水源引走了，水井里的水只有雨季才有，灌溉就成了一个大问题。可以说，X 村农业用水的缺乏是气候干旱加上饮水工程实施的共同结果。

而 L 村位于亚喀斯特地形的东山腹地，一直非常缺水，长期靠天吃饭的农业受制于水源的严重不足，20 世纪 50 年代、90 年代和 2010 年，先后 3 次较大的引水工程，分别从离村数公里以外的山中水源引水，至今依然只能依靠每日 15 ~ 25 立方米的蓄水解决全村人畜饮水问题，而农业则靠从 1997 年以来建的水窖蓄水灌溉，依然只能够解决大春种植时所需要的灌溉水。这几年的持续干旱，进一步加大了 L 村的人畜饮水和农业灌溉的困难，全村目前有 800 多口水窖，每家有 8 ~ 9 口水窖，维持大春抗旱和早期的人畜饮水。在干旱严重时，农民还要到15公里以外的坝区去拉水，以解决人畜饮水的困难。

（三）干旱对种植业的影响

1. 白族传统农耕

白族先民农业经营的悠久历史，可以追溯到新石器时代（《白族简史》编写组，1988）。在剑川海门口发现的金石并用文化遗迹，提供了当时农业、渔猎和畜牧结合的生产状况（云南省博物馆，1958）。在南诏时期，白族先民就懂得根据节令种植不同的作物，以提高土地利用率。当时种植的农作物就有水稻、麻、豆、黍、稷、大麦、小麦等品种。在长期的农业生产实践中，白族先民积累了丰富的有关选种、施肥和田间管理等农耕经验。（《白族简史》编写组，1988）。在民国时期，绝大部分白族地区的农业生产已经实现精耕细作，能够准确依据节令安排农作，普遍使用厩肥、绿肥，并重视选种和换种，以防种子的退化和减产（云南省地方志编委会，2002）。

剑川的耕作制度中最为明显的就是实行大小春两季，小春主要种植小麦、蚕豆、大麦、青稞、豌豆、油菜等越冬作物，从农历九月开始陆续播种，到第二年农历四五月间立夏至小满节令收获。大春主要种植水稻、玉米、黄豆、荞麦、芸豆等。水稻一般从惊蛰节令起到清明节令陆续播种，秧苗在秧田里蹲苗50～70天，然后移栽，蹲苗超过80天会变成“老秧”，俗有“四月栽秧秧如宝，五月栽秧秧如草”的说法。小满节令开秧门，夏至节令关秧门，而芒种节令是最佳的栽插季节，故民间有“芒种忙种忙忙种”、“芒种栽秧，稻谷满仓”的农谚。稻谷从撒播到收割，生长期大约220天（剑川县民族宗教事务局，2003）。笔者调研的两个村，在5年前都还普遍实行大小春两季种植的制度。

白族非常重视选种和对于优良品种的培育，有“施一回肥不如换一回种”、“种好粮满仓，种赖一包糠”、“人看从小，稻看籽种”等有关选种的农谚。换种子有加一或加二的习俗，即向别人家兑换良种时，每斗要多付一升或二升（剑川县民族宗教事务局，2013）。这足以看出老百姓对于品种的重视。

2. 复种耕作制度的改变和间套种的减少。

然而，由于连年的干旱，两个村庄中的耕作制度有了明显的改变。原来典型的大小春两季复种制度逐步减少，为了保证大春作物栽种的用水，无论X村还是L村，小春的播种面积都大大减少。L村原来有多样的小春作物，如青稞、燕麦、大麦、小麦、豌豆和芡实等，但是现在基本都不种了。而X村过去每户每年大麦和小麦收入为5000～6000元，现在已经没有了。金华镇为保证大春栽插时的用水，已有五六年在小春季节水库不放水了。

另外，过去为了提高产量，节约土地，广泛地实施玉米套种小麦，玉米行距 80cm，中间套种小麦，因为没有水，要将水库的水保证大春作物，特别是烤烟，所以玉米套种小麦也基本消失了。

3. 水改旱明显

金华和甸南二镇的坝区，一直是剑川的鱼米之乡，也是剑川水田最大的区域。然而近年来的持续干旱，使得坝区的水稻种植面积持续减小，水田改旱地的种植方式较为普遍。甸南镇坝区的 19000 亩水田，目前种植的不到 10000 亩，像朱柳村和龙门村，过去在水稻制种方面非常好，但是由于处于玉华水库的水尾处，现在都没有办法灌溉用水，朱柳村目前已经将水稻田改成种植苹果和蔬菜了。而甸南镇目前的水改旱面积扩大，大约种植了 12000 亩的烤烟，并进一步在水田里发展玉米制种。X 村干部估计，与过去相比，水稻插秧的面积已经不足过去的 1/10，大多改种烤烟和玉米。

4. 传统种植作物种植业多样性减少，作物产量降低

由于小春基本不种了，所以当地种植业的品种在减少，传统的小春品种——大麦、小麦、青稞、燕麦和荞麦，以及各类多样的豆类已经很少种植，原来的旱谷也已绝迹。

连年的旱情，致使主要的大春作物的产量急剧下降，按照金华镇农科站工作人员的估计，今年水稻减产严重，达到 50%，玉米减产坝区达 50%，山区达 80%，山区的土豆减产 40% ~50%。X 村民估计水稻减产 1/3 ~1/2，玉米减产 1/3 左右。L 村的白芸豆和玉米普遍减产 70% 左右，有的家庭白芸豆几乎绝产，而土豆损失大约在 2/3。

5. 为抗旱，家庭的劳力和经济投入增加，而收入下降

由于近几年的干旱，两个村的家庭为了抗旱都增加了不少劳力。而两个村子劳力投入方向不同，L 村的村民主要是为人畜饮水而忙，而 X 村则是为大春的农业抗旱而累。

L 村已经连续四五年在春夏缺水的时候，家里的自来水都断了，全村统一要到村中的大水池挑水。挑水的劳动通常由家中的妇女承担，从家里到取水点有 5 ~10 分钟的路程，有的时候全村为了取水得排队数小时，有时要在早上三四点就起床去排队。在水最缺的时候，村里的人畜饮水全部中断，要到十几公里外的水骷髅或者清水江去用拖拉机拉水，每 2 ~3 天拉一次，在水骷髅拉水时，还需要付抽水费 10 元，到清水江则需要付 20 元的拉水费。一位妇女说："今年到东山脚拉水回来 4 ~5 车，油价 40 ~50 元，抽水 10 元。"（L，38 岁）

村民描述缺水时去挑水的情景：

……排队取水，在中间大水池，妇女去取水，每天排2~3挑，从早排到晚，从去年到今年，……不睡觉就去排水，一样劳动都不做，一家有一个人就去排队取水。（X，43岁）

一年都在拉水，从去年拉水到现在。早上排队一个多小时，有时人多，有时人少，一次拉4桶，一天至少一次，家里人多牛多。今年断水2~3次，每次4~5天，要到东边10公里左右的地方拉水，是山泉水。（L，36岁）

在X村，由于没有提水灌溉的设施，再加上干旱的影响，浇地泡田成了该村村民的一项附加劳动。在正常年份，雨水在农历四月就来，这时正值种水田和烤烟的季节，但在2015年雨水在农历七月才来。虽然玉华水库在五月初和六月中旬连续两次放水，但远远不能满足X村农田灌溉的需求。

村民说：

以前有雨水就不用挑水，但这3年（2012~2015年）中要挑水，10~20天要挑水，一般是老公挑水，老婆浇水，浇水主要是浇烟草，水稻不用。玉米一年要挑1~2次水。这5年来收入一年比一年少，但劳动强度增加了很多。（Y，56岁）

……今年雨季推后，造成了影响，田里没有水，种烤烟从三月份开始，天干，但水库不放水，就到山上去引，是石狮子的源头，西边引水还剩了一些。今年太旱，我就用水桶在家里接水，由女婿用三轮拉到地里我们再浇烤烟。今年我们拉水的时间持续有一个月左右，我和我姑娘负责浇，但每次浇不了很大一块，就今天浇一片，明天浇一片，今年栽了6亩……（L，49岁）

这几年干旱，就用抽水机抽水浇地泡田，借抽水机就是要出点油钱。我们或者到有水的地方去挑水，挑水的是男主人，今年我们家就挑了一个多月，女主人主要负责浇水。去年我们栽秧季节也挑了4~5天水，抽水是到下面田里抽水。干旱劳动肯定是要多付出，男主人要付出得多，挑水的地方是在水沟里，有时要走10多米，有时要走100多米。（C，52岁）

2015年是有生以来遇到的最干旱的时候。气温升高，太阳辣，天天晴，以前也会不下雨，但时间没有那么长，今年长时间不下雨，从去年九月、十月开始就不下，五月、六月还不下，往年四月就下了。今年栽烟、栽秧把水库里的水都放完了，地里天天出去挖田，泡水，太辛苦了。一个月要泡好几次（一个星期要去2～3天），烤烟从三月种下去开始就这样。（Z，48岁）

挑水时一般男性会参与分担劳动，但田间管理在X村基本上都是女人的活，妇女在田间的泡水、施肥、除草等环节上投入了更多的体力和精力。因此，应该说，干旱缺水给男女村民都增加了劳动量，男性在挑水、拉水上付出的体力更多，但妇女的劳动时间更长，劳动负担也更加沉重。

小春种植的中断，直接导致了这部分收入的消失。按照村干部的说法，“以前小春作物（大麦、小麦）收入五六千元，或养猪、养鸡卖一年几万元，现在已经没有了”。另外，不少农户在农忙时都会请工，缺水使得请工数量增加，且工价也不断上涨，导致农户种植业的投入增加，收入实际在降低。“以前一个工做得了，现在要三个，雨水好就不用泡田，工价一年比一年涨，去年60元/天，今年70元/天。”“收入5年来一年比一年少，但劳动强度增加。现在请工100元/天，有手艺的200元/天，现在请工多。”

（四）妇女是种植业的主要生产者

无论在X村还是在L村，妇女都是主要生产者。在X村与妇女小组共同完成的季节历中可以看出男性和女性均参与农事活动，但是分工明显不同。男性除了在整地、挖水（疏挖水渠，引水灌溉）中占据主动外，主要的农事活动均由妇女承担，如种植烤烟、水稻、玉米、蔬菜、春蒜等，只有在栽种和收获时男性一起与妇女共担劳动，平时诸如育种、栽种、除草、打药、积肥、浇水、理熵等，均以妇女为主。X村的农业依然是水养农业，靠天吃饭，农耕活动多与天气密切有关，很多的农事活动如育种、栽种、耕作、除草等均和天气有很大关联，加上青壮年男性外出打工者较多，从这个意义上讲，妇女是气候变化最重要的感知者，也是气候变化灾害的脆弱群体之一。她们要应对由于旱灾带来的劳动力投入增加、家庭种植业收入减少等问题，并且照顾在家的老人和孩子，以及因病不能外出打工的丈夫。

在L村的小组访谈中，参与者们还表示“女人除了不做木工、水泥工、犁地，男人不做家务，其他事情男女都可以做”；“地里面的事主要我做，煮饭、洗衣服也是我，老公就算在家也不做家务，最多放放牛”（L，65岁）；

“女人样样都要做，一年只有10多天可以闲”（W，65岁）。虽然调研显示L村在农业劳动方面的性别分工并不明显，但是从个体访谈中我们得知，由于超过一半家庭的男性常常在附近打工，因此事实上在许多需要男性参与劳动的时刻他们并不在家，而女性仍然是农业和家务劳动的主要承担者。

在家庭决策方面，几乎所有受访者都表示在农业方面自己可以说了算，但“大事”（孩子读书、盖房子等）还是要“互相商量”。“哪个干农活，种地的事哪个说了算”（X，36岁）；“农业方面我说了算，盖房子老公说了算”（Y，37岁）；……从表面上看，妇女好像拥有了很大一部分家庭决策权，但事实上，妇女之所以拥有农业生产方面的决策权，一方面可以理解为她们在家庭和社区中都是公认的农业生产承担者，因此对农业生产方面的事务更为熟悉，更有发言权；另一方面也可以理解为由于农业生产并不能为家庭带来现金收益，对家庭的经济贡献相对于外出打工也是较低一等的，因此也被认为是“不重要”的，不需要“一家之主”操心的。从这个意义上说，即使男性目前已经渐渐从家庭农业生产领域中“退出”，但伴随着已经不能给家庭带来“自足”的农业生产本身的“衰落”，女性在农业生产中付出的艰辛劳动，与她在家庭中的地位仍是不成正比的。

由于妇女在农业生产中的重要作用，因此她们也是气候变化应对的主体力量，无论在家庭取水抗旱，还是在农业灾害的紧急应对方面，她们都发挥着重要的作用。下面我们会集中阐述妇女在应对气候变化中承担的角色以及应对气候变化目前所采取的方法和策略。

五　气候变化的应对

（一）农户/妇女对于气候变化的应对方法

1. 短期的应对方法：想法找水和取水以抗旱保产和满足人畜饮水

在气候变化引起干旱频发的这几年，农户普遍采取的策略是短期应急性的，这些方法更多的表现是在短期内抗旱、保苗，减少干旱对于农业生产造成的直接损失，以及在极端缺水时的人畜饮水困难的解决。

在X村，最为直接的应对方法就是在非常干旱的春夏，全村出动配合水库放水，将水及时引入田里种植玉米、水稻和烤烟，只要水库放水，村民就放下其他事情去疏通田埂，将水引到自家田里。在水库没有放水时，村民到附近的水沟、狮子河、剑湖或自己家里挑水、拉水去浇特别干旱的作物。有的农户自己买或借别人的小型抽水机给烤烟浇水，如农妇们说：

> 这几年干旱，就用抽水机抽，借的，要出点油钱，或到有水的地方去挑水。今年干旱借抽水机10多回，油钱20~30元/回，抽水机主要是儿子借。挑水是男人，挑了一个多月，女人主要负责浇水。去年也挑了4~5天，抽水是到下面田里抽水。（CH，52岁）

> 用水桶在家里接水，用三轮拉到地里浇烤烟，今年才像这样做，有一个月左右，今天浇一片，明天浇一片。（L，69岁）

“全村七八家用抽水机。狮子河水太小，只能上面几家用，我们用抽水机抽下面沟里的，要堵一下才抽。今年第一次抽，怕旁边家连夜去挖水了之后把田种上，拖拉机就进不去了，所以先抽水。”（Q，47岁）这样的应对措施很显然是以家庭为单位的，“浇玉米和烤烟的水用车拉回来，没有车的就干死了，都是各家各户自己去”，真正是“八仙过海，各显神通”。

与X村相反，L村的干旱更为缺乏的是人畜饮水。在干旱时村民要花费很大精力去挑水、找水以满足短缺的人畜饮水，在水窖的水和本村水池蓄水没有办法满足饮用水时，到外村拉水成为大部分家庭的选择。

2. 妇女及时在枯死的烟田中补种豆类，尽可能弥补损失

在X村，村民虽然想方设法挑水、拉水来给烟苗浇水，但仍然无法满足烟苗正常生长所需的水分，会有一些烟苗枯死，不同家庭中少的有100多株（1分地左右），多的达1亩多。一部分烟苗枯死后，村民在雨季来临后就在枯死的烟苗处补种黄豆或四季豆等豆类。“雨季考虑种点四季豆，产量少，但也可以补充点。去年就种了四季豆，可以做饲料，可以吃，旱死的烟地就种四季豆，去年种了0.7~0.8亩，夏至种烟来不及，就种四季豆。”（LYJ，2015）补种豆类的活也基本是妇女在承担，妇女在长期的农业劳动中积累了一整套农业种植的知识，包括各种作物的特征、耕种节令、生长周期等，这些知识赋予了她们在面临因气候变化带来的农作物减产时的应对方法，尽可能减少气候变化带来的农业损失。

3. 调整种植结构，改变种植品种

从长远出发，调整种植结构，种植更加耐旱的品种无疑是应对气候变化重要的方向。目前，以X村为代表的坝区，普遍的方法是将过去大量种植水稻的水田，改种旱作，增加烤烟和玉米的种植面积，减少水稻种植的面积。另外，增加冬闲田也是一个被迫的方法，过去常种的小麦、大麦、蚕豆和豌豆的

种植面积越来越少，在有的家庭中已经不种了。为保证大春时农田的用水，冬天水库也不再放水了。同时，农户增加反季蔬菜，如春蒜等，有的农户开始尝试种植中药材。

在L村，燕麦、小麦、大麦、豌豆、蚕豆等目前几乎不种了，现在更多改种土豆、白芸豆、烤烟、油菜，近3年开始种玛卡和中药材。而随着旱情不断加重，近5年，白芸豆的种植面积也在下降。

4. 改变种植方式：套种改地膜玉米、烟后菜、灌溉方式改良，目的都是节水和保水

除了改变种植品种外，改变种植方式，也是种植业应对气候变化带来的干旱的方法，主要包括以下几种方式。

（1）玉米与大麦套种改为单独种植地膜玉米。通过地膜的使用，更加保水、保肥，提高产量。同时提前一个月左右栽种，将生长期缩短一个月。在两个村都比较广泛地使用地膜种植玉米。

（2）种植烟后菜。在X村，这几年推广在烤烟成熟的中后期，在烤烟株行之间种植西兰花等蔬菜，当地叫“烟后菜”，这是为了充分利用烤烟地里的水、肥。西兰花等蔬菜是农科站推广的烟菜配套项目，即利用烤烟生长后期、下层烟叶采摘后的雨季，在烤烟下面栽种蔬菜。X村的烟后菜主要包括西兰花、豌豆、萝卜、包心菜等。烟后菜的种植可以充分利用八九月份的雨水，起到增收的效果，据甸南镇农科站统计，2014年烟后菜平均亩产值为2600元。

（3）改良灌溉方式。对于像X村这样传统上不缺水的坝区，水利条件较好，传统的灌溉方式是大田漫灌，只要有水，挖开田埂放水就泡在田里，这样的灌溉方式是比较费水的。在水利资源丰富的时候，没有问题。但是随着气候干旱持续，水资源日益缺乏，一些村民已经看到用这样的方法灌溉的问题。所以开始采取山地缺水地方浇地的办法，只要浇湿，然后将土堆在每株烟或玉米苗下，既节约用水，也能够保水。

X村还有10多户农户的玉米地使用了埋管的灌溉技术，这样既提高了水的利用率，也保证了作物的生长。而他们使用该技术的起因是“玉米地在收费站那边，走路要1个小时，前几年建高速公路，我们10多家去和项目部协商，他们给了我们一点钱，双方各出点钱，我家出了300多元，埋了皮管（黑色橡胶管），从南边老路下面的洞里有一股碗口粗的水，从那里接水过来，皮管有接口，打开接口就可以浇水了”。

5. 传统手工业和外出打工成为农户应对气候变化的重要生计补充

严重的干旱之所以没有将两个村村民的生计彻底摧垮，是因为村民可以依赖非农收入作为家庭生计的重要补充。X 村木雕历史久远，唐代天宝年间就有木匠艺人从事房屋装修和木器制作，村民掌握了一手木雕绝活。20 世纪 80 年代，在改革开放大潮的推动下，村中 70% 以上农户都从事木雕格子门、木雕家具制作，全村木雕工艺产业渐成规模。90 年代，村中形成营销专业户，使木雕产业得到迅猛发展，产品不仅畅销省内外，还行销美国、日本、比利时、澳大利亚等地，成了远近闻名的木雕专业村。木雕产业成为全村最主要的经济收入来源。[①] X 村虽然与周边各村相比是木雕收益较小的村子，只是因为他们村中从事木雕的老板比其他村子少，更多的家庭依然依赖农业作为主要的生计，但是每个家庭也有劳力在从事木雕手工业，这成为 X 村村民生计的重要来源之一。

在笔者访谈的 X 村 20 位农妇中，绝大部分家庭都有人在外打工或者在本地做木雕，非农收入占家庭收入的 1/3 ~ 4/5，是干旱时期农业收入下降后家庭收入的重要补充。在山区的 L 村，据村里不完全统计，有 40 多人外出打工，大多是青壮年，有的是年轻夫妻共同出去。在笔者调查的 31 户村民中，除了 5 户没有人外出打工外，其余 26 户家里均有人外出打工或在本地做非农产业，其中有 6 户是在本地做与农业有关的生意（如玛卡、其他中药材或农产品收购或者本地的建筑、运输业等）。外出打工者或者去北京、天津做工程和建筑工人，或者在浙江等地进工厂做工。这些非农收入成为家里在干旱损失严重时的重要补充。

6. 妇女在应对气候变化中的能动性：自发组织起来向各级政府表达利益诉求

对于以农业种植业为重要生计的 X 村来说，干旱缺水对绝大多数农户尤其是妇女带来了严重的影响，X 村的妇女自发地组织起来，多次上访，反映她们的诉求。2012 年政府把石狮子河的水源引向西片区和玉华水库导致 X 村水源枯竭，无法种小春，妇女（也包括少数男性）在向村委会多次反映无果后，就到镇政府、县政府、县水务局上访，要求给予 X 村小春补贴。村民说当时“引水只有村委会和县里面商量，我们不知道，（上访）去了 100 多户，男女

---

① 《大理旅游：剑川木雕村——狮河村》，http://www.dalitravel.gov.cn/news/60101.htm，最后访问日期：2015 年 9 月 14 日。

都有，女的占80%，男的要在家雕花，女的做完家里的事情即可以去，没有水，女的更着急，因为她们种田，男的也是支持的，没去的只有10户，去过镇政府、县政府、县水利局，如果不引水的话我们每天都可以浇田”。“2012年镇长承诺给放水，后来真的放了，承诺放7天，放了4天东大沟就裂了，就没放了。”然而，妇女对小春补贴的诉求并未得到满足。

由于水源被引走，X村的农作物耕种和灌溉都要靠玉华水库放水，而2015年的旱情又特别严重，X村的妇女再次去镇政府、县水务局反映，要求放水。农妇CYD当时就是其中的一员，她说：“我和村里人已经去过两次，今年农历三月去乡政府，栽秧过后去县水利局，要求放水。当时有一男一女在操场上说，不消叫了，我们会放水的，隔了两天就放水了，今年放了五六次水种大春。”

从调查中得知，X村打算利用几片土质很好的田，“把全村的春蒜都种在那里，希望水库一个月放三次水”。为此，一些妇女已经于6月份就开始相互邀约着准备在农忙结束后，到镇政府提出一个月放三次水给她们种春蒜的请求。她们说：“村里110多户都约了说等农忙过了以后要去镇政府要求水库一个月放一次水，是6月份商量的，每家都会去，是社员自己约的，就是在田里互相说一下，都是女性。因为今年干旱特别厉害，有困难，找政府。如果政府不同意，就不种春蒜了。”

基于对水的需要和对于自己所生活的社区水资源的关心，作为农业劳动主要承担者的X村妇女自发组织起来积极向各级政府和部门表达诉求，反映妇女主体性，也是妇女寻求更好地适应气候变化的能动行为。

与X村相比，L村妇女则显得能动性不足，村中由于对于水资源管理不善，在大旱中人畜引水出现困难，妇女只是私下议论，而没有组织起来反映诉求或者加强管理。

X村的老年妇女大多都参加“妈妈会”或“念佛会”，这是白族文化传统在村庄里的延续。根据村民的说法，年满49岁以后就可以参加“妈妈会”或“念佛会”了。绝大多数是妇女，也有少数男性会跟着老婆一起去。只要到5月还不下雨，一些老年妇女就会互相邀约到庙里求雨。虽然会不会下雨与妇女的求雨并无科学的联系，但通过这样一种活动，老年妇女不仅从心理上求得慰藉，还体现了她们对农事活动、农业收成的关心。

7. 对干旱原因的认识

如何应对干旱？这与村民对于干旱的原因认识以及生计策略考虑有关。在访谈中，村民对于干旱的认识分为不同的状况。在L村，对于越来越旱，妇女有三种不同的看法，一部分人认为因为在东山上面建了风力发电机，将云层刮跑，所以下不了雨；另外一部分人则明确表示不知是什么原因；也有少数妇女提到，与生态环境的破坏有关。而在X村，大多数妇女反映不知为何越来越旱，只有少部分觉得与生态环境的改变有关。从村民和妇女对于干旱的认识，可以看出普遍存在比较模糊、猜测和迷茫的认识，只有少部分妇女将干旱的原因归结于生态环境的改变。而在县里和甸南讨论时一些有经验的人士说到，越来越干旱和农业生产结构改变有重要的关系，随着烤烟面积的扩大，坝区大面积的水稻秧田减少，微观环境的变化减少了地面水的面积，水蒸气蒸发也就少了，影响了春夏时期有效的降水。

无论这些认识是不是具有科学依据，对于干旱的认识与适应性策略之间是有密切关联的，如果对于干旱的认识只是停留在短期、意外和灾害方面，就不可能具有长期应对和适应性的打算，无论政府或农户，均是这样。

（二）政府在应对气候变化方面给予的支持

几年的持续干旱，对于政府来讲，如何应对干旱对农业带来的影响是这几年政府工作中一个重要的方面。总结调研过程中获得的资料，各级政府在旱灾和应对气候变化中，应给村民和社区以下的支持。

1. 完善水利设施建设，重点解决缺水地方的人畜饮水（扩容水库和修建水窖），最大效率地利用水利设施，保障农业生产用水

各级政府在水利设施建设方面做了许多努力，如五小水利工程，还有小型农田水利建设项目等。剑川县自2013年被列为中央财政小型农田水利重点建设项目县，分三年实施，累积预算投入7000多万元，修建沟渠、小水窖、小型灌溉设施、小坝塘的清淤整治等，笔者调研的金华镇和甸南镇均属于这个重点项目区域。项目实施完成后，在金华甸南灌区建设2.19万亩高标准农田，新增节水灌溉面积1.49万亩，改善节水灌溉面积0.7万亩。全县有效灌溉面积达11.515万亩，占全县耕地面积的比重由50.58%提高到58.10%；全县节水灌溉面积达5.805万亩，占有效灌溉面积的比重由43.04%提高到50.41%。另外，每年还有少量农田水利专项维护费，也有农村安全饮用水和爱心水窖的建设项目。在L村，为解决该村地处山区、水源缺乏、人畜饮水困难的问题，在政府各部门和社会各界人士的努力下，L村多方集资，寻找两条水源，并修建管道将水引入村中，同时多年来累计建水窖800余口。这些设施为减少在旱灾中因为缺水带来的农业损失提供了重要的保障。这两个调研村，即使在2015年50年不遇的大旱中，依然保证了大春的播种和人畜饮水的基本需要。

2. 利用农业保险，抵御灾害

综合利用各种方法抵御灾害带来的风险，农业保险无疑是重要的手段。政府多年一直推广利用农业保险来抵御自然灾害给农业带来的损失。金华镇开展种植业政策性保险的登记、上报、定损，协同保险部门处理赔偿事宜。2014年全镇登记、上报投保面积达22963亩，保费43401元，水稻涉及18个村，玉米涉及17个村；处理完成1笔理赔，涉及88户，理赔金额20284元。而农民投保农业的保险，均由政府买单。X村的很多村民2014年都买过农业保险，大多是买玉米的保险，每亩18元，如果遇到洪水、冰雹可以根据受灾程度获得不同程度的赔偿，但干旱是不赔的，这也是目前农业保险的一个大缺口。2015年村民没有再买，原因是“村干部没有说，就没有买”。而烤烟的保险是年年都买，因为“是必须买的，烟站规定的，每亩25元，不管干旱。如果是自愿还是会买，因为会有冰雹，今年我家因为冰雹损失了五六分，说是可以赔，但不知道会不会赔”。这说明保险公司的农业保险对干旱造成的损失并不赔付，且玉米、水稻的种植面积本身就很小，老百姓就没有购买的积极性。烤烟则不同，由于种植面积相对较大，且是多数人家重要的生计来源，所以很多村民会选择购买。这说明保险公司对农户的生计也有一定的资金支持。

3. 在农业产业化规划引导种植业结构的调整，推广新的耕作方式的技术

种植业结构的调整是政府引导农民致富增收的重要措施，在应对干旱过程中，县水务局也提出“以水布局，因地制宜着手作物结构的调整”。农业系统将调整产业结构作为农业发展的重要方向，特别是在云南大力发展高原特色农业的进程中，甸南和金华两镇均减少水稻等高耗水作物的种植面积，增加中药、烤烟和杂交玉米制种，以及马铃薯、夏季油菜等有特色的种植业产业。甸南镇这几年一直在推广玉米制种、反季蔬菜等。另外，新技术的推广，客观上对于抗旱农业也起到一定的帮助。推广地膜种植技术，起到保水的作用；利用冬春气温升高，推广反季蔬菜种植等新的种植技术。

4. 农业气象信息的收集与发布

从目前来看，农业生产依赖于气象信息的提供和发布，天气预报除了做全年预报、每月底做第二个月的预报、每天做第二天的预报以外，还要对大的天气系统过程提前两三天做预报，并针对农事活动提前3天做天气预报。普通老百姓通过短信平台即可收到天气预报。针对农事活动的天气预报则以电子文档放在政务网上，然后发给村委会干部，要求各村通过广播等手段通知到农户，特别是低温、强降雨等不利于农事活动的天气过程。调查也发现，村民获知天

气预报的主要渠道是电视和手机短信，如他们说："天气预报一般是看电视，女儿和姑爷手机里也有"，"剑川电视台天气预报，手机也发，每天都有"。

六 应对气候变化方面存在的主要问题

（一）基层政府还没有将长期应对气候变化纳入地方发展规划及相关政策的制定中

尽管基层政府在改善农田水利建设和抗旱保收方面做了很多工作，但是这些工作还缺乏长期应对气候变化的考虑，在近年的县、乡两级的经济社会发展规划中，没有从气候变化的角度出发制定本地农业发展规划、经济和社会发展规划。这对系统、全面、长期的应对气候变化带来的挑战和机遇是不利的。总体来讲，气候变化不仅带来威胁和挑战，如在剑川和云南的一些地区，缺水是一个非常重要的问题，同时冬春气温的升高，也带来新的种植品种和结构调整的机会，而现有的规划更多的只是从市场和效益增收的角度考虑农业结构的调整，而考虑气候变化的因素不够，这方面需要从气候变化的角度进一步做好系统、全面和长远的发展规划。

（二）在水资源可持续利用和管理中，尚缺乏有效的管理协调机制，建立村与村之间以及村庄内部的公平有效的管理

在连年的干旱中凸显水资源的不足，然而其背后实质是如何利用已经建成的水利设施，增强管理，建立公平合理的管理机制，保证水资源的可持续利用。虽然剑川在水利设施的建设上已经做了很多工作，但剑川的缺水是连年干旱和目前水利设施抵御灾害的能力不强的问题。主要是"灌溉渠道配套不够，水利工程老化失修，导致现有的部分水利设施运行效益差"，所以大家普遍认为缺水是水源性缺水和工程性缺水并存。但笔者调研发现，在缺水的情况下，依然存在浪费水的现象，据甸南镇水务组负责人说："每次放水，30% 水源都会浪费，老百姓抢水，开始的村泡（田）好几次，后面的村就一直泡不到。"水的浪费一方面与放水的渠道即排灌沟渠有关，在放的过程中就会损失一部分；另一方面则与农田灌溉的方式有关，大多依旧是采用大田漫灌的方式。另外是水的管理问题，农业灌溉按规定是要收费的，目前的收费标准是每亩 6 元，但很难收取，往往是水尾的村庄交费积极，希望交了费就能用到水，水头的村庄则不愿交钱，结果往往是水头的村庄有水用，水尾的村庄很难用到水，导致了用水的不公平。各村每年到春夏播种前都要派村中青壮年到各个沟渠交界处去守水，以防别村来偷水、放水、堵水。因为抢水导致的村与村、户与户

的纠纷经常发生。

在L村，在各方努力下引来的水源供应全村的人畜饮水，自来水的管道进入各家，但是由于管理不善，村中有人私自将自家水管接在水源地到蓄水池的主管道上，把水截流到自家的水窖，导致干旱缺水的季节，水还没有流到村中的蓄水池就没有了。

> 我们村没有社长，没有人愿意当，主要是水的问题难管哩，到处都在乱接水。（X，46岁）
>
> 有一些人设了闸阀，把水引到自己家里，他们离水源近，就是车路北边那几家，七八家，那些人有钱有势，村委会的人不愿意说……我去南边挑水（水利员在南边，所以水管在南边）……北边本来也有水，但被霸道的人接到自己家里去了，所以我们只能去南边的水管那里挑……（X，35岁）
>
> 以前水够喝的，2000年左右架起自来水，水源北边一处南边一处，分别引到一个池子里，再放到村子，当时够喝的，家家都有水。2010年左右因为不下雨，地下水没有，高处的人就没有水，所以停掉（自来水），统一积到村子中央的池子里取水……去年这个时候池子里就一直没有水，这几天早上有时还有一点点水（晚上管子里流下来的），晚上就没有了。我们家喝水，大池子有水就去大池子，但经常没有水，没有就去北边那些人家挑……（G，56岁）

在水资源本来就不足的状况下，各村之间和村庄内各户用水的协调缺乏有效的管理机制和方法。

（三）农业及其技术部门对应对气候变化缺乏考虑，农业抗旱技术和服务的可及性不高

目前，农业科技部门还缺乏在应对气候变化过程中需要考虑种植业结构调整的长远规划，对于研发适宜当地的耐旱籽种、推广适宜耐旱的种植方法与品种以及抗旱技术方面还重视不够，所以既缺乏投入，又没有充足的技术力量和面向农户到位的服务。水利部门也缺乏研究汲取干旱地区的抗旱和水资源管理经验，这方面需要系统的研究和规划。

（四）乡村气象服务设施、预警能力和信息发布的可及性有待建设

天气预报对于农业的重要性是不言而喻的，因此提高天气预报的准确性

是气象部门要攻克的难题。由于资金等方面的限制，目前剑川县的气象观测能力还比较弱，只有8个乡镇有气象探测站（金华和甸南两镇包括在其中）。另外，在金华镇的金龙村和甸南镇的回龙村建有2个人工增雨防雹站。这样的基础气象监测设施的建造成本为六七十万元，高昂的成本是这类设施无法普及的限制因素。而基础气象设施建设不足，异常天气变化的预警能力明显不足。

目前，重大气象信息都放在政务网或是由气象局发短信通知县和乡镇领导，这种发放方式对于普通农户和缺乏上网条件和技术的农家妇女来讲，缺乏可及性。而村民每天收到的大理白族自治州气象局的短信预报，精确度和针对性不够，农业生产所迫切需要的气象信息不足，尤其是承担了农业生产大部分任务的妇女，多数没有获取信息的手段和途径，如电脑、智能手机，即使通知到村委会的信息，也不一定能够为妇女所获得。

（五）农户对于气候变化的长期性缺乏认识，应急性和被动性特征明显

男女村民都对气候变化有明确的感知，也对连年的干旱有了切实的感受，并积累一些抗旱和节水种植的经验。但是，多数农户对气候变化的长期性缺乏认识，对于在气候变化背景下家庭生计的策略改变也没有明确的计划，最多是说“如果再这样旱下去，就外出打工”；或者认为要解决干旱带来的问题就需要政府出面，统一考虑。农户现有的经验主要集中在应对干旱灾情时的短期、应急的措施，且比较被动，包括调整种植业结构和种植方法、时间方面，都是在缺水条件下的被动措施。而家庭内部种植业长期规划，既受制于市场的不确定性，也受制于对气候变化长期性和灾害应急的策略性考虑不足，所以家庭层面的长期应对也显得不足。

（六）乡村妇女组织的作用在应对气候变化中还没有显现

妇女虽然在种植业中承担着重要的角色，并且较过去传统来讲也在家庭种植业的决策中发挥重要的作用，在干旱来临时，妇女为了保证减少损失也投入大量的劳动。但是，这些行为均是作为个体和家庭在发挥作用。而在应对气候变化中妇女群体的作用没有显现，特别是基层妇女组织的功能没有发挥。在X村，妇女群体上访都是自发性的，妇女组织的核心作用没有发挥；而在L村，虽然有村妇女组织，但是其在抗旱和长期应对气候变化的过程中也是缺位的。妇女小群体的活动存在于妇女日常劳作和乡村生活中，例如相互的帮忙、农闲时跳舞或者民间宗教活动等，都能够看到妇女自发的群体活动，但是在应对气候变化和水力资源利用方面没有乡村妇女组织的身影。

七　提高应对气候变化适应性的建议

（1）制定以适应气候变化为导向的县、乡两级经济社会发展规划，并在此基础上制定具有气候敏感性的农业、水利、气象的规划。在地区长远发展、农业发展规划以及产业结构调整中融入应对气候变化的视角，长期、主动地应对气候变化的影响，整合农业、水利、气象等各个政府部门和社会各界的资源，制定一套具有针对性、系统性和完整性的应对气候变化的策略，以及适应气候变化为导向的经济和社会发展规划，并出台各部门和基层政府的实施方案，化被动接受为主动应对，整体提升政府、社区和个人应对气候变化能力。

（2）完善农田水利基础设施建设，建立公平管理和分配水资源的机制。农田水利设施是提高适应性和应对气候变化、解决缺水问题的重要措施之一，进一步建设和完善机耕路、灌溉沟渠、管道、集水窖、小坝塘等农田水利设施，加大对水源工程建设的投入；引进节水灌溉技术，开发新的水源点并扩建引水设施，提高防洪、抗旱、供水能力及应变能力；合理开发和优化配置现有水资源，完善农田水利基本建设的机制，解决水资源分配不均的问题；制定用水、节水相关政策，提高水资源系统对气候变化影响的适应能力。

（3）运用政府各部门职能和社会的各种手段，提高政府应对气候变化的服务能力；加大相关信息、技术的服务力度，以提高村民和妇女适应气候变化的能力。气象部门进一步加强天气预报的能力和预警机制建设，提高气象预报中短期预测的准确度；加大气候变化知识普及和宣传的力度，提升村民对气象预报信息的可及程度，增强他们应对气候变化的信心。农业部门应加强抗旱作物品种选育、实验，在种植方法、耕作制度调整和种植业品种结构等相关方面加强技术指导，开展技术培训；加大宣传力度，提高村民，特别是妇女关于农作物灾害保险、贷款等信息的知晓程度，提高妇女对于贷款服务利用的机会和可及性，以增强她们在种植业方面的适应能力。

（4）在发展规划、政策制定与执行，以及在社区管理过程中重视妇女丰富的乡土知识、经验和智慧。充分考虑妇女作为应对气候变化主体和中坚力量的需求和建议，提高她们在社区管理和气候变化应对决策过程的参与度，这不仅有益于降低她们在气候灾害面前的脆弱性和易受损害性，也有利于提升整个社区和家庭的适应性和可持续发展能力。

（5）政府各部门应从妇女需求出发，制定应对气候变化的各种方案和措施。这些气候适应措施包括耐旱作物品种的试验和推广，保水保温方法和节水灌溉技术的推广，蓄水排水设施的修建，农作物灾害保险、贷款的提供，等等，只有尽可能地满足妇女的需求，让妇女充分知晓并参与其中，才能更快地提高妇女对气候变化的适应性，才能使这些农业适应性措施发挥最大效用。

（6）加强社区水资源管理，组建以妇女为主的水管理委员会，并进一步加强妇女组织建设。在水的利用和管理上，在社区尝试组建以妇女为主的水管理委员会，制定大多数村民认可的、公平合理的规章制度，包括放水泡田的时间顺序、水费的收取标准、水利设施维护办法、挖水和守水值班制度等。村委会、镇政府、县政府及县水务局、镇水务组等部门都应大力支持并给予指导。妇女通过参与社区的用水管理，不仅可以提升妇女的公共事务管理水平，推动妇女组织建设，增强妇女的自信与社区治理能力，增强妇女参与社区公共治理的能动性，还可逐渐改变人们长期以来对妇女能力贬低的看法。同时，借助妇女长期使用水资源的经验和对各家情况较为了解的特长，有利于增强本村水资源管理制度和实践的合理性和公平性。

第三编

社会性别、气候变化与人口迁移

第八章　气候变化、人口流动与社会性别的政策回顾与梳理

本章涉及气候变化、人口流动、社会性别三个领域的国家政策和文件。气候变化是全球环境问题的重要方面，中国政府自20世纪90年代起，在国际热议的环境问题方面相继出台了一系列气候变化政策和方案，表现出高度关注气候变化和环境问题的责任感。历史上气候移民因气候变化、生态失衡、地质变异和环境污染等原因而大量出现过。在中国，近三十多年来的人口流动和迁移主要与国家改革开放政策密切相关。改革开放助推了大批农村劳动力向沿海、发达城镇转移；国家城镇化建设战略推进以来，人口迁移及城乡身份转变，成为近40年来社会经济发展中重要的社会议题。但目前，与气候移民相关的政策文件并未出现，与气候相关的社会性别文件也未出现，而气候变化、人口流动、社会性别发展一直是政府关注社会发展的重要领域。

就目前来看，中国有关气候变化的政策文件是与节能减排及生态环境建设紧密相联，与国际气候议题节奏相随的。在三十余年改革开放的推动下，人口流动与迁移已成为当代中国重大的社会实践，相关人口流动与迁移的政策文件，随着社会经济发展进程不断推进而进行着调整和修改，由早期禁止人口流动，向鼓励城乡人口流动，之后出现人口管控，再到服务于流动人口的思维转变。性别平等和妇女发展，是中国政府高度关注的人类发展主题。随着社会经济的进一步发展，关乎性别平等与妇女发展的政策文件不断出台，推动着中国社会的女性发展与性别平等。

由于总括气候变化、人口流动/移民以及社会性别/妇女发展三个方面议题在内的国家政策文件尚未出台，本章只能探寻气候变化下是否有人口流动与移民专项政策；气候变化下是否有社会性别发展专项政策。

一 气候与环境政策背景

2015年11月29日，国家主席习近平抵达法国首都巴黎，出席气候变化巴黎大会，即第21届气候变化大会的开幕活动。气候变化巴黎大会全称是"《联合国气候变化框架公约》第21次缔约方大会暨《京都议定书》第11次缔约方大会"。这是自《联合国气候变化框架公约》（UNFCCC）生效后，中国国家最高领导人首次出席世界气候大会。

《联合国气候变化框架公约》是1992年签订的，历届大会中国政府代表团多由国家发改委带队。在2007年巴厘岛气候变化大会后，中国制定并公布了《中国应对气候变化国家方案》[①]，成立了国家应对气候变化领导小组，颁布了一系列法律法规。这一阶段应为认识并制定相关政策文件时期。在2009年哥本哈根会议前，中国政府向国际社会承诺：到2020年单位GDP碳排放量在2005年基础上减排40%～45%，并把该指标纳入强制性的国民经济发展纲要中。这一措施表明中国政府强烈的社会责任感，也表明对中国节能减排的信心和决心。2014年出台的《国家应对气候变化规划（2014～2020年）》，是应对气候变化深入实践的具体体现。中国政府已把政策文件具体化到了行动层面。

因气候变化引发的重大灾难接踵而至，中国政府与世界各国一起，高度重视环境保护，把保护环境确立为基本国策，大力实施可持续发展战略。"十一五"、"十二五"期间，中国政府将主要污染物减排作为经济社会发展的约束性指标，环境保护工作取得了显著成绩[②]。这也推动了政府积极实施《中国应对气候变化国家方案》、《"十二五"控制温室气体排放工作方案》、《"十二五"节能减排综合性工作方案》、《节能减排"十二五"规划》、《2014～2015年节能减排低碳发展行动方案》和《国家应对气候变化规划（2014～2020年）》等。以上系列政策文件，在应对气候变化的工作上，作为指导思想、目标要求、政策导向、重点任务及保障措施，已落实到减缓和适应气候变化的实践活动中，并融入经济社会发展的各个方面和全过程。这是为加快构建中国特色的绿色低碳发展模式的最终形成所做出的巨大努力。

2015年7月，中国向《联合国气候变化框架公约》秘书处提交了总耗资

---

① 《中国应对气候变化国家方案》，http://www.china.com.cn/news/txt/2007-06/04/content_8342091.htm。

② 《李干杰致辞"应对气候变化与大气污染治理协同控制政策研究项目"启动会》，http://www.yndtjj.com，最后访问日期：2015年9月9日。

高达41万亿元人民币的温室气体减排承诺。联合国前副秘书长、SUC可持续城市与社区项目名誉理事长沙祖康在接受记者专访时表示，中国可持续发展、绿色经济、绿色发展方面在全世界是第一。[①] 中国以顶层领导的决心，带动全国走低碳绿色发展之路。党的十八届中央委员会第五次全体会议，就气候变化及环境问题，又提出将实行“最严格的环境保护制度”，一方面要求实行省以下环保机构监测监察执法垂直管理制度，它分为两块执行：一是监测的垂直管理，二是监察执法的垂直管理制度。另一方面，在市场关注的方向上强调：①第三方环境治理；②新能源；③环保交易；④发展循环经济等。[②] 这些措施为的就是保障中国应对气候变化从最具体到最高层面的落实。

因此可以说，中国政府在应对气候变化及环境保护上，从指导层面向着具体落实与执行的操作层面强力推进。以《中国库布其生态财富创造模式和成果报告》为例，内蒙古库布其沙漠是中国第七大沙漠，其治理开始于20世纪80年代末期。在库布其开展的“治沙、生态、经济、民生”沙漠治理实践是中国应对气候变化的实践案例。它在改善沙漠生态、发展沙漠产业、消除沙区贫困、应对气候变化方面成就卓著，创造了4600多亿元人民币的生态财富，修复绿化沙漠1.27万平方公里（其中库布其治理修复1.1万平方公里，绿化面积6000余平方公里），生态减贫超10万人，为100余万人（次）提供了就业机会，是探索立足中国、造福世界的沙漠综合治理的道路（周锐，2015）。

该模式是在宏观政策文件的指导下产生的，并对具体的社会经济实践活动，对规模化和产业型的治沙实践以及针对气候变化和环境变化所产生的其他主要问题的解决都具有指导意义。它让人们首次看到，受气候变化和环境问题影响的群体或个人，要在集体的合力下应对才是解决问题的新探索。“政府政策性支持、企业商业化投资、农牧民市场化参与的PPP+合作机制”等创新性的实践，构筑了“防沙治沙，生态修复，土地整治，沙漠生态产业开发即‘绿土地、绿能源、绿金融+互联网’”的沙漠生态循环产业体系，实现了“投资有收益，产品有市场，农民有收入，政府有税收，生态环境有保障”的

① 《沙祖康：中国耗资41万亿元控制气候变化体现国家责任》，http://www.yndtjj.com，最后访问日期：2015年8月7日。

② 《聚焦十八届五中全会》，http://cpc.people.com.cn/GB/67481/399243/index.html，最后访问日期：2015年10月26～29日。

可持续发展。[①]

一系列关乎气候变化及环境问题的政策文件涉及单位国内生产总值二氧化碳排放量、非化石能源占一次能源消费比重、森林面积覆盖、森林蓄积量[②]等宏观方面的内容。例如，《中国应对气候变化国家方案》，主要明确了中国应对气候变化的具体目标、基本原则、重点领域及其政策措施。又比如，“强化应对气候变化行动——中国国家自主贡献”的国家战略，阐明了中国强化应对气候变化的行动目标与相应的政策措施。它以长路径管理，以发展路径的管控来实现中国对人类的实实在在的贡献。它保证累积排放量到2030年仍低于美欧，它将继续引导中国的经济低碳化，引导中国经济发展和碳排放逐步脱钩。[③] 这些国家层面的战略步骤，已经在具体的操作层面上渐次出台。比如，按照世界银行估计，中国在1990~2010年累计节能量占全球的58%。中国在积极发展可再生能源，装机容量占全球的24%，2013年可再生能源的装机增量占全球的37%；水电装机从2005年到2013年增长了2倍，风电增长了60倍，光伏发电增长了280倍。应该说，中国在应对气候变化方面不光发挥了积极建设性的作用，同时也在认真地采取行动，并取得了积极的成效。[④] 中国之所以要强化自己应对气候变化的国家战略，是因为以下两个方面的考虑。其一，中国是一个制造业大国，人口占全世界的1/5，经济总量排名世界第二。中国发展迅猛，能源的消耗非常大，乃至碳排放量占世界第一。虽然中国碳排放量最大，但人均碳排放量并不大。发达国家近百年来一直在进行碳排放，而中国的碳排放只是在改革开放30多年来才开始。作为一个发展中大国，中国对全球环境的保护负有一定的责任，同时也承担起了相关的责任。其二，中国政府对本国人民也高度负责。正因为如此，2015年7月20日，中国向《联合国气候变化框架公约》秘书处提交了总耗资高达41万亿元人民币的温室气体减排承诺。也就是说，中国将耗资41万亿元人民币用于控制气候变化和节能减排。

---

① 《世界气候大会瞩目中国库布其生态财富创造模式》，http://world.huanqiu.com/exclusive/，最后访问日期：2015年12月8日。

② 《中国应对气候变化国家方案》，http://www.china.com/news，最后访问日期：2015年12月2日。

③ 《强化应对气候变化行动——中国国家自主贡献》，http://news.xinhuanet.com/politics/2015-06/30/c_1115774759.htm。

④ 张爽：《解振华：中国政府积极应对气候变化，是非常负责任的》，http://www.yndtjj.com，最后访问日期：2015年5月6日。

通过对上述国家政策文件的梳理，可以看出，为减缓气候变化的步伐，中国政府高度关注调整产业结构、节能提效、控制碳排放量以及为适应气候变化在农业生产上进行粮农产品生产基地建设、加强农田水利工程建设、推进保护性耕作和开展“到2020年农药使用量零增长行动”等各项工作，对水资源强化其配置、节约、保护和管理工作，加快推进水土流失综合治理，加强防汛抗旱工作，组织实施《全国抗旱规划实施方案》以进行预防和抗灾应急工程建设。在林业上，国家林业局组织编制《林业适应气候变化行动方案（2016～2020年）》，明确到2020年林业领域适应气候变化的目标及措施，严格控制林地流失，强化草原生态保护，进一步加大天然林保护的力度。

鉴于本章的重点不是全面检索气候变化环境问题的相关政策文件，而是围绕气候变化、环境问题对人口流动和迁移，以及对社会性别发展所产生的影响进行梳理，尤其是对相关的政策文件进行梳理。故而，本章的关注点主要在因受气候变化和环境问题影响的云南人口迁移以及因受其影响而出现的性别发展问题。

二　气候变化和环境问题与人口流动/迁移

根据联合国开发计划署（UNDP）发布的《2007～2008年人类发展报告》，气候变化使世界上贫穷的人们面临越来越多的风险。2000～2004年，每年大约有2.62亿人遭受气候灾难影响，有超过98%的受灾人口在发展中国家。从群体差异看，气候变化对老年人、儿童、女性、低收入者、欠发达地区贫困群体产生的影响尤为显著（姚从容，2010）。

在气候变化及环境问题日益严峻的现实面前，从政策实施对个体的民众所产生的影响上看，节能降耗，淘汰落后产能，发展现代服务业和战略性新兴产业，发展低碳建筑、低碳交通，努力形成节能低碳的产业体系等，都涉及每一个在社会经济活动中的劳动者。随着低碳发展的深入和低碳试点的推广，作为低碳社会的细胞（低碳社区、低碳企业、低碳村镇、低碳家庭……）都要在美丽城市和乡村建设中面对新的理念和实践，抵御风险、预测预警、防灾减灾等方面，因民众所受教育水平差异和自身的技能问题而受到挑战。在淘汰落后产能的大环境下，较多就职于这些工厂、企业的低技能劳动个体，多为农村剩余劳动力转移者，他们或多或少地在政府淘汰落后产能的过程中受到了冲击。

随着中国城市化进程的推进，城市人口增长将是非常现实的问题，2030年城市化率预计将超过67%。大规模的人口流动和迁徙，将对有限的城市基础设施和生态环境容量带来巨大的挑战。人均能源消费和二氧化碳排放量会随之增长，现代化生活方式对传统生活方式的替代，使得城市人口排放的温室气体和污染物迅速增加。随着能源消耗和环境压力的增大，城市里的空气质量下降，热岛效应加剧，局地气候变化显著。城市化进程加快对区域气候演变产生了重要影响，气候变暖和热岛效应的双重作用，使得城市人居环境逐步恶化，出现极端天气的概率大大增加，能源消费激增，导致城市区域气候陷入恶性循环（姚从容，2010）。2014 年以来，国家深化低碳省区和低碳城市试点，要求各低碳试点进一步强化峰值目标倒逼机制，完善温室气体排放数据统计和管理体系，建立控制温室气体排放目标责任制，构建低碳产业体系，积极倡导低碳绿色生活方式和消费模式，提高低碳发展保障能力、加强基础工作。这些工作从指导层面探索气候变化的应对措施。从气象角度来看，为应对灾害，《国家突发事件预警信息发布系统运行管理办法（试行）》出台，实现国家级预警信息自动对接，这有助于完成洪涝灾害风险致灾因子、脆弱性变化分析与评估，有助于制定灾害风险普查、风险区划技术指南，从宏观到微观完善国家、省、市、县四级气象灾害风险预警体系建设，为气象灾害风险预警奠定基础。

对社会进程中的人口迁移、城市化人口与气候环境问题，一方面以低碳为建设目标，开展低碳工业园区、社区、城（镇）试点，加快传统产业低碳化改造和新型低碳产业发展，围绕《国家发改委关于加快推进国家低碳（镇）试点工作的通知》进行分类指导，提出争取用 3 年左右时间，建成一批产业发展和城区建设融合、空间布局合理、资源集约综合利用、基础设施低碳环保、生产低碳高效、生活低碳宜居的国家低碳示范城（镇）。[①] 这些措施直接关乎城镇居民的生存和生活的持续，从人口与环境角度应对气候变化对人们影响的直接干预。另一方面，出台《关于切实做好自然灾害卫生应急工作的紧急通知》、《关于做好高温天气医疗卫生服务工作的通知》等，组织自然灾害卫生应急和高温天气医疗卫生服务工作。

（一）森林资源管治政策对农村劳动力迁移的影响

为保护生态环境，1987 年，中国政府在森林采伐量大于生长量导致灾害频发的现状面前，首次实行了森林采伐限额管理制度，其标志是《年消耗森

---

① 《中国应对气候变化的政策与行动 2015 年度报告》，http://news.cntv.cn/2015/11/25/ARTI1448418641217605.shtml。

林采伐限额》政策的出台。根据我国森林资源“消”大于“长”的严峻形势，针对当时森林采伐限额“管一块，漏一块”的问题，按照“管严、管全”的要求，中央政府在1990年提出，“八五”（1991～1995年）期间，对森林资源消耗实行全额管理，加强对森林保护的具体化管理。为保持生态平衡，云南省于2000年开始试点实施的“退耕还林”工程，在2002年正式全面启动，其目的是减少水土流失，改善生态环境。“退耕还林”措施的推行，对气候环境产生了积极影响，但同时，也挑战了诸如云南山地传统农业耕作方式。由于强制推行“退耕还林”，传统农村土地轮歇的轮耕方式受到冲击。由于云南省农业生产基础薄弱，优质耕地比重少，山高坡陡，缺乏足够的灌溉设施。因此，农业发展速度缓慢，已不能承载增加的农业剩余劳动人口。而随着退耕还林工程的持续开展，农民原有耕地面积减少，更多的农业剩余劳动力必然进入农村转移劳动力①的行列。耕作土地的减少，致使粮食作物总量减少，影响农户经济收入，使广大农民陷入生计困境。在这种状况下，农村少数民族转移劳动力外出谋生成为被动选择。通过对农民增收机制的研究，退耕后农民增收的相当一部分得益于国家的政策补偿。国家财力毕竟有限，只对生态林补偿8年，经济林补偿5年，退耕还草补偿3年。补偿政策结束后，农民经营副业或外出打工所得的相当一部分收入需要用来购买粮食，农民纯收入将会下降（陈志辉、徐旌，2006）。由于起于20世纪末的人口流动政策或称农民工政策长期偏重的是人口流入地利益，强调的是工业化，这对边疆少数民族农村劳动力来说障碍较多。一是农民的科学文化素质难以满足现行社会就业的基本需求，劳动力缺少相应技术能力，就业难度加大。二是政府缺少针对特殊需求的少数民族劳动力培训方案，致使当时云南农村劳动力输出量少，不能帮助农村劳动力实现转移，落实劳动力扶贫也就无从谈起；在政策方针上，各级政府缺少重点在少数民族适应性农业技术服务、市场营销、劳务输出等方面地方性农民智力支持，也缺乏退耕还林后续产业的跟进，致使云南山区农民发展问题尚未得到根本解决。

（二）农业领域适应气候变化措施促进农村人口迁移

气候条件对农业生产影响的直接性，使得气候变化对农业尤其是种植业生产影响的强度和范围要超过其他产业与经济活动。气候变化导致自然系统调节

---

① 农村转移劳动力，是根据国家统计局农调队使用的口径界定的，即劳动力转移乡外就业6个月以上（包括到乡外仍然从事第一产业的劳动力），或劳动力未发生地域性转移，但在本乡内到非农产业就业6个月以上均计为农村转移劳动力。

供给能力降低，可利用降水量明显减少，气象干旱趋重，持续时间增加，水资源总量持续减少。在气候变暖背景下，云南干旱和半干旱地区降水可能趋于更不稳定或者更加干旱，对农业生产以及森林、草地、湿地、湖泊、河流生态系统和生物多样性以及濒危动植物等已经产生了明显的影响。这就形成恶性循环：一方面，环境灾害直接源于环境的脆弱性；另一方面，灾害的发生又导致了更加脆弱的环境和人类群体的脆弱性。灾害发生导致村寨、良田、牲畜、家禽等出现损失，公路、电力和交通中断，人员和财产遭到冲击。在气候环境灾害频发时，为应对气候变化所带来的农业问题，云南省政府以“开展保护性耕作”为指导，加强“五小水利”工程建设，推广低排放高产水稻品种、调整作物布局、改进耕作措施和技术、控制稻田甲烷和氧化亚氮排放、加强农田管理和病虫害防治等一系列手段进行应对。由此看出，在应对气候变化及环境问题的大政策环境下，一方面，政府采取多重措施，来减缓农业生产对气候产生的影响；另一方面，在农业大量使用高科技的推动下，农田劳动力使用减少，加之气候环境问题，对农村人口来说，另觅生计成为首选，广大农村劳动者迁移成为不争的事实。

三　应对人口迁移的政策文件

20 世纪 80 年代中国实施改革开放政策，由于乡镇企业发展，乡镇工业化需要大量工人，农民成为乡镇企业“劳动合同工”，这是当时城乡户口身份隔离现实下，农村劳动力进入工厂的一种形式。国务院在 1981 年发布的《关于严格控制农村劳动力进城做工和农业人口转为非农业人口的通知》，仍严格控制农村人口进入城市地区，严格控制从农村招工，认真清理企事业单位使用的农村劳动力以及加强户口和粮食管理。

随着大型城市建设急需大量劳动力，农村劳动力、边远地区城镇劳动力开始向一线城市流动，在城市劳动力稀缺，大量农村富余劳动力存在的巨大压力之际，国务院在 1984 年发布了《关于农民进入集镇落户问题的通知》，这项政策的颁布实施，成为人口迁移流动政策变动的一个重要标志，它表明实行了 30 年的限制城乡人口流动的就业管理制度开始松动。

在农村流动人口进入城市就业数量日益增长的现实面前，国家政策已从“禁止”人口流动，开始转向为流动人口“服务”上。2006 年 3 月，国务院颁布了《国务院关于解决农民工问题的若干意见》，这是中央政府关于农民工的第一份全面系统的政策文件，提出做好农民工工作的基本原则是：公平对待、一视同仁；强化服务、完善管理；统筹规划、合理引导；因地制宜、分类指导；立足当前、着眼长远。为应对人口迁移，尤其是大量农村人口迁移过程中的生存与技能适应障碍，政府出台一系列相关政策来帮助农村劳动力在城镇的生存。自2000年以来中央政府要求各省区进行探索，按照五大保险种类，依据农民工的实际情况，把农民工纳入城镇社会保障体系。

2003年9月，为贯彻落实《2003～2010年全国农民工培训规划》，加强农村劳动力转移培训工作，由农业部、财政部、人力资源和社会保障部、教育部、科技部和建设部共同组织实施农村劳动力转移培训阳光工程（以下简称"阳光工程"）。[①] 其培训目标是拟向非农产业和城镇转移的农村劳动力开展转移就业前的引导性培训和开展职业技能培训。培训原则为"政府推动、学校主办、部门监管、农民受益"，要求紧紧围绕农业发展方式转变和新农村建设的需要开展好培训，对已进入非农产业就业的农民工进行岗位培训。新一轮阳光工程已正式启动，在原来经验上继续开展。

2003年9月，国务院办公厅转发教育部等部门《关于进一步做好进城务工就业农民子女义务教育工作意见的通知》，明确流入地政府负责进城务工就业农民子女接受义务教育工作，并以全日制公办中小学为主；农民工子女入公办学校与当地学生一视同仁，不得收取借读费、赞助费。

2003年11月，国务院办公厅发布《关于切实解决建设领域拖欠工程款问题的通知》，提出自2004年起，用3年时间基本解决建设领域拖欠工程款以及拖欠农民工工资的问题。

2005年"平安计划"产生，这是专门为建筑、煤矿等高风险领域工作的工人（主要指农民工）"量身定做"的参保办法。劳动和社会保障部计划用3年时间，全面推进农民工参加工伤保险（即"平安计划"）。到2008年底，基本实现全部煤矿、非煤矿山企业和大部分建筑企业农民工参加工伤保险；明确规定建筑项目在开工前，企业需将整个工程施工期间所有需缴纳的农民工工伤保险费一次性缴清。

以上相关政策文件是根据改革开放后人口流动现状，尤其是流动人口中绝大多数是农村劳动力流向城镇的现实而出台的，从这些政策文件的出台时间可以看出，对流动人口的政策从早期强调管理，向后期强调服务的路径行进。尽

---

① 《国务院办公厅转发农业部等部门2003～2010全国农民工培训规划的通知》，http://www.cvae.com.cn，最后访问日期：2009年8月28日。

管这些政策文件里的流动人口并非针对“气候移民”，但可以肯定的是，这些政策针对的是劳动力流动者这个大概念，只要属于人口流动，不管哪种原因，都可涵盖在内。

四 云南应对气候变化策略

近年来，云南极端天气频发，2008 年昆明的特大暴雨、2009 ~ 2012 年的连续干旱、2011 年的极端低温雨雪灾害、2013 年冬和 2014 年春的低温雨雪灾害，以及 2014 年的持续高温天气……在这些气候变化和环境问题面前，农村一方面根据灾害预警提前进入防汛抗旱农业应对；另一方面因灾情影响而另谋生计，赴外地打工挣钱成为选择。

据中国工程院院士、中国气象局气候变化特别顾问丁一汇分析，受东亚冬夏季风、印度季风减弱和年代际变化（海洋和青藏高原冷、热源）以及人类活动的影响，近 10 年来云南的气候呈现气温快速升高、降水越来越少、降水日数不断减少、暴雨天数增多、干旱频率增加、极端气候事件多发的变化趋势。西南区域水循环中大气水汽含量减少、水汽输送减少、降雨减少、径流减少、蒸发量减少等，加之人类活动导致气候变暖、温度持续上升等，造成了西南地区持续性干旱。气候变化对云南的不利影响正逐步增加，已对云南的经济社会发展和人居环境产生了重要影响。

丁一汇院士强调，气候变化导致自然系统调节供给能力降低，可利用降水量明显减少，气象干旱趋重，持续时间增加，水资源总量持续减少。在气候变暖背景下，云南干旱和半干旱地区降水可能趋于更不稳定或者更加干旱，对农业生产以及森林、草地、湿地、湖泊、河流生态系统和生物多样性以及濒危动植物等已经产生了明显的影响。同时，随着云南气温的升高，预计未来气候变化对云南冬季采暖和夏季制冷耗能、能源生产和电力设施等均有较大影响。此外，气候变化对旅游业也产生了重要影响，自 1980 年至今，玉龙雪山冰川一直处于后退状态，其他景点也在不同程度上受到气候变化和环境的不利影响（刘国萍，2014）。

由于云南流动人口文化构成中，以小学和初中两个层次为主，合计占云南流动人口总数的 70.2%，这反映出流动人口文化素质偏低，在城市就业的竞争中处于劣势，对流动人口的行为也形成深刻影响（包广静、莫国芳，2007），因此可以推断云南农村劳动力转移在气候及环境问题面前，受到的挑战将是巨大而艰难的。

（一）气候变化与生态政策

应对气候变化早期的政策主要体现在生态环境保护方面，而生态环境保护又与控制资源开采、预防资源流失密切相关。云南森林覆盖率由20世纪50年代初的50%下降至90年代初的24%。由于森林生态系统的破坏，水土流失严重：1986年，云南水土流失面积达3.82万平方公里，占全省总面积的9.98%，侵蚀量为1423亿吨，因灾废弃耕地2.03万亩；1953年，云南省人均耕地为2.17亩，1986年人均耕地仅为1.21亩。森林破坏导致小气候反常，自然灾害加剧：20世纪70年代与50年代相比，全省降水减少4.7%，蒸发量增加7.8%，风速增大17.8%；1985~1987年曾经连续3年发生大面积低温寒害和干旱；2000~2003年又连续3年发生大面积干旱；2009~2012年再次发生大面积干旱。同时，水土流失导致风沙化灾害严重。为应对灾害及气候变化，云南把沙化治理列为各级政府应对气候变化的重要工作内容。各地成立政府领导小组、专项办公室进行防灾减贫协调工作，设立专项治理工程，如“风沙化土地治理”、“综合治沙工程”等；组织修建人工排洪道，改直河道，修筑江堤，修筑拦沙坝、拦挡坝、固床坝；同时以生物工程措施进行造林，如在荒山秃岭上植树造林，起到削弱水蚀、保护坡面的长效作用；还进行沙堆造田，如在泥石流堆积扇上新开发出农田来保护原有农田等。

以历年有关气候变化和环境问题出台的多项云南地方政策文件为例，它们关注环境保护，如《云南省环境保护条例》于1992年11月25日获得通过，1997年12月3日修改和修正，2004年6月29日再次修改和修正；关注生态建设，如2000年4月29日云南省人民政府印发《云南省生态环境建设规划》（以下简称《规划》）。《规划》以恢复和扩大森林植被为中心，以遏制水土流失为重点，以改善生态环境、增加农业发展后劲、帮助山区群众脱贫致富，来保障国民经济和社会可持续发展；关注低碳，如2011年2月为认真贯彻落实《国家发展改革委关于开展低碳省区和低碳城市试点工作的通知》（发改气候〔2010〕1587号）精神，云南省人民政府印发了《云南省低碳发展规划纲要（2011~2020年）》；关注气象，如2012年10月1日起实施的《云南省气象灾害防御条例》，要求气象、水利、林业、国土资源等部门建立综合临近预警系统，加强对突发暴雨、强对流天气等监测、预警，以及雷电灾害、地质灾害、高火险天气的监测、预报，县级以上人民政府应当将气象灾害防御基础设施建设纳入城乡规划。

（二）应对措施

1. 灾害面前政府应对

因为气候和环境问题，农村人畜饮水安全成为云南省民生水利建设的重点，全力推进农村饮水安全工程建设，极大地改善了边远山区、民族地区农村饮水状况和群众生活条件。

灾害发生时，各级领导对抢险救灾工作迅即做出了重要批示。当地政府官员及救灾人员赶到现场，进行有组织的救灾工作。部队官兵和医疗急救人员迅速就位，组织当地村民搬运救灾物资，包括粮食、被子、生活用具等。

灾害期间，政府为灾民准备的临时简易房，所有材料由政府免费提供，包括水泥、石棉瓦、空心砖、电线、水管等。盖房子的时候，邻村村民每天去帮忙，包括建水池、盖公厕、安装水管、拉电线、搬运石棉瓦、砌墙等。他们不计较工钱，也从来没有想过要得到工钱。每火化一具尸体，政府为他们提供600元报酬。

灾后重建，政府的土地规划和征用工作也随之开始，包括受灾新村地址的确定，建设用地征用田方案及实施。政府确定出全无户（家庭财产全损，每户补助5000元作为搬迁和灾后恢复重建的费用）、重灾户、受灾户和一般灾民几个等级（每户恢复重建费都只补助2000元），以便对物资发放和搬迁补助加以区别。

2. 灾害面前民间应对策略

在传统农村，村民仍以祭祀来祈求风调雨顺。在灾害发生时，村民会在村社组织下进行自救，如搬运粮食和物品、把老人和小孩转移到安全地带等。村民仍然依靠邻里相帮方式来缓解灾难痛苦。笔者调查发现，一次泥石流灾害发生后，邻近村在小组长带领下，自发组织村民奔赴受灾村展开救灾工作。在政府派出的救灾人员还没有到达时，援助村的全部人员在灾害发生的第一时间参与到营救伤员等各项相关的救援活动之中，并自发组织村民捐物。这些捐助方式非常关键，援助村的村民将家中的大米、碗筷、桌子等物品拿到村子中央，按照灾民户数平均分配给受灾村，无论是捐助者还是受助者，都没有登记物品收集和分配，本着有力出力、有物出物的传统方式，质朴地伸出援助之手。

在救灾过程中，村民打破民间习俗，勇敢面对现实。如：参加火化尸体的人是不能入住别人家的——不管是近邻的家还是亲戚的家。但在泥石流发生后，村民不仅要火化尸体，还因失去家园而不得不借住在亲戚朋友家，这对灾民和援助者来说是痛苦的决定。最终，援助者本着关爱的立场，以宽容态度接纳受灾村民入住自己家。援助者不仅邀请受灾的村民在参加完尸体火化和葬礼之后到家中借宿，还亲自参加尸体火化工作。在巨大的自然灾害面前，文化禁忌让位于高尚品格，这是传统农村在应急中的所作所为（李永祥，2011）。

总之，云南省政府在国家政策文件指导下，倾力落实与执行气候与环境政策文件。同时，气候灾害与环境问题导致的灾害发生率高，各级政府组织实施《全国抗旱规划实施方案》，开展抗旱应急水源工程建设，继续推进山洪灾害防治、洪水风险图编制和国家防汛抗旱指挥系统建设。

五　社会性别平等政策文件

中国的公共政策中一贯不乏男女平等或保护妇女的内容，所有与妇女相关的公共政策适用于所有女性公民，包括女性流动者。例如，《中华人民共和国宪法》明确规定："中华人民共和国妇女在政治的、经济的、文化的、社会的和家庭的生活等各方面享有同男子平等的权利。"在1992年实施的《中华人民共和国妇女儿童权益保障法》第三十条就是专门针对农村女性，包括女性农民工，其规定："农村划分责任田、口粮田等，以及批准宅基地，妇女与男子享有平等权利，不得侵害妇女的合法权益。妇女结婚、离婚后，其责任田、口粮田和宅基地等，应当受到保障"。1988年，国务院出台《女职工劳动保护规定》；1990年，劳动部发布《女职工禁忌劳动范围的规定》；1992年制定的《中华人民共和国妇女权益保障法》在2005年做出修订；1995年，中国政府"将男女平等作为中国经济和社会发展的一项基本国策"作为再次推动中国男女平等和妇女发展的纲领。1995年，国务院制定了中国第一部妇女发展的专门规划——《中国妇女发展纲要（1995～2000年）》；2001年制定了第二部《中国妇女发展纲要（2001～2010年）》。虽然"公共政策一方面是因为公共政策具有权威性、强制性和引导性，由于性别不平等在中国社会长期存在，需要公共政策进行纠正和引导，通过制度的改变来推进性别平等的实现；另一方面，公共政策是否具有性别平等意识，将决定男女是否能够平等地从经济和社会发展中受益。"（张永英，2009）这些公共政策的制定和实施，产生了以下影响。①效率优先的公共政策导向一方面为一些妇女群体带来新的机会；另一方面使得另一些妇女处于更加不利的职业地位，如增加了非正规就业概率，也加重了一些妇女在家庭中照顾老人、孩子的负担。②效率优先的公共政策价值取向在加快中国经济增长的同时，对所处弱势地位的女性所造成消极影响有：大批下岗工人中女职工占多数；所有制结构调整和鼓励灵活就业的措施，导致更多女性被沉淀在工资低、缺乏保障的非正规就业部门，企业侵犯女职工劳动权益的现象层出不穷。③法律上的平等与事实上的平等还存在很大差距。在教育、卫生、社会保障领域的市场化取向改革，将家庭照顾的责任转移到家庭层面，主要集中在家庭中的女性成员肩上，她们承担照顾孩子及老人的责任。④一些妇女群体的权益不能平等获得公共政策的保障，劳动合同签约率、履行率偏低。⑤性别平等政策法规宣传不足，很多流动妇女并不了解这类政策法规，不能识别侵权、维权。因此，公共政策规定过于原则性，缺乏可操作性，缺乏惩罚措施，难以从根本上改变性别不平等这一状况。

（一）女性流动者公共政策

专门针对女性流动者而制定的公共政策笔者未检索到，在公共政策中能够搜寻到的主要是以针对女性创业就业而设立的扶持政策，其目标人群也包括女性流动者，另外还有针对女性流动者权益的专项执法行动项目。针对女性外出务工，政府部门主要重视的方面是，尽量减少女性农民工在就业和收入方面受到的性别歧视，力图通过加强劳动力市场的清理整顿，加强对工资支付、劳动条件等方面的管理，以及集中开展女性农民工权益保障专项执法检查等措施，来切实保护女性农村外出务工劳动者的合法权益。2005 年 12 月，国家要求各省市实施《中华人民共和国妇女权益保障法》，以推动维护妇女权益和男女平等发展。2008 年 9 月 25 日，《云南省实施〈中华人民共和国妇女权益保障法〉办法》颁布，其目标群体是整体的城乡女性劳动者。其中特别关注要积极组织农村妇女劳动力转移和流动，增加收入，脱贫致富，在农村妇女经济参与和自身发展中实现男女平等。设立的相关行动有："建立妇女劳动力培训基地"；开展"农村妇女劳动力'四自'[①] 教育"；开展"法律知识教育，以提高她们的综合素质和依法维权的能力。2009 年 3 月，云南省妇联、昆明市妇联联合云南省人力资源和社会保障厅、昆明市劳动和社会保障局共同协作，为"云南省启动妇女创业就业援助行动"的实践打开局面。该项目的目标人群也包括了女性农民工，其主要目标任务是提高妇女素质，扩大妇女就业、创业；主要内容包括举行女性人力资源、优秀女性专场招聘会，建立女性创业孵化基地，加大城乡妇女创业就业小额信贷资金、发展循环金项目资金扶持力度等。在项目推动过程中，对创业者实行免担保，个人不承担利息，由财政据实全额贴息，贷款周期最长不超过 2 年。在这些基础上，云南省妇联为创业人员提供

---

① 指中华全国妇女联合会面向全国妇女倡导的"自尊、自信、自立、自强"精神。

4项帮扶服务：为创业人员提供创业扶持政策、法律等方面的咨询服务；提供创业培训、项目推荐、项目评审等服务；在创业成功人士、企业家、管理专家和巾帼创业带头人中选择一批人员作为创业导师，实行“一对一”的创业指导服务；对创业人员在创业过程中遇到的困难和问题，提供跟踪指导服务，并帮助符合条件的创业人员向县级以上劳动保障部门申请一次性创业补贴。2010年9月颁布的《云南省鼓励创业促进就业小额担保贷款实施办法》中，强调女性群体，包括流动女性为重要目标人群，提出“妇女合伙经营，每人可申请失业人员小额担保贷款10万元，申请总额不超过30万元”，该贷款额比男性高出1倍。

（二）劳动力迁移中的留守妇女

由于大量男性劳动力从农村流向城市，留守在农村的妇女占整个农村人口数量的比率逐渐上升。留守妇女[①]群体成为农村普遍现象。据张俊才、魏翠妮在2006年的调查发现，留守妇女在全国达4000万～5000万人之多。目前，还没有关于留守儿童、留守妇女和留守老人权益的专门性规定。尽管存在一些村妇代会主任、妇女代表、致富女能手、种养殖大户、巾帼志愿者和社会爱心人士等，对生活贫困和老弱病残等特殊困难留守妇女家庭进行定点、重点帮扶，帮助她们解决生产生活中的实际问题，但这不是制度化的，而是即时性或临时性的。2012年，全国政协社会和法制委员会、全国妇联权益部、全国妇联儿童工作、教育部、农业部等组成调研组，完成《关于农村留守妇女儿童权益保护情况的调研报告》，该调研工作于2011年6～8月间就“农村留守妇女儿童权益保护情况”赴湖北、黑龙江、内蒙古三省区进行了调研，发现留守妇女所面临的问题和困难有：①生产生活压力重，劳动强度大，担心身体健康受损。②由于自己知识结构不足，发展能力弱。③由于在农村缺乏市场挣不到现金，难以承担家庭开支重担。④人身安全问题：丈夫不在身边，身体及财产极易遭受侵害，如性骚扰、强奸、入室盗窃等。⑤担心婚姻出现危机：一方面是自己在日常生产生活中会遇到异性照顾而出现婚外情；另一方面是丈夫长期在外会发生感情转移，动摇婚姻家庭的稳定。⑥在社区中处于“男人不在家”的弱势地位，遇财产分配、邻里关系、农业生产等纠纷时，其合法权益往往容易受到侵害。因此，缺乏社会性别敏感性，也就缺失了把留守妇女儿童作为专

---

① 指的是其丈夫长期（通常半年以上）离家进城务工、经商或从事其他生产经营活动，这些外出谋生的农民工群体的妻子被称为“留守妇女”。

门目标群体的公共政策制定，缺失了针对留守妇女儿童和老年人的服务管理为重要内容的工作措施。随即也就不存在各相关部门的合作，缺乏增加性别财政预算和资源配置，缺少协调督促、考评监督等长效制度，导致“男女平等发展”难以落实。

在留守妇女参政议政方面，尽管1998年全国人大常委会正式通过的《中华人民共和国村民委员会组织法》明确提出“农村妇女参政依然应当有适当的名额”，但农村妇女参政面临困境：因农村妇女处于社会边缘，其参政权利呈现边缘化，妇女所占的职位数量是绝对少数，并且所担任的副职多而正职少、虚职多而实职少；又由于长期处于政治文化边缘，她们对自身的政治权益普遍缺乏认识，更缺乏主动参与民主选举的竞争意识和热情。2002年8月，中共中央办公厅、国务院办公厅印发的14号文件也进一步强调，“要保证妇女在村委会选举中的合法权益，使女性在村民委员会成员中占有适当名额”。从实际情况来看，保证妇女有适当名额当选村委会成员的政策效果不佳，偏离了政府设定的政策目标。

针对留守妇女的发展要求，一些地方设立项目来推动农村留守妇女创业就业，如提供致富项目、信息；农闲时组织文化下乡，丰富她们的文化生活，融洽邻里关系；村里成立农村留守妇女合作互助组织，为她们提供机械耕田、机械插秧、联合收割机等农业专业化服务，减轻农忙时的体力劳动强度；把留守妇女纳入“阳光工程”，开展针对性强的“订单培训”，如手工艺术、家政服务、电脑操作、饮食服务、宾馆服务、旅游服务、中介服务、信息服务以及城市从业自我保护技巧和劳动安全知识培训等。

从相关政策梳理来看，气候或环境影响下的移民问题，尤其是性别视角下的气候移民的应对政策，目前应该说是缺失的，或者说是缺乏针对不同群体、不同性别的关注，仅从宏观群体一统概之是政策制定时需要解决的问题。

六 讨论

尽管国家层面、地方政府层面围绕应对气候变化出台了多项相关政策文件，但涉及民众角度的个人层面如何去应对气候变化及灾害发生后如何应对等具体措施和思路，多停留在宣传和倡导层面，以号召人们树立“节能、节俭、节约”的工作、生活和消费理念，而非具体评估与实施。例如，2013年国家发改委和有关部门围绕首个“全国低碳日”联合举办了一系列活动，都以教育培训民众认识、提高参与积极性为关注点；在《中国应对气候变化政策行动》报告中，仍只是推行提升民众意识、组织参与等形式，实现社会各界公众通过参加多种形式的气候变化教育培训等活动，增进对应对气候变化、践行低碳发展以及节能减排的认识，提升民众积极参与应对气候变化的自觉性。并没有数据显示越来越多的公众开始自觉选择低碳饮食、低碳居住、低碳出行的日常生活模式，也没有指标体系评估家庭、社区、学校及个人的节能减排行动。

“阳光培训”存在的问题：据笔者的调查，政府拨款的技能培训经费难以满足实际需求，培训机构采取压缩教学和培训时间的方法来降低成本，导致农民工难以学到一技之长；由于农民工普遍文化程度不高，经过培训的农民工掌握的技能较单一，限制其转移就业岗位；同时，对二次培训、多次培训的需求增多；虽然农民工培训覆盖率大幅上升，但是农民工反映培训不够系统性；劳动力转移就业培训跟踪服务薄弱；培训机构的师资队伍建设不能满足需求。

就性别政策来看，正如张永英所言，“改革开放三十年来，公共政策所要解决的社会问题和所要覆盖的目标群体都有所扩展，但也存在性别问题转化为政策议程的程度不够，以及一些妇女群体的权益没有平等获得公共政策的保障等问题”（张永英，2009）。

在农村的就业制度随 1978 年农村改革悄然发生变化之时，农村就业途径从“自然就业”开始转向“市场化就业”；农民“终身制”、“单一制”、“非流动性的”、“以农为主的”自然就业模式，逐渐被多元就业模式代替。农村出现了“男工女耕”的现象，使我国农业呈现了女性化倾向。同时，我国人口的受教育程度存在显著的地区和城乡差距，即东部和中部地区的受教育程度高于西部地区，城市人口的受教育程度高于农村人口；不同的地区也不同程度地存在受教育程度方面的性别差异。总体来说，男性和女性从教育发展的获益并不均等，男性人口受教育状况的改善速度和幅度都高于女性，总的趋势是城市中男女在教育上的差距较小，农村的差距相对较大，尤其是贫困地区的男女受教育差距更大。由于家庭角色分工、社会性别定位和自身素质等限制，农村妇女在参与社会就业时比男性面临更多压力，转移就业难度更大，面对的就业压力更加明显。这造成就业的性别歧视日益严重，加大了农村女性就业的难度；产业结构升级导致文化素质相对较低的农村妇女就业难度加大（刘晓竹，2010）。在当前性别平等仍存在巨大差距的现实面前，气候变化及环境问题更加阻碍了女性的发展。如果政策文件不能重视这个现实，不能在应对气候变化及环境问题上以性别视角加以关注，那么，性别不平等将成为中国社会乃至人类社会共同发展的重要问题。

第九章 社会性别、外出务工与气候变化适应性

一 背景

（一）气候变化对云南的影响

2009 年 11 月至 2012 年 5 月，云南省出现了 4 年连旱的特大干旱。全省在 2010 ~ 2011 年中有数百条中小河流断流、数百座小型水库干涸；2011 年全省库塘蓄水只完成常年任务的 62%，是有气象记录以来从未出现过的情况；全省 16 个州市都不同程度地出现土壤缺水失墒、人畜饮水困难和城乡供水紧张等问题，滇中、滇东北和滇东南等地区尤为严重。2011 年 12 月以来旱情更为严重，全省大部分地区降水量为 20 ~ 50mm，中北部不足 20mm，较常年同期偏少 5 ~ 8 成，滇东、滇中北以及滇西部分地区干旱迅速发展，全省河道平均来水量较常年同期偏少 31%，库塘蓄水总量较常年同期偏少 26%（赵德文等，2011）。

国家统计局云南调查总队的数据显示，持续干旱对云南的农业、工业、对外经济合作等造成了严重损失和影响。2009 ~ 2010 年旱灾造成的经济损失高达 1500 亿元，其中直接经济损失 170 亿元；2011 年因旱灾直接经济损失 70 亿元；截至 2012 年 2 月末，因旱灾造成的直接经济损失为 23.42 亿元。2009 ~ 2010 年，干旱造成了全省 2700 多万人受灾，近 1000 万人、2000 多万头大牲畜饮水困难，744 条中小河流断流、564 座小型水库和 7599 个小坝塘干涸，农作物受灾 4740 多万亩，成灾 2900 多万亩，绝收 1500 多万亩，小春减产 50%（赵德文等，2011）。

（二）旱灾对保山的影响

保山市位于云南西部边陲，下辖一区四县：隆阳区、施甸县、昌宁县、龙

陵县和腾冲县。长期以来，保山市都是滇西经济、贸易、技术、文化交流的中心城市之一，也是滇西交通枢纽和重要的商品集散地。

保山市地貌形态为横断山系切割山地峡谷区，纵向山脉与河流相间排列，山高谷深，峰谷相对高差多为1000～2500米，其间丘陵、谷地、盆地交错分布。从全市整个地貌来看，以纵向山地为主，山区面积占全市总面积的92%，坝区面积占全市总面积的8%。由于地形、地貌复杂，垂直高差悬殊，气象要素水平垂直变化显著，具有“十里不同天，一山见四季”的山地气候特色，甚至一座山、一条河谷随着海拔高度变化，就有几个“带”的差异。河谷和山脚炎热干燥，山腰温和湿润，山顶寒冷多雨，“立体气候”十分明显。因此，各种异常天气导致的水旱灾害十分频繁。

此外，保山市属低纬山地亚热带高原山区气候，降雨量的年内分配极不均匀，降雨时空分布不均，干湿季节明显。多年均降雨量为1400～3500mm，雨季（5～10月）降雨量占年降雨量的85%；干季（11月至次年4月）的降雨量占年降雨量的15%。而雨季连续4个月（6～9月）的降水量，可占年降水量的70%以上，此时段是河道泄水的主要时段，也是河道决口、坍塌的易发期，同时也是山洪、泥石流、滑坡、洪涝等灾害的并发期。总的来说，降雨时空分布不均仍严重制约着保山市经济社会的发展。另外，洪涝干旱灾害仍然是保山市最严重的自然灾害，严重威胁国民经济发展和人民群众的生命财产安全（保山市防汛抗旱指挥部、保山市水利局，2013）。

从2009年10月下旬开始，保山市大部地区降水持续异常偏少，到2010年3月中旬，全市大部地区的降水量达到或接近有气象记录以来的同期最少值，达到了百年一遇的气象干旱标准，全市大部分地区持续无有效降水日数在168天以上，大部地区的干旱天数超过180天。直到2010年4月中旬，大部地区的土壤旱情才基本得到缓解。而2010年1～4月全市大部的平均气温较历年同期偏高1.4～2.2℃。气温持续异常偏高，进一步加剧了干旱的程度。由于库塘蓄水不足，抗旱水源少，缺水严重。全市有25座水库、143个坝塘、1021个小水源点干涸，80条河道断流，有54.9万人、24.5万头大牲畜饮水困难。小春粮食、经济作物受旱面积354.42万亩，占播种面积的97%，其中成灾面积274.64万亩，占受灾面积的77%，绝收面积124.09万亩，占受灾面积的35%，损失粮食119.21万吨。据保山市防汛抗旱办公室统计，截至2010年3月下旬，干旱造成工业经济损失10.2亿元，农业损失11.86亿元，两烟及木本油料产业损失1.29亿元（胡安德、姚德宽，2012）。

(三) 以农村劳动力转移应对旱灾

持续干旱造成灾区水资源的匮乏和农业经济的损失，农业（种植业）已经无法维持当地农民的生存，不少村寨的农民把迁居城镇作为解决生存的唯一途径。

面对严峻的形势，保山市委、市政府决定按照省委、省政府的统一部署，启动实施“农村劳动力转移就业特别行动计划”，以劳动力转移就业来抗旱保民生。为促进“农村劳动力转移就业特别行动计划”的顺利实施，保山市各相关部门重点开展了以下工作：一是抓好转移培训，努力提高农村劳动力转移就业能力；二是积极组织转移输出，主动加强与劳务输入地党委、政府尤其是用工企业的沟通、对接，签订劳务输出协议，有序地组织农民工外出务工；三是切实做好跟踪服务工作，加强与输入地劳动保障等部门的联系，帮助外出务工农民解决工作、生活困难，维护其合法权益；四是营造良好的工作氛围，做好有关的宣传动员工作（保山市劳动促进会，2013）。

通过建立、完善人力资源市场建设，扩大农村劳动力转移就业地域，保山市形成了多渠道、多形式的劳务输出和就地、就近转移就业的格局。2010 年、2011 年保山市分别转移农村劳动力 46.9 万人次、47.12 万人次，实现劳务总收入 27 亿元、35 亿元。2012 年 1 ~ 7 月，全市共转移农村劳动力 33.7 万人次，实现劳务总收入 24 亿元（保山市劳动促进会，2013）。

(四) 研究的理论支持

发展中国家的农业部门在先天上有很大的脆弱性：农民数量众多，总体基础设施水平不高，雨养农业比重偏大，对自然资源依赖性大，存在普遍性的贫困和分配不均。这些明显的脆弱性使农业在面对气候变化时，往往处于劣势地位。联合国专家曾提出警告，农民将最先尝到气候变暖的苦头（IPCC，2007）。

吕亚荣和陈淑芬（2010）发现，性别、受教育程度、家庭人均收入、养殖业收入对农民有关气候变化的认知结果影响显著。而性别对农民采取适应性行为有显著影响，且表现为女性比男性更容易采取适应性行为，可能的解释是，随着越来越多的男性劳动力外出务工，女性在家庭农业生产中的作用和地位越来越重要，认识到气候变化的女性参与家庭生产决策使农户采取适应性行为变得容易一些。谢宏佐（2011）在江苏、山东、安徽三个省进行的农村气候变化影响研究发现，女性在应对气候变化方面有很强的行动意愿，而且，更多地关注气候变化对农业生产和农业收入影响的农户对气候变化的行动意愿更强烈。

胡玉坤（2010）把对气候变化的关注落脚到更为脆弱的农村妇女上。无论作为个人还是群体，农村妇女的脆弱性是不言而喻的。气候变化本身及其应对之策对社会性别关系的广泛和深刻影响无可争辩，这在中国也不例外。农村贫困妇女在气候灾难面前往往是更大的受害者，但同时这个庞大人群也是遏制气候变化的积极能动者。通过可持续地利用和管理森林、土地、水等自然资源，她们在确保对环境友好的生产和生活方式上可发挥更积极的作用。中国亟待在开发和实施减缓与适应气候变化的政策措施时保障农村妇女的权利，满足其需求，利用其知识和经验，并提高其参与可持续发展的能力。这不仅有益于降低这个庞大人群的脆弱性，而且也有利于其家人和社区的生存。

二　研究目的与方法

（一）研究目的

从前人的诸多研究来看，“家庭收入和家庭收入分配”以及“男性与女性的不同视角”在农民应对气候变化中扮演非常重要的角色，从当地政府以推动劳动力转移，用非农就业收入弥补农业因旱灾带来的损失就可以看出当地政府的理念与前人的研究有不谋而合的地方，但是从政府或前人研究得到的只是一个概要性、总结性的结论或是具体的数字，并没有深入地对受到旱灾影响的农户外出打工后带回的收入如何分配进行专门的研究，也没有在分析中结合男女两性的差异进行研究。从适应主体的角度来看，适应通常包括宏观的政府和微观的个体（这里指农民或农户）两个层面。农业和农民如何适应气候变化成为气候变化研究的重大议题和迫切需要解决的问题。而且从根本上讲，政府倡导的适应性策略需要农业生产经营的微观主体——农民来执行或实施，否则宏观政策就无法落到实处。政府的倡导和政策固然重要，但是农民的主观能动性和积极参与才是决定政策实施成功的关键。因此，对农户的具体行为以及行为背后的原因进行研究，找到能够提高农户主观能动性和参与性的动因才是宏观政策能够落到实处并发挥作用的关键。

本章以在云南省保山地区 3 个县（区）19 个乡镇 30 个社区、行政村/自然村开展的针对外出务工农民和非外出务工农民①对气候变化的认知，采取的

---

① 根据项目设计方的定义，本章讨论的外出务工农民/外出务工农户是指：接受问卷调查的农户家庭有一个或一个以上的家庭成员在过去 30 年（1984 ~ 2014 年）中任何时间曾在同一国家的另一个村庄或城镇，或另外一个国家的一个村庄或城镇连续停留两个月。除此以外的农户家庭则被视为非外出务工农民/非外出务工农户。

旱灾应对措施以及农村人口外出务工与气候变化的关联性，受援农户[①]如何使用打工收入以应对气候变化等相关问题的调研为基础。运用 SPSS 软件对项目点 30 份村庄问卷、300 份外出务工农户问卷和 300 份非外出务工农户问卷进行分析，试图探讨农户对近年区域内气候变化的感知和回应，对 2009～2013 年持续旱灾的应对，如何选择适宜的应对措施，不同性别人群选择的应对措施是否体现了性别差异等问题；外出务工能否对农户家庭应对旱灾带来积极正面的影响，外出务工收入在农户家庭应对气候变化中是否起到积极的作用等问题。

（二）研究方法

“喜马拉雅气候变化适应性”项目是国际山地综合发展中心与中国各个相关机构合作开展的一个区域性研究行动项目。云南省社会科学院经济学研究所和社会学研究所承担了该项目下的一个子项目，主要研究农村社区对气候变化/旱灾的适应，整个研究包括分析外出务工农户和非外出务工农户等不同群体的生计和对气候变化的回应和适应，同时对不同性别人群在其中的不同回应和适应进行分析。

三　研究发现

（一）保山外出打工概况

保山市是云南省传统的农业区，在 1.9637 万平方公里的地理总面积中，总耕地面积占到 242.91 万亩（常用耕地面积 232.89 万亩），粮、糖、茶、烟等产业是保山的经济支柱（保山市防汛抗旱指挥部、保山市水利局，2013）。保山市 2012 年的总人口是 252.7 万人，其中农业人口为 220 万人，占总人口的 87%，而人均耕地仅有 1.09 亩，农村富余劳动力有 80 多万人，培育劳务市场、发展劳务经济一直都是保山市促进农民增收、统筹城乡发展的重要举措。“十一五”期间，保山市累计转移农村劳动力 202.04 万人次，其中季节性外出务工 120 万人次，常年在外务工 80 万人次，务工总收入 120 亿元以上（保山市人力资源和社会保障局，2013）。劳动力的转移不仅提高了农民的收入，推动了各类职业培训和职业教育的发展，还带动了自主创业，形成了以创业带动

---

① 根据项目设计方的定义，本章讨论的受援农户是指在过去 30 年（1984～2014 年）的任何时间，接受问卷调查的农户收到从其居住地以外来的汇款收入，无论汇款方与受援农户家庭的关系如何，该农户被视为受援农户。如果接受汇款的活动发生在项目设计方设计的时段，即过去 30 年（1984～2014 年）的任何时间内，无论该农户是外出务工农户或是非外出务工农户，都有可能被视为受援农户。

就业的良好态势。据保山市劳动促进会提供的数据：2011 年保山市累计有 47834 人实现自主创业，到省外、市外、县区外和在县区内创业的人数分别占总人数的 9.06%、18.61%、23.92% 和 48.41%；共带动就业 141648 人，平均一个创业人员带动 2.96 人就业（保山市劳动促进会，2013）。

由于耕地偏少，保山历史上就有外出务工的传统，且外出务工一直都是以建筑业为主，在云南省内提起保山人的建筑工队，都是以技术精湛、吃苦耐劳而闻名。随着良种推广、农业机械的普遍应用，农业所需要的劳动力越来越少，而且由于农业的投入产出比下降，农业收入不足以满足家庭生活的需要，外出打工已经从原来农闲时创收的副业，成为家庭收入的主要组成部分，青壮年乃至部分年龄超过 40 岁的劳动力都常年在外务工。外出务工的农民已逐步由政府组织向民间组织转变，一批批回乡的打工带头人主动承担起组织农村富余劳动力转移的工作。在外出务工的人群中，体弱的人和妇女大部分前往深圳龙岗区一带做电子设备组装工作，有技术的强劳动力大部分前往内蒙古、河北、山东、新疆等地，还有一批懂外语的前往柬埔寨、老挝等国。

虽然保山传统上是农业地区，但外出务工也是有历史的创收方式，在本次旱灾期间，当地政府更是力推以外出务工来弥补旱灾损失。在这样的背景下，研究外出务工与旱灾之间的互动和相互影响，能够更好地了解收入、宏观政策和微观主体之间的互动，了解如何顺应、推动微观主体积极主动地适应气候变化带来的影响。

（二）项目点老百姓对旱灾的感受和灾害应对

除了村级调查问卷、农户问卷（含外出务工农户和非外出务工农户 2 份），项目还单独设计了一份灾害问卷，主要是看从 1980～2010 年的 30 年间，受访农户遭受的旱灾情况，并详细了解旱灾造成的家庭财产损失（折合现金）以及历次旱灾后农户家庭需要的恢复时间。旱灾问卷共发出 608 份，有效问卷 602 份。大部分的农户对最近发生在 2009 年，一直持续到 2013 年的连续旱灾记忆最清晰，觉得本次旱灾也是记忆里 30 年来旱灾强度最高、受害面积最大、家庭财产损失最多的一次。

但是，从农户的具体损失来看，旱灾的损失并没有预期的那么高。保山项目点的村庄分布在不同的海拔，加之立体气候比较明显，农业种植品种很丰富，基本上云南农村常见的水稻、小麦、玉米、烟以及蚕豆、豌豆、辣椒等都有种植。保山项目点的农户但凡自己家种植水稻的，基本都不需要到市场上购买大米，粮食自给程度非常高；部分城市周围的村子，由于城镇化推进划转为城市社区，基本农田都转为建筑用地，因此也和城镇居民一样，从市场上购买粮食食用。就经济作物而言，有烟、茶、咖啡、石斛等，品种比较丰富，而且烟、茶、咖啡等都有规模化倾向。在本次旱灾期间，农民大多采取了水改旱的措施，将水田拿来种植需水较少的玉米，希望收获玉米用于养殖牲畜来弥补水稻的损失。由于农户自家农地面积偏少和多样化种植/经营的缘故，旱灾带来的损失不高，大多集中在 2000 ~ 3000 元这个区间，最高的农户损失也只有 5000 多元。但是大规模种植的经济作物，如咖啡，就遭受了极大的损失。

旱灾过后，还没有出现大面积的地质灾害和其他自然灾害（截至项目组到项目点调查的时间），因此对农户来说，损失的多是当年当季的收成和随后 1 ~2 年的收成，对于农户所看重的家庭财产，比如说房屋建筑、农业机械等并没有显著影响。所以农户所需要的恢复时间一般都少于 20 个月，大多数人认为只要下一年的雨季正常降雨，上一年的损失就可以弥补回来。

在气候变化对农业生产产生不利影响时，农户究竟采取了哪些应对的适应性措施？为弄清楚这个问题，问卷通过给出大量的不同选项，覆盖所有我们目前可以想象到的农民可能会采取的 29 种不同的措施（见图 9 -1），涵盖生产

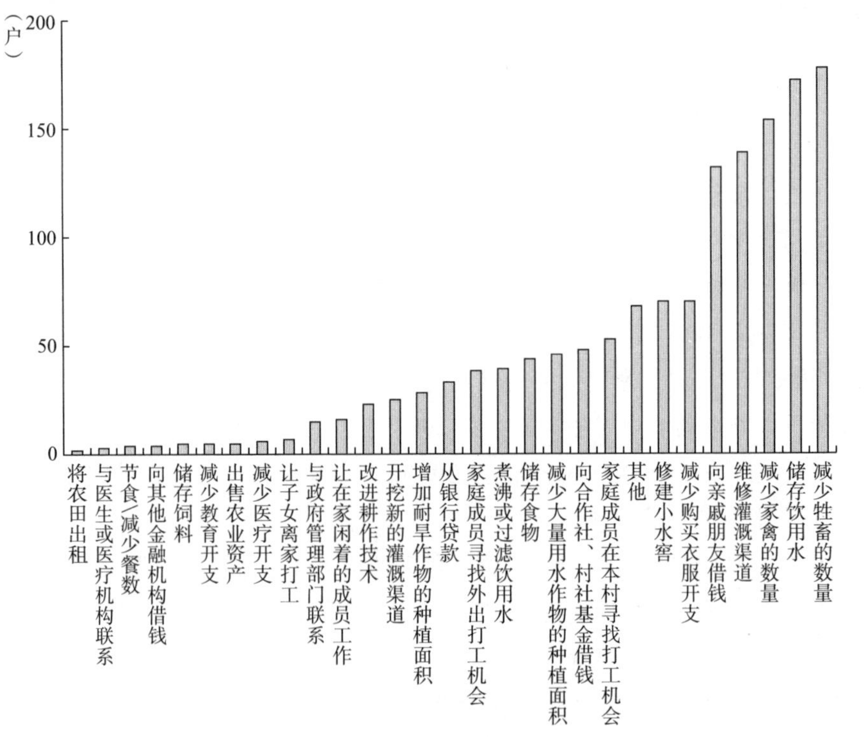

图 9 -1　农户应对旱灾的措施

（种植业、畜牧业）、教育、家庭财务、医疗卫生、教育等各个方面。从调查问卷的数据来看，农户采取的旱灾应对措施中排名前五的选项分别是："减少牲畜的数量"，总计 178 人，占 12.4%；"储存饮用水"，总计 172 人，占 12.0%；"减少家禽的数量"，总计 154 人，占 10.8%；"维修灌溉渠道"，总计 139 人，占 9.7%；"向亲戚朋友借钱"，总计 132 人，占 9.2%。

从不同性别的角度来分析农户的选择，两性之间还是有明显的差异：女性更多地倾向于一些经济实惠，能够及时生效的措施，如"使用地膜"；而男性更多的关注投资巨大，能够从"根本上"解决问题的措施，如"开辟新的水源"，但是这一选项需要大量的资金投入和政府间各个部门的协调工作，不是村民或者村集体/村组织能够做到的。与男性相比，有部分女性提到了"减灾防灾培训"这个选项，说明女性对家庭和家人安全的关注比男性更高。男性和女性都提到了"种树"这一选项，说明大家对周边环境的恶化或退化有切身的体会，也把旱灾的发生和环境退化等因素联系在一起。

对"过去 30 年，哪些机构或群体在家庭应对旱灾时提供了帮助"这个问题，32% 的受访农户选择了亲戚，29% 的农户选择了当地政府，还有 24% 的农户选择了朋友，金融机构和保险公司发挥的作用微乎其微。这一回答从侧面说明了为什么农户在应对旱灾时首选"被动性适应行为"而不是"主动性适应行为"。村委会、金融机构和保险公司对农业的指导和帮助职能在农业中缺失很多，农民有了困难，首先想到的是依靠自己的亲戚、朋友等人际关系网络来渡过难关，而不是金融机构和保险公司，说明农村金融服务和农业保险在农村的覆盖工作并没有做好，金融和保险并没有成为农民应对天灾的有力后盾。因此，成本、风险较小的被动性适应行为成为农户的首选，农户的潜意识是：旱灾已经造成损失，为了最大限度地止损，我得减少开支，而不是通过扩大投资，或是重新投资来弥补损失。农民追求的是以最小的成本/投入来止损，而不是通过对现有资本的再投资或是转换行业来弥补损失。

男性和女性在不同的选项之间也有不同的偏好。男性更多强调各级政府的支持和援助是非常重要的；女性则偏向于在有不能应对的情况出现时，首先从自己的亲戚、亲友那里得到援助。很多受访的女性农户都表示，平时家里的男性劳动力大多外出务工，在日常生活中亲戚朋友、周边的邻居之间互相帮忙是很常见的事情。如果她们的家庭遇到了困难，相信亲戚朋友都会给予帮助的，同样，她们也会在亲戚朋友或是邻居遇到困难时伸出援手。这样的结果与传统的"男主外女主内"的两性分工划分有关，也与两性对灾害应对措施的选择有很大的联系。

（三）外出务工与气候变化

通过请村委会受访村干部估算，大致上调研村寨2010年非劳动力人口中男性占53%，女性占47%；而劳动力人口中男性占52%，女性占48%。在此基础上，入户问卷也调查了受访村2011年和2012年外出务工家庭和非外出务工家庭的情况。2011年外出务工的家庭占所有调研村家庭户数的46%，而非外出务工比例稍高，占54%；到2012年，外出务工和非外出务工家庭的比例各占一半。

外出务工比例偏高除了有传统习俗的影响外，家庭成员的受教育程度也是一个重要的影响因素。根据调查问卷的结果，41.9%的受访户主均有初中学历，这一数字在整个云南农村的大环境下来看也是一个中等偏上的水平。户主的受教育程度较高，使得他们更容易接受外出打工的宣传和理念，其本人和家人比受教育更低的人有更多的机会和可能性得到外出打工的机会。特别是对于家庭中的女性成员来说，如果户主受教育程度相对较高，家庭女性成员相应也会有更多的机会接受更高的教育，在她们打算外出务工时也容易得到户主的支持。

从调查得到的反馈来看，旱灾并非推动外出打工家庭比例上升的唯一或决定性原因。首先，“寻找非农就业机会”并没有进入农民应对旱灾措施选择的前五项，仅仅只是排在第九位，而且范围界定是“在本村寻找务工机会”；其次，从保山市的农业状况来分析，土地面积偏少，富余劳动力多，农业长期小规模多样化经营，农民的兼业行为已经是个长期的传统。

（四）非外出务工农户

根据项目设计的界定，非外出务工农户是指那些在过去30年（1984～2014）中的任何时间都不曾在同一国家的另一个村庄或城镇，或另外一个国家的一个村庄或城镇连续停留两个月以上的农户或农户家庭。在入户调查时，只有符合上述定义的人才被视为非外出务工农户。另外，非外出务工农户也包括了那些在家吃住，早出晚归在本村内或周边村从事农业或非农业工作的人员，我们称之为通勤人员。

这样的就业方式，在保山市相关部门的文件里被概括为“离土不离乡”的就近、就地新型劳动力转移模式，也是保山市在应对本次旱灾中大力鼓励的农村劳动力转移模式。笔者也调查了农户家庭中的通勤人员，即早上外出工作，晚上回家住宿的人员的比例：在608户被调查农户中，有321户回答家里有通勤人员，占52.8%，其中男性有335人，女性有151人，超过80%的通勤人员都是15～64岁的（男女）劳力。男性通勤人员最常见的职业选择是建筑业、运输业以及农业，女性通勤人员最常见的职业选择是建筑业、批发和零售贸易以及农业。

保山传统上建筑业很发达，农村里面亲戚、邻居结伙组成小型建筑队外出做工的很多，很多小包工头农忙的时候在家务农，农闲的时候就和亲戚、邻居搭伙外出做工，因此建筑业是男性通勤人员的首选；排在其后的运输业也与建筑业有很大的关系。就女性通勤人员来说，跟随丈夫或者男性家族长辈到建筑工地做体力要求不高的小工，或者给男性建筑工打个下手是很常见的。除此之外，家庭富裕的农户，在村子里开设小卖部、代销点之类的传统批发零售行业，或是最近几年兴起的农资、建材代销点也被认为是体力要求较小、符合女性的特点/特长（比如心细、会算账等）的从业选择。

通过对一些关键信息人，比如说男性包工头、经营小卖部的女性的访谈，我们可以了解农民对外出务工和留在本地通勤打工的一些想法。对于男性来说，由于保山传统建筑业的发达和保山建筑工人技术能力和吃苦耐劳的美名，他们获得建筑业的打工机会比较容易。由于近年国家大力推动城镇化建设和（全国乃至全省）以固定资产投资为龙头带动经济发展的宏观环境的影响，周边城市和小城镇提供了很多的建筑业工作机会。建筑业工资高，工期大多集中在农闲时节，是男性壮劳力最好的打工机会，同乡、亲戚结队外出，互相照应，安全感和满意度也会提高。另外，笔者在调查中发现一个很明显的现象，由于年轻人不愿意学习“又脏又累”的建筑技能，而且年轻人觉得到外地打工能更好地开阔眼界，因此很多年纪超过50岁的男性，也出现在建筑业的通勤人员名单上。他们不能爬高负重，干一些技术性的活计，就和女性工人一样，挑水搬沙、洗菜做饭，干一些体力、技术要求不高的活计。

对于女性来说，跟随长辈或丈夫到建筑工地打工是保山地区的传统现象，但是近年来随着整个农村经济水平和农民收入水平的提高，各种各样的以小卖部、代销点为代表的批发零售业从业机会越来越多；另外，到城市或者周边城镇从事服务业也是不错的选择。在通勤女性眼中，早出晚归的通勤工作劳动力强度不高，还能照顾家庭，是很好的选择。有些人甚至认为，到外面打工固然能够开阔眼界，增长见识，拿到的工资比通勤工资高。但是大城市里竞争激烈，压力太大，挣到的钱大部分要用在自己的生活上，一年到头不一定能省下多少，特别是现在的年轻人，会花钱、敢花钱，有些人打工一年最后回家过年的路费还要家里人接济，还不如自己。而且外出务工对年龄有要求，对于上有老下有小的家庭主妇来说，能够照顾家人还可以在农闲时赚点零花钱，已经是非常不错的机会了。在女性通勤者的就业选项中，笔者发现“农业”也是排名比较靠前的选择，这只能说明农业女性化已经非常明显，而且从事农业的女性通勤者，普遍年纪偏大，农村劳动力缺乏和农村的老龄化现象也值得我们注意。

（五）外出务工农户的性别差异

在受访的608户农户中，有308户是家庭成员中有外出务工人员的，另外300户是家中没有外出务工人员的。在308户“外出务工农户”家庭中，笔者一共收集了682名外出务工者的相关信息。大部分受访农户家庭都有1～2名外出务工者，最多的有4名外出务工者。外出务工者以男性居多，而且男性往往也是村子里最早一批外出打工的人员。

对比男性外出务工者和女性外出务工者的其他数据，笔者有如下发现。

首先，男性外出务工者第一次外出打工的年龄普遍比女性要小，大多数的家庭仍然觉得女性比男性会面对更多的风险和不确定性因素，最好还是等成年以后，或者接近成年再出去打工更安全。

其次，由于劳动力市场仍存在大量劳动密集型企业的用工需求，性别排斥不明显，大量青睐女性的行业，如流水作业、饮食服务及加工业、保洁环卫等市场需求仍很大，需要大量女性工人，女性并没有觉得自己找到打工机会的概率比男性要小，或者机会更少。

最后，农村女性普遍认同社会或者市场上形成的女性职业范围的概念，不敢突破行业选择去从事传统被认为是男性职业的工种，比如说建筑业、厨师等。因此她们认为，就业市场并不存在女性排斥或拒绝现象，而是自己因家庭原因不能外出务工，是自己家庭角色的限制。一般来说，女性外出务工往往是在婚前，婚后就不再外出务工，因为“上有老下有小”阻碍已婚女性外出。但如果急需现金，两口子也会在婚后一起外出务工。男性婚后外出务工的距离往往不会离家太远，普遍在农忙时都回乡参与农事活动。女性普遍认为外出务工对每个人都是公平的。但展开讨论后也承认存在阻碍已婚女性外出的事实：“上有老下有小，还有猪鸡菜园子，都是女人活路”；“女人不在家嘛，家就丢烂啰”；“妈妈不在面前嘛，娃娃就读不好书啦”；“老公在外做活，这个家要女人来管”；“娃娃小，丢不开”；“家里有病人，出不去”。部分受访者认为，“经济条件不好的才出去打工，因为有些人家没有田地或种地不足以养家，同时娃娃读书和盖房子都需要现金”；“家里土地少就必须出去打工”这一说法同意者较多。

针对“一般是什么年龄的人外出务工”这一问题，受访者认为，20~40岁的劳动者较多，“女的45岁以上就找不到工作了，男的55~60岁以上就找不到了”；“到工厂找工，45岁以上人家就不要了”；“像我们45岁这个年纪的，搞技术的工厂都不要我们了”；“我在北京餐馆做工，餐馆服务员一般的话20多岁就差不多了，年纪再大些就不要了”；“浙江人在我们这里搞了个石斛园，一般60岁就不要了。我去找工时人家教我说我只有55岁，如果我说实话，人家就不会要我做工了”。可以看出，年龄成为重要的谋职障碍。同时受访女性还认为，文化程度对外出打工有重要影响。如“文化好工资就好”；“不管做什么，有文化就做得成，没文化就做不成。比如去宾馆给人洗被子，有文化的就学得快，没文化的就学得慢”；“学历高的活就轻松点，学历低的活就重点”。

（六）外出务工人群与社区应对气候变化的关系

笔者在调查中也设计了“受访农户如何评价外出务工人群对社区的贡献”这一问题，希望了解外出务工人群对受访农户的帮助情况（见图9-2）。

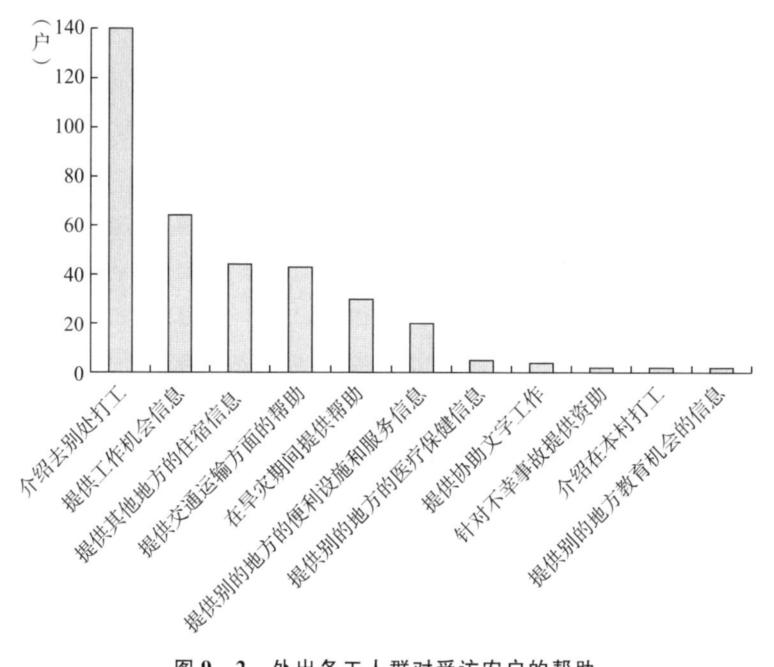

图9-2　外出务工人群对受访农户的帮助

总的来说，受访农户对外出务工者带给本乡本土的影响持正面和积极的态度，认为除了其家庭和个人的收入增加以及眼界开阔之外，外出务工的人更多的是在提供外出务工各种相关信息方面给其他人以帮助。也有农户提到外出务工人员“在旱灾期间提供帮助”，通过进一步的询问，大多都是类似于为旱灾期间急需寻找外出务工机会的人提供相关信息，与前面的选项大同小异。

从图9－3中可以看出外出务工者所带回的技能和知识中，排在前三位的是“石匠技能”、“计算机知识”和“驾驶技能”，其他新技术，如其他语言知识、烹饪技能、电路维修技能等排名也比较靠前。外出务工者带回来的新技术多半与自身在外所从事的职业有直接关系，这些新技术和新知识大多集中在非农业的行业内，大多数技术对于社区，特别是社区面临的旱灾来说实用性不强。因此，对遭受旱灾的社区来说，现实意义不大。

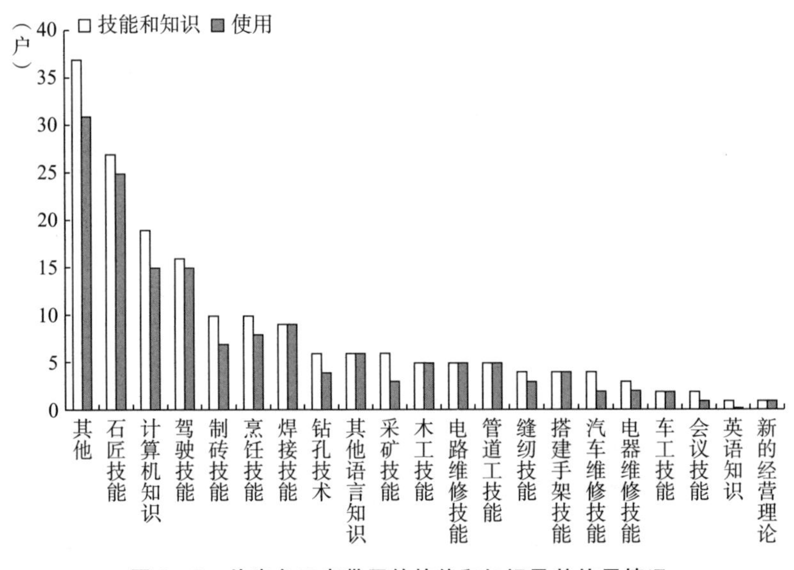

图9－3 外出务工者带回的技能和知识及其使用情况

外出打工本身及外出打工带回来的技术对农民的旱灾应对没有起到比较积极的作用。由于针对收入的调查和数据分析是以家庭为单位进行的，因此没有对男女两性的收入差异和用途进行具体的了解。

（七）外出务工收入对留守家庭应对气候变化影响的分析

从收入构成来看，排在前五位的收入来源分别是汇款收入，非农业打工薪水，出售农作物、蔬菜、水果收入，其他收入和打散工日收入（见图9－4）。

我们可以看出，首先，农业的兼业化或者说农民生计的多样化已经表现得很明显，农民已经不再依靠来自种植业的收入为生；其次，畜牧业的收入在收入结构中所占比重比预料的要低，也许是受到旱灾的影响；最后，政府福利补贴、养老金收入和发展援助项目收入所占比例非常低，说明政府的各种补贴、农村养老计划以及其他发展援助项目覆盖面偏低或者是投入偏少，对改善农民的收入结构没有起到预期的作用。

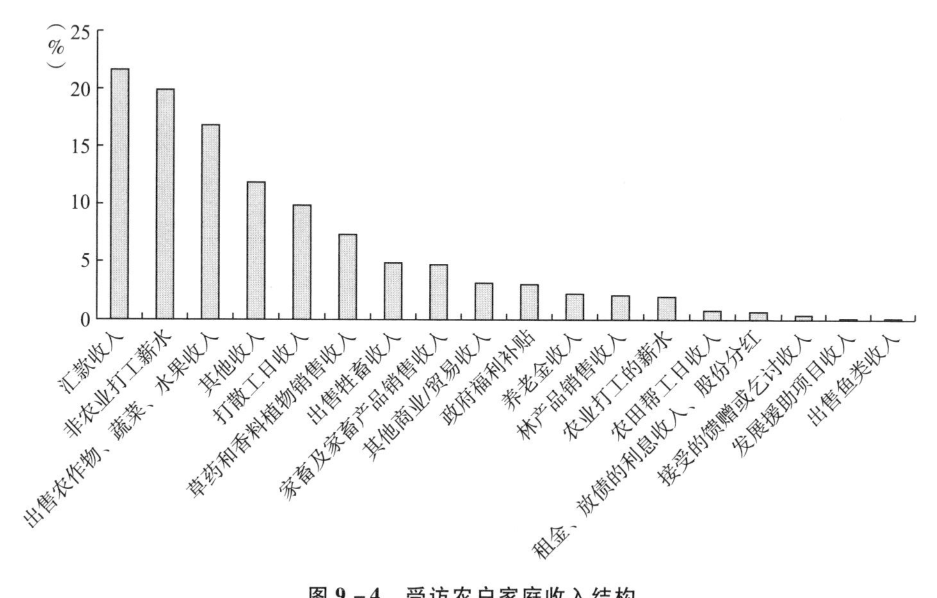

图 9－4　受访农户家庭收入结构

因为汇款收入是受访农户最大以及比较稳定的现金收入来源，所以我们在问卷设计中重点关注了受访农户是如何使用汇款收入的。图 9－5 是过去 30 年间农户对汇款收入的使用情况。占据开销项目前四位的分别是支付医疗费用（144 位农户，13.2%）、购买食物（138 位农户，12.6%）、支付通信费用（119 位农户，11.0%）、购买日常消费品（118 位农户，10.9%）。有 2 个选项并列第五位：用于基础教育费用（99 位农户，9.1%）和社区活动（99 位农户，9.1%）。

图 9－6 是最近一段时间（过去 12 个月）农户对汇款收入的使用情况。排在前五位的开销项目分别是支付医疗、购买食物、用于储蓄、用于基础教育费用以及社区活动。

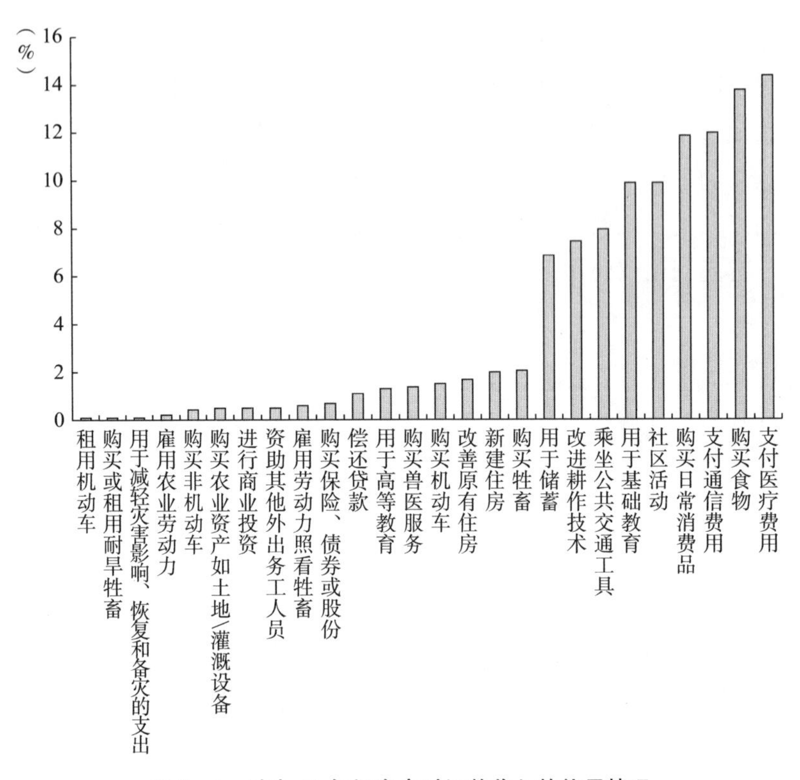

图 9－5　过去 30 年间农户对汇款收入的使用情况

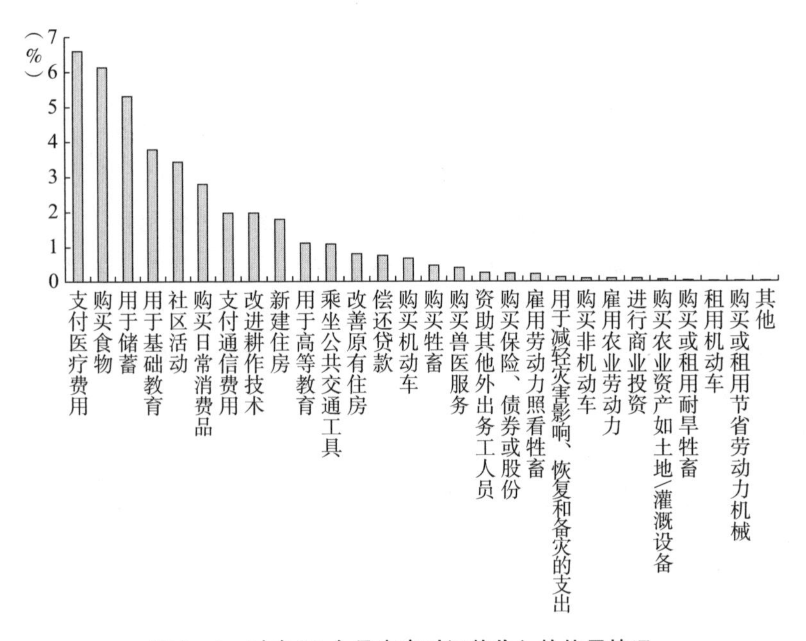

图 9－6　过去 12 个月农户对汇款收入的使用情况

四 总结和讨论

通过在保山地区开展与气候变化有关的调查，我们发现：以外出务工来应对旱灾给农户家庭收入带来的损失是一个有效的措施，而且这项措施之所以能成功是因为宏观政策顺应了农户的资源禀赋（如耕地面积等）、农业生产特点和生计多样化的实际。农户的收入来源多样化之后，农业收入占据农户家庭收入的比例逐渐下降，农业生产对农户家庭的影响也在逐渐减弱，旱灾对农户家庭收入的影响变小。但是，大量的青壮年劳动力外出，还是给农村的生产生活带来了一定影响。首先，家庭劳动力不足的状况加重；其次，由于外出的男性明显比女性多，留守在家的女性劳动负担加重，在应对旱灾时，需要亲戚朋友或者是邻居施以援手；最后，外出务工选择的产业大多是工业或服务业，返乡后的农民工无法在本地应用在外学到的技能和技术，不能很好地造福于社区。从留守农村的大多是妇女这一角度来看，当地政府应该选择更适合妇女特点和偏好的应对措施来帮助留守人员，毕竟她们才是直接面对旱灾，受到旱灾影响最大的人群；另外，如果政府政策到位，组织有力，她们也可以成为应对旱灾的主力军和生力军。

大部分农民对旱灾以及与之相关的气候现象有一定的认知，其虽然认识到在 30 年的时间内自己居住的小环境发生了一些很明显的变化，却没有清楚地了解造成变化的原因，大部分农民都是通过接受问卷调查，才对气候的变化有了更加明确的认识，而从其他渠道获取气候变化信息的农民数量较少。

农业旱灾适应性动态变化过程中主要影响因子是自然环境、社会经济以及人类活动。在自然因素影响中地形地貌、气候资源、土地资源、水资源等对农业旱灾适应性产生了深远的影响；社会经济影响因素分析过程中，人均资源占有量（农民人均纯收入、人均耕地面积）在逐年增加、水利灌溉设施在逐步得到改善、作物种植结构在不断向有利方向调整，这些措施在不同程度上降低了旱灾对农业的影响。人为因素在增强区域农业旱灾适应性方面起到至关重要的作用。近年来，农户在农业生产、生活上进行了调整，如增大农业生产中资金、人力、物力的投入；提高农户收入多样性，进而增加非农收入；加大农户人力资本投入等都对农业资源的利用方式和效率产生了积极影响，但也存在很多问题。

参照 Smit 等（1999）提出的“适应性行为具有目的性”的定义，农民应对旱灾的措施可以分为主动适应性行为和被动适应性行为两类。主动适应性行为是指在旱灾影响的结果被观察到之前农民所采取的应对行为。在应对旱灾的选择上，这类行为表现得比较主动，具有事前适应、预期适应的特点，在本章中主要指农民调整作物品种、修建基础设施、采用新技术、改善农田周边的生态环境、购买农业保险、退出农业等行为。被动适应性行为是指在旱灾影响的结果被观察到之后农民所采取的应对行为。在应对气候变化的风险上，这类行为表现得比较被动，具有事后适应、临时应对的特点，在本章中主要指调整农时、增加化肥农药投入、增加灌溉等行为。但是由于本章调查的时间周期（30年）比较长，而且几次旱灾都延续两三年的时间，可以说上一年的旱灾还没有恢复下一年的旱灾又来了。主动性适应行为和被动性适应行为之间的界限很模糊，因此在提问的时候我们选择问农民“每一次干旱的第一年采取的措施”，以便后续的分析能够清晰界定两种不同的适应性行为。

从调查数据来看，在适应旱灾的措施选择中，受访的农户更倾向于选择被动适应性行为，而非主动适应性行为。农户选择最多的第一个选项“减少牲畜的数量”和第三个选项“减少家禽的数量”背后的原因是旱灾期间，降雨减少，家庭生活用水也随之减少，要优先保证人的用水需求。保山地区农村大量养殖的家畜是猪和鸡，传统的养猪方式需要在饲养和清洗猪圈的过程中消耗大量的水，而且旱灾期间牲畜的疫病增加，因此减少在畜牧业上的投资是农户的首选。第二个选项“储存饮用水”也和前面调查农户家庭饮用水来源的数据相符，在一般的情况下自来水能够保证供应，但是旱灾来临时供水量和供水时间都会减少，因此要储存饮用水。现阶段保山地区的农业大多是靠天吃饭的雨养农业，旱灾的影响不是农户靠临时的小规模局部措施能够解决的，但是向上级政府部门申请直接的援助也不太现实，因此第四个选项是“维修灌溉渠道”，而第五个选项是“向亲戚朋友借钱”。总的来说，“开挖新的灌溉渠道”、“改进耕作技术”、“增加耐旱作物的种植面积”等主动性的适应行为没有出现在农户的优先选择名单上。当然，也有相当比例的农民选择这些措施应对旱灾，但人数相对较少。

此外，不管是从长期（30年间）还是短期（过去12个月）来看，“支付医疗”对于农户来说都是需要用到大量现金，也是最重要和花钱最多的消费项目。虽然新型农村合作医疗已经覆盖了90%以上的农村人口，但是新农合能够报销的基本项目偏少，报销比例偏低，因此农村人口因病致贫、因病返贫的事例数不胜数。另外，由于留守在家的妇女和老人、孩子是直接面对旱灾带来的各种变化的人群，她们的健康是受到直接的、最明显的影响，在健康上的开销是为未来投资，只有当留守在家的人群拥有良好的健康状态，其才能更好地参与到各种应对旱灾的措施中去。

“购买食物”在长期和短期消费项目中都排在第二位。首先，食物消费开支占比很高，说明农户的生活水平不是太高，虽然笔者没有调查居民家庭的恩格尔系数，但是“购买食物”从长期和短期来看都是很重要的消费开支来看，当地农民的生活水平并没有达到全国甚至是云南省的平均水平，维持基本生存仍然是非常重要的。其次，从“购买食物”占消费开支的优先位置来看，农民自给自足的小农经济已经完全打破，农民并不能生产自身消费所需要的所有食物，因此，农户的食品开支就受到宏观大环境变动的影响，即便他是农民，自己种粮、养猪，但是他仍然要到市场上购买粮食和肉类、蔬菜。因此，即便旱灾对农户短期的生产活动造成影响，但是只要有其他收入来源做支撑，农户还是可以通过市场来获得食物。还有另外一种可能的原因就是，农民消费水平提高，开始追求以往自己不能负担、不能生产的食品，诸如外地甚至是外国产的水果、海产品等，导致食物消费开支增加。

“支付教育开支”不管是在农户家庭的长期开销或是短期开销中都占据了比较重要的位置，这说明农户对教育的重视，而且表现出长期的趋势。农户对教育的重视，是对农村孩子的未来进行投资，受过良好教育的人群比例越高，对气候变化的宣传、教育的接受度也越高，相应的对气候变化的适应性就越强。而且农户对教育的重视度也从侧面说明，对农户开展气候变化相关的教育是可行的。

虽然“外出务工”在本次旱灾应对中并没有发挥特别明显的作用，但是我们不否认外出务工者带回来的收入对增强家庭抵御旱灾能力的贡献。只能说，外出务工的收入因为家庭消费分配的偏好和受整体社会环境制约而优先分配到其他地方去了。此外，所有从保山市相关机构得到的材料中都提到，本次旱灾是百年不遇的，因为农民对气候变化的认知不够，对旱灾的危害也没有更深入的认识，诸多限制因素制约了农民对旱灾应对的投入。持续的针对农民开展气候变化的长期性、长远性影响的宣传教育活动是帮助农民更好认识气候变化带来的影响，有助于他们采取积极主动的应对方法的重要前提。

女性由于受到传统观念的限制，而且受到照顾家庭的职责和操持农业的双重束缚，难以在外出打工中发挥自己的作用，进而缺少现金收入，在家庭经济掌控上与男性相比处于弱势。但是，随着农业女性化和农村老龄化的加深，地方政府必须重视和发挥女性在农业和应对气候变化中的积极作用，通过一些非经济收入的方式加强女性在相关事务方面的话语权和参与性。

五 建议

作为落实适应气候变化国家战略的微观主体，农民气候变化认知水平的提高是非常重要和必要的。只有农民认识到气候变化的存在和对农业生产带来的影响，才有可能主动适应气候变化，才有可能规避气候变化对农业生产和家庭收入带来的风险。

首先，应改变现有的应急式外出务工管理体制；健全外出务工服务体系，加大对外出务工的投入，针对外出务工工作设立相关管理组织和机构，统一负责农村劳动力输出工作的培训、指导、管理、协调，掌握劳动力市场的变化情况，提高劳力输出的组织性；制定劳力输出的优惠政策，如培训政策、补助政策等，为劳动力输出的组织、服务和管理提供重要的保障，促进劳动力的有序输出；通过提高外出务工人员素质和技能，促进体力型输出向技能型输出转变，同时鼓励外出农民工返乡创业，实现“输出人员，引回人才；输出劳动力，引回生产力”的目标，促进经济社会的快速发展。

其次，政府要对农民，特别是留守在家的妇女和其他人群加强气候变化知识和适应性措施的教育。教育可以提高农民的素质，进而提高农民的认知能力，实现农民主动采取适应性行为的目的。政府要扩大气候变化知识宣传的途径。通过丰富多样的渠道宣传气候变化，有意识地引导农民的生产行为，加强天气预报的准确性、及时性。目前，农民采取适应气候变化的措施还比较单一，基本是围绕调整农时、作物品种和增加投入等方面进行，以后应该进一步加强农业保险、采用新技术、改善农田周边生态环境、修建基础设施等方面的力度，特别是做好应对极端气候事件的准备工作。

在引导农民选择具体的适应性措施时，应该充分重视当地农民的个人、家庭禀赋和区域特征，因地制宜，对于不同文化层次、不同务农经验及不同区域特征的农户给予不同的指导，这样才能使各项措施达到最好的使用效果。

外出务工导致劳动力流失，政府在组织留守农民抗旱救灾时，要明确不同人群的需求和特点，推进适应气候变化行为的合作。政府要主导推进农户之间通过组建农民用水协会或是类似的抗旱技术协会的形式开展合作。

第十章　社会性别视角下的流动、气候变化和适应性

一　背景

（一）研究概况

1. 研究的目的与主要问题

本研究旨在探索流动作为一种生计方式，与村民回应气候变化带来的灾害（此文主要探讨旱灾）及其适应性之间的关联，其中特别是要探讨基于社会性别的权力关系在与劳动力外出流动的相关家庭决策过程中如何体现和运作，例如外出流动的决定、影响以及打工带来的汇款如何使用等。本研究还试图探讨相对于没有流动经历的女性（来自有男性外出务工者或无男性外出务工者的家庭）来说，有流动经历的女性是否具有更强的应对气候变化的能力与资源。除此之外，本研究还可能需要回答的一些具体问题如下。

- 哪些妇女更具有流动的条件？
- 妇女流动的原因是什么？
- 流动是否对妇女角色和家庭中的社会性别关系造成影响？
- 流动妇女在对汇款的使用和应对气候变化方面是否更有发言权？

2. 研究方法

本研究是定性研究，以深度访谈为主要方法，其中访谈对象分为三类：流动妇女（或目前没有流动但最近 1 ~2 年内有流动经历的妇女）、家中有男性外出打工的非流动妇女、家中无男性外出打工的非流动的妇女，每类访谈人数分别为 14 人、13 人和 13 人，年龄在 22 ~53 岁之间，受教育程度为：文盲 1 人；小学（含未毕业）23 人；初中（含未毕业）12 人；初中以上（含高中未毕业和中专毕业及未毕业）4 人。

（二）研究点概况

王村位于云南山区，隶属保山市施甸县由旺镇，海拔1450米左右，距由旺镇政府5公里、施甸县城25公里、昆明660公里；属亚热带季风气候，年平均气温17.1℃，降雨量1025mm；耕地面积1479亩，其中水田493亩，旱地986亩；村民人均纯收入3000元/年。全村包括11个村民小组，共计625户2010人，其中男性1023人，女性987人，2013年出生人口性别男女比例为13：8（2012年为12：12），义务教育完成率为100%。

二 主要发现

（一）家庭生计情况

1. 农业生计

在王村，土地较少是受访者普遍反映的问题，因此全村主要种植作物品种相对较为单一，主要为玉米、水稻、蚕豆、豌豆、生切烟和烤烟等，具体情况见表10－1。

表10－1 受访者家中农作物种植品种情况

种植品种	频率（N＝38）①
玉米	36
水稻	36
小麦	4
辣椒	7
蚕豆	7
豌豆	9
油菜	4
土豆	4
生切烟	7
烤烟	6

在14位有过打工经历的受访者中，除了两户因为家中没有老人而在和丈夫一起外出务工期间将家中土地全部交给亲戚来种（不收租金）以外，其他12位受访者在外出期间家中土地是由老人（忙不过来时请亲戚帮忙或者雇工）

① 有2户常年外出打工，家中土地已完全交给亲戚打理。

耕种的。

在受访者家庭所种作物中，玉米基本全部用于喂猪和鸡（养猪多的家庭则还不够，需额外购买），水稻则只能用于满足家中粮食需求（受访者中只有两户未种水稻，因为无水泡田，水田改成旱地之后种了其他），蚕豆、豌豆、辣椒和油菜所占土地面积都较少，除了自家食用，可以余下少量拿到市场买卖。

而同作为政府和企业联合支持的经济作物，种植生切烟和烤烟两者收益相当，最终是否种植这两种作物以及具体是种植其中哪种，则取决于家中土地面积多少（烤烟除了种植用地本身，还需有土地建烤房用于后期加工）。家中有烤烟的受访者用于种植烤烟的土地为5～60亩，种植面积超过5亩的家庭还租用了村中其他家庭的土地。此外，多数受访者表示无论种烤烟还是生切烟都"不怎么好赚钱"，并且这几年由于气候原因（将在本章第三部分详述），种出来的烟"不怎么好"。"烤烟公司对种的烤烟越来越严格，经常有烤烟不合格，公司不要，我们就只能拿这些烤烟来当肥料压田。"（ZBQ，40岁）

此外，共有26位受访者家中养猪，4位受访者家中养鸡，4位受访者家中养牛（且养猪）。养猪的受访者中，只有3人表示由于家中只养了1头猪，因此所种玉米刚够喂猪；其余23位受访者都表示除所种玉米外，还需要额外购买玉米和饲料，导致成本增加，因此养猪"很不划算"。也有受访者认为猪染病和市场上猪价不稳定亦是不赚钱的原因。

2. 非农生计

（1）流动妇女

受访者中，只有一名24岁的未婚女性是与姐姐、姐夫一同外出打工；一名妇女因为丈夫身体不好只能留在家中，因此自己独自去往瑞丽餐馆打工；其余妇女均为已婚且全部都与丈夫去往同一工作地点打工，其中两位受访者的子女也一同前往（即全家除老人外都外出务工）。她们的流动类型均为"长期在外"。省外目的地有广州、上海、常州、南通、成都，其他均在云南省内（保山市外），工作场所有电子配件厂、服装厂、染布厂、魔芋粉厂、造船厂、建筑工地、木材厂、砖厂、硅厂等。

（2）家中有男性外出打工的非流动妇女

访谈中，只有一位受访者是其父亲在外打工，其他受访者家中外出打工的都是丈夫。在他们当中，除了一位是长年在外只有过年回家外，其余的都是季节性外出打工且大多离家不远（云南省内，保山市外），因此基本可以保证在农忙时节回家帮忙。他们的基本工作场所为砖厂、建筑工地、大米厂（装卸）

等，收入为2000～4000元/月。

(3) 家中无男性外出打工的非流动妇女

约有一半的受访者家中无任何非农生计来源，但其中几家主要依赖种植烤烟等经济作物，在当地是烤烟大户。

其余受访者家中的非农生计来源则比较多样化：有3位受访者丈夫不时去附近村子帮人做木工或砌墙，报酬为60～80元/天，但工作时间不稳定，有时几个月都没有活干；其余受访者家中有丈夫当烤烟督导员的，也有开营运车的；有3位受访者自己能够获得非农生计来源，途径分别是在村幼儿园煮饭、找野菜卖以及（赶集时）在镇上集市卖卷粉，但相对来说收入较微薄。

3. 性别分工

不同类型的家庭在农业生计、非农生计和家务劳动方面的性别分工如表10－2所示。总的来说，无论家庭里有无男性外出打工，妇女在农业生计和家务劳动方面都肩负着沉重的负担。而在夫妻双方外出打工的家庭中，女性负担相对较轻，因为在打工地丈夫逐渐开始参与家务劳动，而家中农业劳动仍然主要由女性老人承担。

表10－2 不同家庭类型的性别分工情况

	有流动妇女的家庭	只有男性外出打工的家庭	无人外出打工的家庭
农业生计	除了一位受访女性认为公公婆婆做得“一样多”之外，其他受访者都表示家中农活由婆婆承担	家中老人尚在且仍有体力做农活的情况下，主要农业劳动都由老人和留守妇女共同承担 虽然在农忙季节，一些“有技术含量”（比如修烟）和重体力劳动活（例如挖地、泡田等）可以由丈夫回家来做（本村男性打工类型以季节性短工为主，打工地离家也较近），但女性仍然承担了许多传统习俗中认为不该由男性完成的工作（例如插秧）。 丈夫无法回来的时候留守妇女则主要通过雇工或请亲戚帮忙来减轻劳动负担	受访女性中有一名表示由于丈夫身体不好，所以农活主要由自己来做；有两名女性的丈夫是村干部，因此她们认为自己理所应当承担更多的农业劳动 除此之外的受访女性都表示自己和丈夫“不分工”“一起做”，但是从她们的具体描述中，仍然可以看出就算丈夫在家，实际仍是女性承担了较多的农业劳动：“也没有什么分工，日常大多是我，收成时候他会来帮着我一起”（FTH，38岁）；“煮饭、喂猪、喂牛都是我做，烤烟这方面，他负责烧火、砍柴，种地、打药都是找人干的，招工的时候我多数就是做做饭，有时也帮忙，他负责指挥；种苞谷（玉米）的时候我去挖沟，忙起来他才来，不然他就在家和小伙儿一

续表

	有流动妇女的家庭	只有男性外出打工的家庭	无人外出打工的家庭
农业生计			起，收的时候我劈、他挑，卖烤烟是他去卖，分级扎把的时候是我找几个伴儿一起搞，他搞不来”（YEP，40岁）。而她们对此通常流露出“都是一家人，没必要算那么清楚”的不以为然的态度，并不抱怨
非农生计	一同外出打工的夫妻有在同一工作地点做相同工作的，也有从事不同种类工作的，工资根据工作种类（分工多是基于性别差异）和计件多少等决定	在有男性外出打工的家庭中，打工收入是所有受访者全家的唯一非农生计来源	无男性外出打工的家庭中，约有一半家庭有非农生计来源，其中大部分由男性获得（运输、附近的建筑雇工等），少部分由妇女获得（在幼儿园煮饭，赶集时卖野菜、凉卷粉等）
家务劳动	在打工地的家务更多是由夫妻双方共同承担的；老家的家务则主要由婆婆承担	主要由妻子妇女承担，和老人同住且老人（主要是婆婆）健康的情况下有时帮忙	

4. 十年来家庭生计情况的变化

（1）流动妇女

所有受访者都表示过去10年家庭收入来源产生了变化，过去主要依靠种植农业作物生活，现在外出打工在家庭收入中所占比重会越来越大。

此外，有一半受访者觉得10年来自己家的生活越变越好了，因为收入有所增加；但也有一半受访者认为现在家庭收入虽然看上去增加了，可是开销和原来相比也增多了（比如盖房子、小孩读书、老人生病等）。由于依旧没有什么存款，她们评价目前生活水平为“和以前一样”，甚至“越来越难过”。

（2）家中有男性外出打工的非流动妇女

本组受访者的经历差异性较大，有的家庭是10年间男性一直在外打工，有的则是不断变换着生计模式；有的家庭依靠男性外出打工还完了盖房子和供小孩读书的借款，有的则经历着各种起伏与困难（养牲畜失败、农作物减产等），甚至有受访者认为生活“一年不如一年”。但总的来说，几乎所有受访者都觉得近年来由于建房、小孩读书等原因，家庭开销越来越大，虽然收入也增多了，但她们并不认为“手头宽裕”了。

(3) 家中无男性外出打工的非流动妇女

虽然本组受访者家庭10年来的生计情况基本是以农业为主，但其中经历的种种变化还是各不相同。她们普遍认为10年来生活起起落落，每种生计的选择都伴随利弊，很难明确评价“越来越好”或“越来越坏”，习惯用“都差不多”来描述这种情况。

此外，受访者普遍认为在家务农赚不到钱，“没有意思”，但又在没有其他办法（种种原因导致家中男性没有外打工，或者外出之后选择不再外出）的情况下，为了提高家庭收入水平不断在农业生计范围内做出各种尝试和努力。

5. 对未来家庭生计策略的预期

在对未来家庭策略的预期方面，三组受访者的态度基本相同，除一位受访者明确表示会有变化（丈夫将外出打工）外，几乎所有受访者都认为未来将维持现状，也有几位受访者表示“不知道”、“不敢想”，叙述中流露出缺乏自信和较为悲观的情绪，没有明确的预期。另外，从访谈中也可以看出农村发展政策和市场对家庭生计有着影响。

> 过完今年的八月十五，我老公就要出去打工了，因为我家刚刚盖完房子，需要钱。(MYG，28岁)
>
> 出去打工我不想，在孩子受教育的这段时间我不会去打工。农民还不是一直望着庄稼。烤烟只要政府要发展我就要种，政府不发展我就不种。(ZYJ，39岁)
>
> 我也不敢想了，要看自己的运气了。(YKZ，28岁)

（二）流动情况

1. 流动的条件和机会

本组受访者提到的本村妇女外出打工的工作场所主要有砖厂、工厂（电子、染布、造船等）、工地（主要是煮饭），她们认为外出打工不需要特殊技能，但是如果要进工厂则至少需要小学文化。

在王村，通常外出打工人群分为三类：夫妻一起外出打工、丈夫独自外出、未婚男/女青年结伴外出，他们能够外出打工的支持条件如表10-3所示。

表 10－3　能够外出打工人群的支持条件

外出打工人群的情况	支持他们外出的条件
夫妻一起外出	家中老人可以照顾小孩、小孩年纪较大可以照顾自己、小孩已经离家读书；两人身体都较好
丈夫独自外出	家中老人可以帮忙务农；丈夫身体较好
未婚男/女青年结伴外出	自己愿意；家中同意（一般无反对意见）

从表 10－3 可以看出，大多数已婚女性在本村是不可能独自外出打工的，而如果丈夫外出打工，决定她们是否和丈夫一起外出的，主要是家中老人和小孩的情况，与受教育程度关系不大。

在访谈中有一位妇女是丈夫在外打工染病去世后，为了两个儿子读书的费用，自己一人外出打工，将孩子抚养长大，她算是村中外出打工妇女的特例。

值得注意的是，受访者强烈认为“父母都外出打工会影响孩子的学习并造成他们不听话”，因此可以说小孩的情况（年纪大小、是否有人照顾）是决定妇女是否外出的最重要的因素。这同时也说明了王村妇女流动的机会并不是均等的，从机会大小来说，未婚女性机会最大，已婚且小孩较小的妇女机会最小（见图 10－1）。

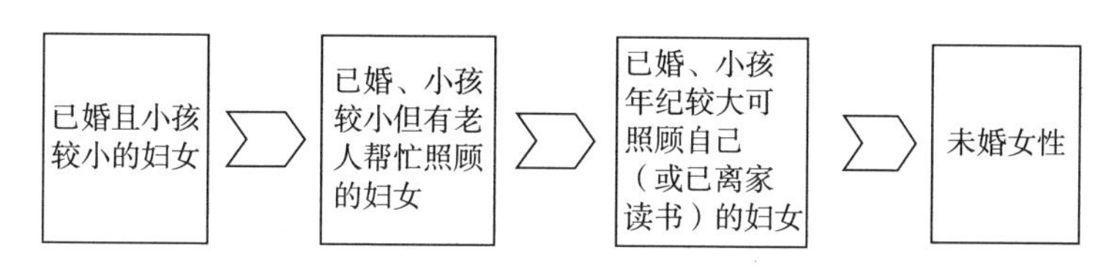

图 10－1　妇女流动机会（由小到大）排序

而大部分没能外出打工的受访者表示其实自己是想要外出打工的，但也是受制于以上几个因素，她们最终放弃了外出的打算。“小孩 3 岁的时候我和我老公一起去砖厂，去了几个月，后来妈妈病了就回来了，现在小孩上初中我就不能去了，会影响（小孩）的……我是想去的，现在都想去的，但也怕老了就没人（用人单位）要了。”（ZGX，29 岁）“十七八岁在瑞丽馆子里当服务员，结婚后有娃娃就不出去了，现在婆婆也瘫了，娃娃也小，所以也不出去了，其实还是想出的。”（ZYQ，41 岁）

此外，在回答“是否所有妇女都能在外出打工时获得好处”的问题时，有两位受访者认为受教育程度越高的妇女外出打工越好找工作，因此也更能赚钱；其余受访者一半认为只要出去都能赚钱，另一半认为还是“多劳多得”——那些吃不了苦的妇女就算出去打工也是赚不到钱的。

2. 流动、不流动的原因和决策

(1) 流动、不流动的原因

• 流动妇女和家中有男性外出打工的非流动妇女。在流动妇女受访者中，有3位受访者第一次外出打工就是跟随丈夫，她们当时外出的原因和今天相比没有什么变化，都是“为生活”（具体为需要现金供小孩读书以及盖房子）；有1位受访者第一次外出打工是婚后独自一人，原因是与婆婆不合；其余9位受访者第一次流动经历都是婚前且在20岁以前，对她们来说，第一次外出打工都是为了“出去看一看”，赚钱不是首要目的。

而结婚之后她们和丈夫一起外出打工，原因也都是为了获得现金，以满足家庭（尤其是小孩读书和盖房子）需要。同时，她们也都认为年轻时外出打工的原因对目前的她们来说已经不重要了。

与此同时，对家中有男性外出打工的非流动妇女受访者来说，她们家中男性外出打工的原因，与上组受访者一样，仍然不外乎地少、种地不赚钱、盖房子和供小孩读书。

虽然我们看到“流动妇女”和“家庭有男性外出打工的非流动妇女”，这两组受访者家中男性外出的原因基本相同，但如上一部分“流动的条件和机会”中所提到的，前者的家庭满足了一些已婚妇女能够外出流动的必要条件，如家中老人年纪不算太大、身体健康且能够照顾小孩，或是小孩已经中学毕业等，而后者则恰恰相反。这种区别直接造成了她们最终处境的不同——前者能与丈夫一起外出，而后者只能留守在家。

• 家中无男性外出打工的非流动妇女。本组受访者绝大多数在婚前都有过外出打工的经历，因为回家结婚（大部分）、自己或家人生病，以及觉得受老板气而中断了打工；也有受访者婚后与丈夫一起外出过，但由于家中老人生病或是小孩无人照顾而选择不再外出。

而关于家中男性为何没有选择外出，2/3的受访者给出的原因是丈夫身体不好，两位受访者表示丈夫“就是不想”、“觉得出去也赚不到钱”。还有一位受访者说是因为丈夫在村中担任职务，走不开。

(2) 流动、不流动的决策

在所有结婚前曾经外出打工的妇女的经历中，无论是外出前或是外出中，都可以看到父母意志的影响——有的妇女年轻时曾经想要外出，但由于父母不同意（多是因为不放心或希望她们留在家中帮忙做农活）而最终放弃；有的妇女虽然外出了，但如果父母要求她们回家（以结婚或是“在外面也赚不到钱，不如回家帮忙”为理由），她们也会遵从父母的意愿中断打工回到家中。

而在结婚之后，涉及家中是否需要采用流动生计的模式维持生活以及具体谁流动的问题的时候，上一代的影响力变弱了，所有受访者表示都是丈夫决定（决定依据参照“流动原因”部分内容）的，并且他也是和自己商量过的；大部分受访者表示同意丈夫意见，因为“不出去打工确实没有办法”。但也有几位受访者说自己心中虽有不同意见但没有表达，或是表达了可是收效甚微：“他出去打工我自己心里不好受，但是说不同意也没有用，我就没说”（DHM，43岁）；“我本来也想跟着一起去，但是他说娃娃小，两个人在外面消费大，所以我也没有去”（XYB，40岁）。

由此可见，在家庭过去关于流动、不流动的决策过程中，女性的意志仍然是从属于家长（对于结婚前的妇女）和丈夫（对于结婚后的妇女）的。

（3）未来打算

对于流动妇女来说，在回答“现在是否仍然想要外出打工”的问题时，所有受访者都表示仍然想去，原因是“不去赚不到钱”。也有受访者说虽然也很想在家照顾孩子，可是“不去没吃的”，也就只好继续选择外出打工。

与流动妇女类似，家中有男性外出打工的非流动妇女在回答“他（外出男性）还计划打工多久”的问题时，都回答“等到打不动”或者“等到账还完”、“娃娃读完书”等，无一人提出家中男性目前有中断打工的打算。

可见对于以上两组受访者来说，家中有人外出打工是在选择有限的情况下，目前来看最为理想的生计模式。

而对于家中无男性外出打工的非流动妇女来说，除了那些丈夫身体不好的受访者回答今后家中也不会有人外出以外，其他受访者则表示丈夫未来是有可能外出的：“两三个月前他还是说过娃娃大些，他还是想出去打工，想去外省。他还想学个驾照，会开车是他的一个理想。我不反对他出去打工”（XYB，40岁）。

同时，对于那些没有流动的受访者（包括家中有男性外出和没有的），在回答自己未来是否打算外出时，大部分表示可能不会出去，理由仍是老人、小孩无人照顾的实际困难，或是认为自己“年纪大了，找不到工作”，因此就算心中想去也不会提出。也有少部分受访者明确提出了自己的想法，但是遭到了丈夫的拒绝：

如果他出去我想跟他一起出去，但他说我还是在家带娃娃好，我也不知道了。(XYB，40 岁)

我倒有这种（出去打工）想法的，但我家男的不想去，也不给我去，我很想出去看看这个世界，就是去看看啊，但是我一问他，他就一口拒绝……叫我天天在家，吃坏点没关系，就是不想给我去。（YEP，40 岁）

从这些叙述中可以看出，妇女的意见不只是在过去家庭生计的决策中处于从属地位，其声音就算在未来家庭生计的规划中，也几乎不被听见，或者说被听见但是仍被“习惯性”地忽略了。

3. 流动情况

由于流动者的流动目的地、工作类型等内容，已经在第二部分“生计策略”中提及很多，这里就不再赘述，只从“对工作的满意度”、“面临的挑战”和“社交网络与支持系统”三个方面来看流动者的状况。

(1) 对工作的满意度和面临的挑战

如表 10－4 所示，流动妇女对工作相对满意，但同时她们都认为在外打工面临挑战，涉及工资、劳动强度、人际关系等，其中心理问题成为受访者提到最多的挑战。

表 10－4 对流动妇女和留守妇女（对丈夫）工作满意度和面临挑战的评估

评估者	工作满意度	面临挑战
流动妇女	有 4 人对现在工作不满意，其中 3 人（2 人在工地，1 人在造船厂）是由于“太辛苦”，1 人是由于“工资太少”其余 11 人都表示满意或基本满意 总的来说，辛苦程度和工资水平是受访者对工作满意与否的决定性因素，然而就算那些表示满意的受访者也并非“绝对满意”，有几位说“不满意也没有办法，那就算满意吧”，而大多数人都会通过和自己过去在家的情况以及和在家伙伴的情况相比，得出相对满意的结论	所有受访者都认为在外打工面临挑战，涉及工资、劳动强度、人际关系等，其中心理问题（主要是担忧在家的小孩，工作压力太大等）是被提到最多的挑战 “家里有压力，孩子不听话、老人生病啊会觉得有负担；技术这方面不好也会有压力；有时候工作太累觉得承受不了就会想换工作，换个环境”（HYC，26 岁）；“有很多困难，比如我的两个小娃娃在家里都是自己煮饭吃，自己照顾自己，我在外面随时都心不安，生怕她们跟男生又有什么，我们随时都在打电话问着她们，难呢。”（YHJ，44 岁）

续表

评估者	工作满意度	面临挑战
留守妇女	约一半人认为丈夫满意目前工作，因为“赚到钱”或“不怎么辛苦”，但回答相对空泛：“满意，这行（水电工）比较轻巧，他身体弱”（ZYQ，41岁）；“谈不上满意，能稳稳拿工资就行了”（JCY，48岁）。另一半人认为丈夫不满意自己的工作，因为辛苦：“天不亮就吃早点，晚上9点才吃晚饭，浇灌时还连夜干”（YWQ，53岁）；“他不想去，在砖厂又脏又累，但是去其他地方又干不了什么，别的也做不来”（YZF，32岁）；还有两位表示“不清楚，他没说。”从中可以看出留守妇女对丈夫在外的情况并不很清楚，也不确定对方对这份工作的看法	1/3的受访者认为丈夫在外打工“没有挑战”；有1/3表示“不知道，他没跟我说”；剩下1/3表示“有挑战”，具体为不能按时拿工资以及身体状况不好。 这同样体现出留守妇女对丈夫在外打工的具体情况其实并不是十分清楚

而家中有男性外出的非流动妇女的回答相对简单并且模棱两可，回答满意和不满意的各占一半，其中有人认为丈夫在外打工“没有挑战”，表示“不知道，他没跟我说”和表示“有挑战”（不能按时拿工资、身体状况不好）的各占1/3。也有少数妇女不是十分确定丈夫对这份工作的看法，这也体现出她们对丈夫在外打工的具体情况其实并不十分清楚。

（2）社交网络与支持系统

• 流动妇女。关于“你在外出打工时得到过任何机构和个人的帮助吗”这个问题，一半受访者回答“没有”，另一半受访者得到过的帮助来源和帮助类型如图10－2所示。

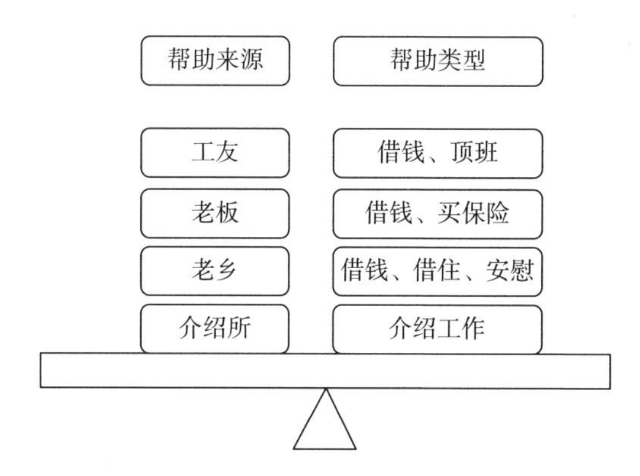

图10－2　流动妇女外出打工时所得到的帮助来源和类型

此外，有6位受访者认为和第一次外出时相比，自己在打工地的朋友网络没有扩大；另外8位受访者则认为扩大了。

与此同时，所有受访者第一次外出打工时在目的地都有亲戚、朋友或老乡，她们是从亲戚、朋友或老乡处确切得知招工信息后才做出外出决定，并不是盲目前往。而大多数受访者第一次外出时也都有伙伴同行，这可以理解为是她们降低风险和获得安全感的流动策略。

• 家中有男性外出的非流动妇女。除了2位受访者回答“不知道”外，其他受访者提到的丈夫在打工地的“熟人”主要是老乡、亲戚和工友，其中大部分受访者表示丈夫外出之后认识了新的朋友。而她们也都提到丈夫外出时就算不是“有伴”同行，也一定是在打工地有老乡或亲戚，也就是说，是在获得了相对准确的工作信息之后才前往目的地的，这一点和上一组受访者的情况是相同的。

而在回答“丈夫在打工地有困难会找谁帮忙”的问题时，5位受访者回答“不知道”；1位受访者回答“自己解决”；1位受访者提到了会找老板借钱；其余受访者都表示获得的帮助主要是由亲戚或老乡介绍工作或是有事可以有人商量。

然而与本部分前几个大问题的情况一样，本组受访者的回答有近一半都是“不知道”，而那些“知道”的受访者提供的答案也比较模糊和空泛，由此可以看出她们对丈夫在外打工境遇不甚了解，笔者或许可以猜测他们（夫妻）在这方面是缺乏交流的（可能是她们不问，也可能是丈夫不愿细说）。

4. 汇款的使用

（1）账户情况

• 流动妇女。除一位24岁未婚受访者表示自己不给家中汇款之外，有4位受访者是通过银行给家中定期（1～2个月一次）汇款，汇款接收人是正在上中学的儿子或女儿；其余受访者是自己回家时不定期带回，如果家中有急用，则会托人带回。受访者汇款收入占工资的份额不等，最少的占1/3，最多的占4/5，其中以2/3或1/2最普遍。带回家中的现金的接收者都为公公，因为“家里都是公公主事”。

此外，在受访者夫妇打工所在地是将工资打在银行卡上的情况下，夫妻二人会各有一张银行卡，其他情况下受访女性都没有独立账户，存钱、取钱和汇款都由丈夫用自己名下的银行卡完成；通常受访流动者家中会有一本公公名下的“一折通”，用于接受各类政府补贴，这是由于办理各种手续需要身份证，不方便使用家中外出打工者的名义，如果家中无老人才会置于受访者丈夫名下。

• 家中有男性外出打工的非流动妇女。本组受访者估算，丈夫外出打工带回的收入占工资的 1/3 ~ 5/6，其中以 2/3 最为普遍。

有 5 位受访者的丈夫是通过银行转账给家中带钱（2 位 2 ~ 3 个月一次，1 位一年两次，2 位频率不定，根据家中需要），其中 4 位受访者有自己的银行账户，1 位受访者使用丈夫留在家中的银行卡；其余 8 位受访者的丈夫则是根据家中需要（通常是受访者开口）不定期由自己或是请他人带回现金，这 8 位受访者都没有自己的银行账户，家中用于接受政府各类补贴的“一折通”都是用丈夫名字开办的。

（2）汇款（或收入）使用情况

• 流动妇女。本组受访者在将生活费、小孩学费 + 生活费、医疗费、农业垫本、人情往来（挂礼等）、储蓄、还贷等家庭支出项目由大到小排列时，不同家庭的情况不同（有无贷款、是否正在盖房、家庭成员身体状况、小孩年纪等）导致排序结果差异较大，但总的来说，储蓄一项几乎在所有家庭中所占比重都不大（因为很难存钱）；如果家庭成员身体不好，则看病就会成为所有开支中较大的一项；各家庭用于人情往来的开销普遍不少，所占比例与农业垫本相当；生活费（包括外出者在打工所在地的生活费与家中老人的生活费）在大部分家庭所占比例都很小，普遍不及小孩的学费和生活费。

而在回答“家中谁决定了汇款的使用”时，大部分受访者表示钱拿回家中就是老人（公公居多）决定如何使用，但老人一般会主动告知汇款的使用情况，而在打工地的花销则普遍由夫妻两人共同决定。少数受访者表示在打工地花费很少，都是用于日常生活，因此自己可以决定，但会主动告知丈夫花销情况。

同时，在“外出打工之前你在哪方面参与家庭支出决定”的问题上，除了一位受访者表示自己可以全权决定所有家庭支出外，其余所有受访者都回答“小事”（例如农业生产和日常开销等）自己可以决定，但“大事”（比如盖房子或是挂礼）就需要“互相商量”，最终还是丈夫做决定。

总的来说，由于“一起商量”这一表述本身具有模棱两可和不确定性，也因为从客观上来说，受访者与丈夫外出期间和在家时需要决定的花销项目也是不同的，因此仅从本组受访者的叙述，我们不能直接得出“外出打工提高妇女在家庭经济方面的决策权”的结论。

- 家中有男性外出打工的非流动妇女。本组受访者将生活费、小孩学费+生活费、医疗费、农业垫本、人情往来（挂礼等）、储蓄、还贷等家庭支出项目由大到小排列的情况虽然具有多样性，但明显与上组受访者不同的一是本组大多数妇女将“还钱”（包括因盖房子欠银行和亲戚朋友的）排在了第一位，而上一组受访者几乎没有提到这一项；二是相对于上组受访者通常将“生活费”（包括外出者在打工所在地的生活费与家中老人的生活费）排在最后的情况，本组受访者的排序中，生活费一项相对靠前，与小孩的学费和生活费不相上下。而与上一组情况相同的是，储蓄一项几乎在所有家庭中占的比重都不大（因为很难存钱）；如果家庭成员身体不好，则看病就会成为所有开支中较大的一项。

以上列举的两组排序差异，有可能是在外打工的受访者其实并不十分清楚家中开销情况（许多受访者表示钱拿回家去就不再过问老人的使用情况）造成的；还可能是由于两人在外打工的家庭获得的收入高于仅男性在外打工的家庭，前者早于后者盖好了房子，所以不存在借款问题。

此外，与上一组受访者有所区别的是，本组受访者中有一半表示家中“小事”（生活费、人情往来、农业垫本等）可以自己决定，而“大事”（如盖房子开支、如何还钱等）会和丈夫商量，由他决定；另外1/3则表示家中开支会和丈夫商量，但最后自己可以决定。而从访谈中，可以看出大部分受访者在丈夫外出打工前后，其家中的经济支配权有所提升。

> 他不问我怎么花，看我自己计划，哪点该花不该花，我有数。以前也商量，但主要是他决定。（YWQ，53岁）
>
> 生产垫本他不在我可以决定的，但是一般要和他商量。他一般决定大的，比如生产垫本、人情钱、娃娃读书等；他在家的时候都是他做主，我不做主，因为也不做事情。（JCY，48岁）
>
> 他在家他决定，他不在家我决定……以前只有吃的方面我可以决定。（YPY，41岁）

另外，所有受访者都表示丈夫不会过问汇款如何开支，但自己会主动告知丈夫。

（三）流动的影响

1. 流动对家庭的好处、坏处

如表10－5所示，所有受访者一致认为流动对家庭的好处是“可以赚钱”；绝大部分流动妇女都认为流动的坏处是“无法教育子女”，也有1/3的受访者提到“无法照顾老人”；除此之外，留守妇女还提到丈夫外出自己的劳动负担加重、丈夫在外工作的辛苦和危险也是流动的坏处。家中无男性外出打工的非流动妇女则大多认为流动“没有什么坏处”，这可能是由于本组受访者大多没有自己或丈夫外出的经验，对别的家庭具体情况了解不多。

表10－5　不同妇女对流动给家庭带来影响的评价

对流动的评价	流动妇女	家中有男性外出打工的非流动妇女	家中无男性外出打工的非流动妇女
好处	所有受访者都认为“可以赚钱”，每组分别有两位受访者还提到可以扩大交际圈		只提到“可以赚钱”
坏处	只有一位受访者表示外出打工对家庭没有坏处，其余所有受访者都认为坏处是“照顾和教育不了小孩”、“担心小孩学坏”；有1/3的受访者还提到“照顾不了老人”；此外被提到的坏处还有“农田荒废”以及“在外受欺负”	除了两位受访者分别回答“没有”，一名回答“不知道”外，还有1/3的受访者表示坏处是自己的劳动负担加重了。此外，被几次提到的坏处还有丈夫在外辛苦或危险，同时还有一位受访者提到了心理上的孤独感：“需要他的时候他不在，感觉没有靠山，比如说娃娃生病的时候靠不到他，我搭不到车，就只能自己背着娃娃，走路一个小时去由旺医院。”（YYL，32岁）	本组受访者有超过一半表示“不知道有什么坏处”或者“没有坏处”，只有少数提到了“小孩无人照顾”。此外，有一位受访者认为夫妻感情也会受影响（另外两组受访者中无一人提及）

2. 流动与农业生产、社区活动

如表10－6所示，对于有流动者外出的家庭来说，留守老人（夫妻外出的家庭）和妇女（丈夫外出的家庭）是代替外出者进行农业生产和社区活动的主要劳动者。同时，与超过2/3的留守妇女认为丈夫的流动使农业生产受到了影响相比，几乎所有流动妇女都认为自己和丈夫的流动没有对家中农业生产造成影响。两个群体的受访者都认为流动对家庭参与社区活动没有任何影响。

表 10－6　流动对农业生产和社区活动的影响

	流动妇女	家中有男性外出打工的非流动妇女
农业生产	流动妇女外出时主要是家中老人替代她们工作（也包括亲戚和雇工）	丈夫外出时主要由留守妇女代替其农业生产中的工作（也包括家中老人、亲戚和雇工）。另外，虽然大部分外出男性都在省内打工，离家不远，农忙时也可以回来帮忙，但留守妇女的劳动负担仍很繁重。 “比原来更辛苦了，以前都是两个人一起，现在就都是我一个人做。收苞谷的时候就要做到晚上两三点钟。”（DJH，40 岁） “都是我做，他在时可以打药、烤烟、装窑，他不在我就自己做了。有时请人打田。”（YSQ，48 岁）
	除两位家中无老人的受访者认为自己的流动减少了农田产量（一位家中地完全荒了，另一位则把地都给兄弟种了）外，其他所有受访者都认为自己的流动对农业生产没有影响	超过 2/3 的受访者认为丈夫外出对家庭农业生计有影响，但影响不大，主要体现在农业产量下降（原因多为“自己很多来不及做”“技术不如他好”等）以及种植作物的改变，特别是在许多家庭由于受访女性无法泡田，因此这些家庭放弃了种植稻谷，改种其他作物。 “所有东西都没有他在家的时候种得好，我的技术没有他的好，我施肥这些都要给他打电话。他出去之后，我们家种的玉米少些，我一个人种，产量也少了。”（DHM，43 岁） “我们基本不种谷子了，因为种谷子要泡田，我老公不在，泡田要请工，不划算，所以田里面我们就种玉米。”（YXK，43 岁）
社区活动	所有受访者都认为流动对家庭参与社区活动没有影响，因为老人（夫妻都外出的家庭）和留守妻子（丈夫外出的家庭）都可以代替外出者参与社区活动（如开会、选举）并承担社区义务（如公共设施的修建），也可以选择用“出钱”代替“出力”	

3. 流动与个人/家庭地位

• 流动妇女。在“流动是否改变了你作为一个女人的生活”这一问题上，除了两位受访者表示“没有改变”外，其余受访者都认为“流动改变了自己作为一个女人的生活”，这些改变主要体现在相比在家的妇女，流动妇女觉得自己在经济上更为宽裕，辛苦程度也较低。特别值得注意的是，许多受访者还提到以前自己在家要做所有家务，但外出后由于可以在工厂吃饭，自己的劳动量就变少了；也有不少受访者提到丈夫会帮她们一起分担家务，这在以前在家时是没有的。除此之外，也有两位较年轻的受访者，认为外出打工开阔了自己的眼界，改变了一些过去的想法。

在家的肯定比不上我们，在家没有什么钱进来，我们就算一天赚几十块也是有进账的……而且在家家务事我做，在外面就是两个人配合着做，下班丈夫做饭，在家是我做给他吃，他忙。我很幸运，也很高兴，一下班我就绣我的十字绣。现在他也洗衣服。丈夫性格也好一些了，在家做农活累了就会发脾气，在外面轻松一些。我出去胖起来了，以前很瘦。（ZYX，44岁）

改变就是，去外面就不在太阳底下晒，没有在家辛苦操劳，也没有那么累。（YXY，42岁）

如果我像别人一样读完书结婚在家里面干活，那（生活）就完全不一样。我从一开始就想出去看一看。她们（大多数村里女孩）那样就是一辈子为了小娃娃，基本上很少想到自己。我自己可以自给自足，也就不用和家里要钱，钱多了还可以寄回来。村里也有人说我还不结婚，但我不想那么早，城市里二十七八岁不结婚的人很多的。（HYY，24岁）

而在回答“流动是否改变了你在家庭和村中的角色与地位”时，有一半受访者表示其角色和地位没有因流动而变化，剩下一半受访者则认为变化了，而且无论是在村里还是家中，自己的地位都提高了。

在家的除了天天做活，也没有什么了。我们在外面有小伴认识得多，知道得也多，心情也好，两口子一起出去打工的，妇女的地位还是要高点。我家老公赚的钱都交给我，想用点什么我就可以用，他也不管，想给孩子老人买什么就买点什么，要给老人钱也给我商量。不过家家不一样，人和人不一样，不是每家都可以这样的。（ZYX，43岁）

比以前老公更听我的意见了，在家里面地位提高了，两个人商量，比在家的时候好。（LXJ，43岁）

地位要高一点，她们羡慕我们每年出去得苦能苦回来，她们苦不完种不完，天天都不能休息，天晴下雨都要去（干活）。在家那么苦，又赚不到钱，我们轻松，还能赚到钱。（ZYX，43岁）

同时，2/3的受访者认为自己的流动没有使得家庭在村中的地位发生改变，剩余1/3的受访者则表示自己的流动提高了她们家庭在村中的地位，但其中一位受访者也提到了流动造成了她的家庭和村中其他家庭疏远的情况。

• 家中有男性外出打工的非流动妇女。与上组受访者很不一样的是，本组受访者中只有一位认为丈夫流动使自己在家中的决策权变多了，其余所有受访者都认为丈夫外出打工没有给自己在家庭和村中的角色、地位带来任何改变。

> 他在家有的事情我就做不了主，他不在家有的事情我就可以做主了。（YPY，41 岁）
>
> 不改变，一般做什么决定都是两个人商量。在村里也没有影响，像我们这种农村也不存在说男人不在就被欺负，大伙还是团结的。（ZYJ，39 岁）

• 家中无男性外出打工的非流动妇女。在回答“你是否认为村里的流动妇女和非流动妇女在家里和村子里有着不一样的角色和地位”这个问题时，有 2/3 的受访者认为流动妇女见识比非流动妇女广、衣着更时髦或者能力更强，但只有 2 位受访者认为流动妇女和非流动妇女相比在家中地位更高，其余都回答“不知道”或“差不多”。

> 在家的（妇女）跟出去的比起来，出去打工的收入多。还会觉得出去打工的妇女比没有出去的妇女能力更强点，在家里的地位也会更高些。（MRG，28 岁）
>
> 她们的穿着要比我们强，回来家里也不做什么，比我们清闲。像我们这种干农活的就是随便捡着穿，她们还是要挑着好的穿。（FTH，38 岁）
>
> 我觉得可以出去的女性是一种女强人的感觉。至少在我们心目中，这些女的还是高尚点呢，在村子里面我们觉得她们还是厉害呢。但是她们自己在家里的地位还是差不多。（XYB，40 岁）

4. 新技能和知识

只有不到一半的流动妇女和家中有男性外出的非流动妇女，认为自己或家庭成员通过外出打工学到了新的非农业技能（没有受访者认为学到了农业技能）。她们提到所学的技能都与流动者所从事的工种有关，具体包括写字、修布技术、建筑方面的技能、做菜、上网、计算机使用、用机器打扣子、与人交流的技巧、晒木板（和鉴别木板质量）、开拖拉机、装修等。

然而，这两组受访者全都表示外面所学的技能回家之后无法用上，因为“家中没有相关机器”、“盖房子也是请工人，不用自己盖”等。也有受访者提到虽然自己做菜很好吃，想开餐馆，但没有足够的本钱，所以即使学到做菜的手艺也“一点用都没有”。

而对于家中没有男性外出打工的非流动妇女来说，有1/3认为流动者外出可以学到新技能（都包括在上两组提到的技能中），有2/3表示自己不清楚他们具体学到了什么。

但与上两组受访者全部认为新技能回家无法用上的情况不同，这组受访者有一半认为流动者学到的新技能回家是可以用上的（虽然从她们的叙述来看，都是内容较为空泛且语气并非十分确定）。

（四）水资源紧张及应对

1. 王村水资源和水利设施概况

（1）水资源概况

王村的主要灌溉水源为施甸大河①和半山水库②，主要饮用水源为地表水和集镇供水（只有一个村民小组使用集镇供水），各村民小组对水资源的使用情况如图10－3所示。

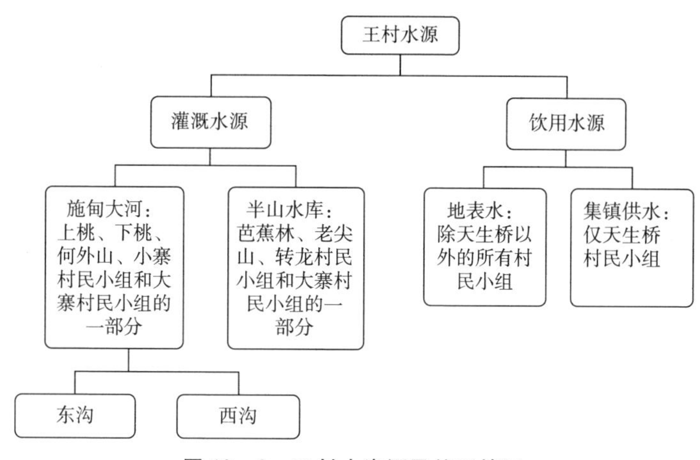

图10－3　王村水资源及使用情况

然而，虽然理论上本村所有村民小组所在地都有灌溉水源，但据村委会H副主任介绍，本村的灌溉水源并不能满足所有农户的灌溉需求，尤其是在近年

① 分东、西两沟，东沟长19公里，其中5公里经过王村；西沟长7公里，其中5公里经过王村。

② 建于1957年，2012年被列入“云南省小Ⅱ型水库除险加固工程”，2015年完成加固。

来较为干旱的情况下，只有靠近半山水库的几个村民小组可以引水泡田，在那些远离水库的村民小组，许多村民都放弃了种植稻谷或者将水田改为了旱田。并且大部分村民都实际上只使用灌溉用水浇灌蔬菜，至于玉米地等，由于水源不够或者无法获取（挑水去浇距离太远或者土地位于水源地上方，无法用胶管引水）等原因，只能“靠天吃饭”。

（2）水利设施概况

王村的主要水利设施除了半山水库外，还有村民自发修建的水井和水管（有村民小组组织修建的，也有几户人家共同凑钱修建的）；属于村委会的汽油抽水机7台、220V水泵7台；2007年烟草公司补贴（每个水窖补贴2000元左右，家庭负担1000元左右）修建的水窖430个。此外，天生桥村民小组的饮用水为集镇统一供给，因此村民需要交纳水费；上桃村民小组由于地处高处，饮用水只能从低处的水源地抽起，储存在蓄水池，再通过自来水管引至各户，此设施建设费用由政府承担，但村民需要负担抽水机电费。

2. 水资源紧张情况

（1）缺水现状

受访者中，只有来自上桃村民小组的由于地理位置（地势较高）的原因，生活用水需要从低处抽取且收费，除此之外所有受访者都认为自己家中的生活用水供应是没有问题的，并且由于从水源处到各家都架有自来水管，生活用水的获取也较为容易。

然而与此同时，所有受访者都一致表示灌溉用水十分缺乏。虽然各家能够根据地理位置和具体情况选择不同的灌溉方式——沟渠引水（土地位于水源地下方）、皮管引水（土地离水源地较近）、挑水（土地离水源地较远或位于水源地上方）等，但由于近年来持续干旱，水源地蓄水不足，浇地和泡田依然只能“靠天”。此外，所有受访者都表示最近3~5年本地存在旱灾且较为严重地影响了农业生产，具体表现为无水浇地、泡田，农作物成活率低，质量变差，产量减少等。

（2）水资源近十年来的变化情况

所有受访者中，有三位认为近十年来“水变多了”，理由主要是取水较过去更为方便以及水源点增加。其余受访者都认为近十年来村中水资源是在减少的，然而其中有近一半受访者表示“不知道原因”，剩下一半受访者提及的主要原因按被提及频率依次为天旱、水利设施不足和植被砍伐。

水在减少，和水利不足肯定有关嘛，有多点水库就不会不足了嘛。（ZYX，44 岁）

水少了主要是气候的原因吧，雨水少了，和水利建设还是有关系，没有坝塘，平时不能蓄水。（HYC，26 岁）

水越来越少了，沟沟里开始没有水。具体的原因是天旱吧，我也说不清，不知道为什么天会越来越旱，我们寨子上面一个水库，但是不够用，我们栽秧的时候，需要放水泡田，但是水库的水不够我们所有人泡田。（DCY，44 岁）

（3）水资源紧张对家庭的影响

所有受访者都认为水资源紧张对家庭生活产生了影响，并都提到了产量减少、收入减少的情况，绝大部分受访者提到了家庭成员劳动负担增加（见表 10－7）。

表 10－7　水资源紧张对家庭的影响

	具体表现（按被提及频率排序）
家庭成员	劳动负担增加（需要挑水；晒死的农作物需要重新种；草多需要拔草；挖地挖不动等）
农业	产量减少（30%～50%）、虫害增多、土地肥力降低、农作物质量变低
牲畜	生病、瘦弱
生计	收入减少、物价上涨（大米等）、工价上涨（请工费用增加）

辣子和玉米晒死了要重新栽，烤烟晒死就晒死了，不能重新种，因为没有烟苗了，烟苗是由烟厂统一发呢……玉米和辣子（产量）都会减少一半，天不旱可以收千把斤，天旱就只能拿四五百斤。烤烟长不高，就收得少，少 1/3。（YMQ，42 岁）

蚕豆虫害多，打药也多，打了后虫没有了，但是不打虫又来，土地肥力也不行了……养鸡随时生病要喂药，上次养 10 只死了 6 只。（YWQ，53 岁）

不下雨水罐拉不出水来，就要挑水浇地，水罐离我家的地有 10 多分钟的路……烤烟种出来长不高就开花，产量会减少 1/3。（ZBQ，40 岁）

天不旱草多打药水就起作用，天旱药水不起作用，就只能拿手去拔

草；天不旱压肥料只用压一遍，但是天旱需要压两遍。天旱玉米晒死还要重新种。（YJF，45 岁）

3. 对缺水现象的应对

（1）家庭策略

三组受访者中，有约一半表示面对缺水“没有办法”，只能“听天由命”；另一半受访者表示采取了一些办法。然而在这些办法中，大部分是农业方面的措施，例如铺地膜、用肥料压地、推迟栽秧、改进播种办法等，非农业方面的措施只有购买水泵和挖坑蓄水。

总的来说，受访者的叙述显示出家庭应对缺水的策略十分有限，还有丈夫外出打工的受访者提出自己一个人“没有本事做”。同时，这些有限的策略也都是集中在个人及家庭层面，缺乏社区成员之间的互相支持与合作。

一样措施没有，没有水泵，主要靠雨水，村子里倒是有其他人抽的。我么独自一人，没有本事做，只能挑水浇菜地。（YWQ，53 岁）

播种要用棍子点深点，经晒。（ZYQ，41 岁）

我们家有个水泵，两三百块钱一个，干旱的时候就用抽水泵浇水。我们家的地离家近，所以可以靠家里的电来带水泵浇水，但水泵我们用得不多。（YZF，32 岁）

今年三月底四月初的时候，河水没有，沟沟里也就没有水，田也泡不了，泡田就只能等着何时有水何时才能泡了。泡田推迟，栽秧也就推迟了 20 天。（WYC，43 岁）

（2）政府和社区策略

2/3 的受访者认为政府和社区没有采取任何措施帮助她们应对缺水，其余 1/3 的受访者提到了政府提供水改旱补贴（每亩 20 元），给干旱严重（种的玉米被晒死）的家庭增发一千克玉米种子，村民小组组织村民清理沟渠，政府整修水库（小Ⅱ型水库除险加固工程）等。

在回答“你最需要什么来应对水资源紧张”的问题时，超过 2/3 的受访者回答“不知道”或是“不下雨什么都没有用”，剩余不到 1/3 的受访者认为需要补贴或水利设施，只有一位受访者提到“科学知识”：“需要给点补贴了嘛，水利设施也还是需要呢嘛”（YJY，37 岁）；“水利条件各方面搞好一点，还要用科学知识更好的应对，家里用的都是土办法，就是浇水这些”（HYC，26 岁）。

从访谈信息中可以看出，政府和社区在帮助家庭应对缺水方面做出的贡献十分有限，而家庭对它们能够提供的帮助也并不抱有太大期待。

（3）汇款和贷款

所有受访者都认为“外出打工的汇款能够帮助家庭渡过干旱困难”，然而这些汇款不是直接用于应对干旱（购买工具或修建水利设施等），而是用于补贴干旱加剧（非造成）的家庭经济困难的情况：“你出去打工，家里就减轻负担了，你不在家吃了，带回钱来又可以贴补一下，主要是经济上的”（YJL，32 岁）；“最旱的时候玉米减产不够喂猪，都是他带钱回来买了喂猪”（ZGX，29 岁）。

在获得贷款方面，三组受访者的情况存在差别：几乎所有无男性外出的非流动妇女家庭都有过贷款经验（约有一半是三年内）；约有一半有男性外出的非流动妇女家庭有过贷款经历（绝大多数是三年前）；几乎所有流动妇女家庭三年内都没有贷款；只有不到 1/4 的受访者家中多年前有过贷款，但都早已还清。这也从一个侧面印证了这三种家庭经济情况的不同。

此外，大部分有过家庭贷款经验的受访者（多是以丈夫名义贷款）都认为贷款“不好贷”，理由有需要材料较多、需要关系等，但没有受访者提到利息高的问题。

（4）亲友支持

三组受访者在这个问题上没有表现出显著差异：约有一半受访者认为自己在干旱期间没有得到任何来自亲戚或者朋友的帮助；剩余一半受访者表示得到过帮助，但主要是经济帮助（借钱）；只有 2～3 位受访者提到“帮忙做农活”和“帮忙抽水”，可见社区成员间的关系并非十分紧密。

三　主要结论

（一）关于生计情况

（1）本村人均土地面积较少，与中国农村的普遍情况一样，家庭农业生产并不能满足农民对现金（主要用于盖房子和孩子教育）的需求，非农收入成为大部分家庭生计的重要来源。

（2）在性别分工方面，无论在有无男性外出打工的家庭里，妇女在农业生计和家务劳动方面都肩负着沉重的负担。而在夫妻双方外出打工的家庭中，外出的女性负担相对较轻，因为在打工地丈夫逐渐开始参与家务劳动，而家中农业劳动仍然主要由女性老人承担。

（3）每个家庭10年来的生计情况普遍都产生了较大变化，无论是以农业为主要生计还是其他非农生计皆如此。生计的方式也更加多元，表现为相比10年前家庭收入增加了，特别是外出打工的家庭更加明显。但并不能简单用“越来越好”或“越来越坏”概括。多数受访者认为现在虽然收入多了，但是支出也更大了。

（4）妇女对未来家庭生计策略的预期持保守（维持现状）或茫然（表示完全不知道）的态度，这反映了在现有客观条件下的各种限制使得妇女很难对未来充满确定的自信，并体现出明显的主观能动性，即推动改变的意愿。

（二）关于流动情况

（1）妇女外出流动机会的获得仍然受制于社会性别角色和责任。对于王村妇女来讲，流动的机会并不是均等的，其流动机会从小到大依次排列为已婚且小孩较小的女性，已婚、小孩较小但有老人帮忙照顾的女性，已婚、小孩年纪较大可照顾自己（或已离家读书）的女性，未婚女青年。

（2）王村已婚男性和女性外出打工的主要驱动力都是获得现金，以满足家庭（尤其是小孩读书和家里盖房子）需要；而未婚年轻女性外出打工的原因主要是“出去看一看”。同时，有过外出打工经历的妇女也都认为年轻时（婚前）外出打工的原因对目前的她们来说已经不重要了。

（3）无论是在家庭过去关于流动的决策（包括是否流动以及谁流动）还是未来关于生计的规划过程中，女性的意志都从属于家长（结婚前的妇女）和丈夫（结婚后的妇女），即使在此过程中她们表达了愿望并试图进行协商，但是最后依然由家长或丈夫做出决定。

（4）无论是男性和还是女性流动者，第一次外出打工时都会选择有亲戚、朋友或老乡的地方，他们是从亲戚、朋友或老乡处确切得知招工信息后才做出外出决定，而不是盲目前往，这是他们降低风险、抵御自身脆弱性的一种策略，而人际网络的支持男性较女性广泛。

（5）流动者对工作的满意度受辛苦程度和工资高低的影响。而对于流动中面临的挑战，男性和女性略有不同，流动妇女面临更多的是心理问题（对家中孩子的牵挂、人际关系、压力较大等），而留守家中的妇女则反映其丈夫的主要挑战是不能按时拿到工资和身体不好，并且许多人并不清楚丈夫在外工作的具体情况。男性和女性流动过程中都主要依靠老乡、亲戚和朋友的支持。

（6）无论是流动女性还是非流动女性，绝大部分没有以自己名字开设的银行账户（哪怕是接受政府补贴的“一折通”也是用丈夫或者公公的名字开办的）；流动妇女老家中的经济决策权普遍掌握在男老人手中。一部分非流动妇女表示家中“小事”（生活费、人情往来、农业垫本等）可以自己决定，而“大事”（如盖房子开支、如何还钱等）会和丈夫商量，由他决定；另一部分则表示家中开支会和丈夫商量，但最后自己可以决定。

（7）流动对家庭的好处被所有受访者一致认为是“可以赚钱”。绝大部分流动妇女都认为流动的坏处是无法教育子女，也有1/3的受访者提到无法照顾老人；除此之外，留守妇女还认为丈夫外出自己的劳动负担加重、丈夫在外工作的辛苦和危险也是流动的坏处。家中无男性外出打工的非流动妇女则大多认为流动“没有什么坏处”。但总的来说流动的好处被普遍认为多于坏处。

（8）对于有流动者外出的家庭来说，留守老人（夫妻外出的家庭）和妇女（丈夫外出的家庭）是代替外出者进行农业生产和社区活动的主力。对许多家庭来说，虽然农业生产的产量减少且种植品种发生了改变，留守妇女和老人的农业和非农业劳动负担却加重了。此外，流动也被普遍认为对家庭参与社区活动、承担社区责任几乎没有影响，留守的妇女和老人都能代替外出的丈夫和子女参加社区会议和公共设施修建时的义务工劳动。

（9）大部分流动妇女认为流动改变了自己作为女人的生活，经济上更宽裕，也没有在家辛苦，且家庭内部的社会性别分工也较流动前有所变化，主要体现在：家务劳动负担减轻，同时丈夫也会帮助做一些家务；少数留守妇女提到丈夫外出，自己在家中的决策权变多。几乎所有流动妇女和非流动妇女都不认为流动改变了她们的家庭在村中的地位，少数妇女提到流动造成与村中其他家庭关系的疏远。

（10）流动者外出打工所学到的新技能被普遍认为十分有限，且绝大部分无法应用到回家之后的生活中去。

（三）关于应对干旱

（1）大部分村民（除上桃村）的生活饮用水基本不成问题，但农业灌溉用水十分缺乏。虽然各家能够根据地理位置和具体情况选择不同的灌溉方式，如沟渠引水、皮管引水、挑水等解决水短缺的问题，但近3~5年的干旱和缺水仍然较为严重地影响本村的农业生产，具体表现为无水浇地和泡田，农作物成活率低、质量变差、产量减少等。

（2）妇女对社区近十年来的缺水状况有具体而明确的体验和感知，但对原因有一半受访者不是十分肯定，另外一半受访者认为是因为天旱、水利设施不足和植被砍伐。

（3）干旱和缺水直接或间接加重了老人和女性的农业和非农业（家庭和社区）劳动负担，例如妇女需要增加浇水量和重新播种等（直接影响）；又例如农作物减收更加推动家中劳动力外出打工，则留守的妇女和老人就必须替他/她承担在家庭和社区范围内本应承担的劳动（间接影响）。同时，干旱和缺水也对农业产量和质量均有明显的影响，如虫害增多、肥力下降、牲畜病弱；对农户生计的影响更表现为收入减少，物价（大米）上涨，农业请工的费用增加。

（4）家庭成员外出打工的汇款不是直接用于应对干旱（购买工具或修建水利设施等），而是用于补贴干旱加剧（非造成）的家庭经济困难。

（5）妇女应对干旱和缺水的策略十分有限，且这些策略都集中在个人及家庭层面，普遍缺乏社区成员之间的相互支持与合作。

（6）政府和社区在应对干旱和缺水方面对个人和家庭的已有支持明显不够充分，但许多妇女期望政府和社区承担修建更多水利设施的责任。

（7）妇女普遍表示关心气象情况，但无法获得准确、有效和对当地农业有切实帮助的微观信息。

（8）妇女对于改变缺水现状的信心和能动性不足，参与社区水资源管理的意愿和程度也都十分有限。

四 讨论与思考

有研究者提出中国农村整体上具有资金短缺的特征，或者说倾向于资金外流（蔡舫，2007）。在这种大背景下，可以说，大多数农村家庭的生计是基于耕地上的种植和少量养殖以及简单的交换，这虽然可以维持全家的基本生存，但在将所获得的收入用于购买生活必需品和投入生产如购买种子、化肥、农药等之后通常所剩无几。所以当面对个人和家庭的发展需求，或者说高层次的消费需求（如房屋建设子、教育、医疗）时，家庭的现金储备往往是不足的。而农产品市场规则的混乱和政府保障措施的缺位，更是让农民的收入和财产暴露在极大的不稳定和风险中。结合访谈信息，可以发现干旱并不是王村村民选择流动生计的首要原因，但近年来持续干旱对农业生产的影响，无疑是进一步推动更多村民外出打工的重要因素，近三年来（2011～2013年）村民外流的人数是一直增加的。而这些家庭10年来的境遇起伏和生计变化轨迹，生动地展示出中国社会经济变革在农村的一幅动态图景（Lund，2014），也是这幅图景中一个个关于流动与不流动的选择、能力与制约的例子。

冉格尔（Lund，2013）指出，流动与不流动并非对立的两极，而是相互关联的两个维度。本案例中，个人流动的能力、生计策略与社会制约因素交织在一起，贯穿整个流动与不流动的选择和转换过程。无论是作为流动实践者的女性，或是直接或间接受流动影响的女性，都面临随流动或不流动身份转换，其自由空间得到扩大或缩小的可能性。然而流动或不流动，对她们来说又不仅仅关乎个人的能力，也无法体现绝对的个人意志，更多的还是结合宏观的经济、社会背景、家庭生计策略做出的选择（或是被选择）。在此过程中，传统社会性别角色规范和分工既是她们流动与不流动的重要决定因素，又正在被她们流动与不流动行为所挑战。例如，有条件和能力流动的妇女从家务和农业劳动中相对解放出来；家中有男性外出的非流动妇女不仅要照顾家庭，还需代替男性承担农业生产和社区责任。对这些留在家中的妇女来说，虽然这样的改变可能使得她们需要背负比以前更重的负担与责任，但也可能在某种程度上扩大她们在家庭和社区中的决策范围，提高她们在家庭和社区中的声望。

在面对气候变化时，妇女有着不同于男性的机会与脆弱性，这也贯穿在她们流动与不流动（两者是可转换的）全部经历和处境中。与此同时，干旱作为流动的推动因素以及那些受流动影响的妇女和家庭所必须面对的具体困难，也在很大程度上影响流动与非流动妇女的生活。

本案例中，妇女已经认识到气候变化现象对生产的影响并采取了一些力所能及的应对措施——那些流动妇女为缓解干旱加剧的家庭经济紧张而在外辛苦工作，也看到那些非流动妇女在干旱中所肩负的额外劳动负担（取水、重新播种等），但由于家庭经济紧张、信息和应对能力匮乏，以及缺乏来自社区和政府层面在应对气候变化中策略性的推动与支持等，妇女在个人和家庭层面应对干旱和缺水的方法还是十分有限。虽然她们为水资源紧张在未来持续的可能性而担忧，但在应对方面仍然缺乏信心和能动性，感到无助和迷茫。

相应地，我们却看到政府和社区在应对干旱的过程中所应发挥的作用还有明显不足：一是政府在水利基础设施建设方面投入明显不足，整个村庄的抗旱硬件设施严重缺乏；二是妇女在信息提供方面获得的支持微乎其微，例如收不到准确和适宜于村落农业生产需要的气象预报和信息；三是在制度层面，妇女在社区自然资源管理与灾害应对的过程中难以发声，其应对灾害的经验、需求和建议被忽略；四是在社区一级缺乏关于气候变化适应能力和技术的培训等。此外，作为衡量适应能力的一项重要指标，我们也看不到形成于社区妇女或所有社区成员之间的集体应对措施，缺乏支持性的社区网络也是限制妇女发挥其主观能动性的制约因素之一。

综上所述，流动与不流动，其实更多只是家庭与个人层面上的生计策略选择，并不是应对气候变化的唯一途径。从政府和社区层面来看，重视妇女丰富的乡土知识和智慧，以及应对气候变化中形成的朴素策略和经验，充分考虑她们作为应对气候变化主体和中坚力量的需求和建议，提高她们参与社区自然资源和灾害管理的程度和其他应对气候变化的能力，不仅有益于降低她们在气候灾害面前的脆弱性，也有利于提升整个社区的适应性和可持续发展能力。

参考文献

《白族简史》编写组编，1988，《白族简史》，云南人民出版社。

包广静、莫国芳，2007，《云南迁移与流动人口特征及趋势分析》，《云南财经大学学报》（社会科学版）第6期。

保山市防汛抗旱指挥部、保山市水利局，2013，《关于我市水旱灾害特征及防汛抗旱减灾体系情况汇报》。

保山市劳动促进会，2013，《保山市农村劳动力资源开放的现状及工作建议》。

保山市人力资源和社会保障局，2013，《保山市农村劳动力转移就业工作情况汇报》。

别乾龙等，2011，《贫困山区可持续土地管理与适应气候变化的脆弱性评估》，《河南水利与南水北调》第3期。

卜红梅等，2009，《汉江上游金水河流域近50年气候变化特征及其对生态环境的影响》，《长江流域资源与环境》第5期。

蔡舫，2007，《中国流动人口问题》，社会科学文献出版社。

岑剑梅，2011，《论气候变化对妇女的影响及应对》，《妇女研究论丛》第1期。

陈秀娟、许立根，2008，《预防灾后政策中的社会性别陷阱》，《管理观察》第8期。

陈志辉、徐旌，2006，《退耕还林对云南山地利用的影响》，《云南地理环境研究》第11期。

程建刚等，2010，《气候变化对云南主要行业的影响》，《云南师范大学学报》（哲学社会科学版）第3期。

程建刚、解明恩，2008，《近50年云南区域气候变化特征分析》，《地理科学进展》第5期。

崔绍忠，2011，《女性主义经济学研究的新进展——全球化与照护劳动、以自由和归属看待发展以及气候变化》，《妇女研究论丛》第1期。

崔永伟等，2012，《气候变化下农业适应行为的现状及研究进展》，《世界农业》第11期。

第三期中国妇女社会地位调查课题组，2011，《第三期中国妇女社会地位调查主要数据报告》，《妇女研究论丛》第6期。

董大学等，1993，《长武塬区六十年一遇特大旱情分析与冬小麦产量预测》，《水土保持通报》第5期。

付广华，2010，《气候灾变与乡土应对：龙脊壮族的传统生态知识》，《广西民族研究》第2期。

郭玲霞等，2009《妇女参与用水户协会管理的意愿及影响因素——以张掖市甘州区为例》，《资源科学》第8期。

郭玲霞等，2013，《性别主流化在集成水资源管理中的意义》，《资源环境与发展》第2期。

郭慕萍等，2009，《54年来中国西北地区降水量的变化》，《干旱区研究》第1期。

国家发展和改革委员会，2007，《中国应对气候变化国家方案》。

国家统计局编，2012，《中国统计年鉴》（2012），中国统计出版社。

韩峥，2004，《脆弱性与农村贫困》，《农业经济问题》第10期。

和钟华，2005，《社会性别与自然资源、民族文化》，云南教育出版社。

胡安德、姚德宽，2012，《云南省年度特大气象干旱成因及影响评估——以保山市2009~2010年数据为例》，《思茅师范高等专科学校学报》第3期。

胡玉坤，2010，《气候变化阴影里的中国农村妇女》，《世界环境》第4期。

胡玉坤，2012，《农村妇女问题——应对全球化挑战的国际政策干预》，《中国农业大学学报》（社会科学版）第3期。

胡元凡等，2012，《社区层面的气候变化脆弱性和适应能力表达——以宁夏宁夏盐池县GT村为例》，《林业经济》第9期。

剑川县民族宗教事务局编，2003，《剑川县民族宗教志》，云南民族出版社。

姜雁飞等，2012，《汉中市近59年气候变化特征分析》，《干旱区资源与环境》第1期。

蒋燕兵、李学术，2012，《气候变化对云南省农户生产的影响及他们的适应对策研究》，《云南财经大学学报》（社会科学版）第2期。

居煇等，2008，《气候变化与中国粮食安全》，学苑出版社。

李福军，2004，《白族水崇拜和农耕文化》，《云南师范大学学报》（哲学与社会科学版）第4期。

李九一、李丽娟，2012，《中国水资源对区域社会经济发展的支撑能力》，《地理学报》第3期。

李维铮等，2012，《运筹学》，清华大学出版社。

李小云等，2010，《气候变化的社会政治影响：脆弱性、适应性和治理——国际发展研究视角的文献综述》，《林业经济》第7期。

李琰等，2011，《陕西省榆林市气候变化特征分析》，《干旱区资源与环境》第1期。

李永祥，2011，《傣族社区和文化对泥石流灾害的回应——云南新平曼糯村的研究案例》，《民族研究》第2期。

李志南，2002，《社会性别与社区自然资源管理》，《贵州农业科学》第3期。

刘伯红、王晓蓓，2011，《社会性别和气候变化》，《山东女子学院学报》第6期。

刘华民等，2013，《农牧民气候变化适应意愿及影响因素——以鄂尔多斯市乌审旗为例》，《干旱区研究》第1期。

刘绿柳等，2014，《气候变化对城市和农村地区的影响、适应和脆弱性研究的认知》，《气候变化研究进展》第4期。

刘晓竹，2010，《当前我国农村女性就业问题初探》，《贵阳市委党校学报》第3期。

刘瑜，2013，《云南省气候变化的事实与趋势》，气候变化与社会性别关系研讨会主题发言，11月24日，昆明。

吕伟伟，2014，《甘肃省山区农户生计资本脆弱性分析》，《现代妇女：理论前沿》第2期。

吕亚荣、陈淑芬，2010，《农民对气候变化的认知及适应性行为分析》，《中国农村经济》第7期。

马世铭等，2014，《气候变化与生计和贫困研究的认知》，《气候变化研究进展》第4期。

孟丹丹等，2010，《1955～2008年渭北旱塬地区气候变化特征》，《陕西师范大学学报》（自然科学版）第4期。

怒江傈僳族自治州统计局编，2012，《怒江州统计年鉴》（2012），中国统计出版社。

彭贵芬等，2010，《云南春夏连旱气候变化趋势及致灾成因分析》，《云南大学学报》（自然科学版）第4期。

陕西省农业区划委员会办公室，1996，《陕西百县农业气象灾害》第12期。

施奕任，2009，《全球暖化与国际气候协商的性别视角》，《国际政治研究》第4期。

苏宇芳等，2015，《云南社区应对干旱的社会性别分析》，载杨福泉主编《中国西南文化研究——妇女与社会性别研究专辑》，云南人民出版社。

孙朝阳，2008，《家庭策略与已婚青年农民工的性别结构差异》，《学术评论》第12期。

孙大江，2012，《少数民族妇女的土地权利与她们的生计——云南佤族案例研究》，载云南省社会科学院历史研究所编《中国西南文化研究》第十七辑，云南科技出版社。

孙大江，2015，《气候变化导致的资源短缺及自然灾害频发对妇女生计安全的影响分析》，载杨福泉主编《中国西南文化研究——妇女与社会性别研究专辑》，云南人民出版社。

孙秋，2002，《农村妇女参与社区自然资源管理的实践与认识——“贵州山区社区自然资源管理”项目中农村妇女参与性能力建设》，《贵州农业科学》第2期。

谭灵芝、王国友，2012，《气候变化对干旱区家庭生计脆弱性影响的空间分析——以新疆于田绿洲为例》，《中国人口科学》第2期。

谭智心，2011，《农民对气候变化的认知及适应行为：山东证据》，《重庆社会科学》第3期。

唐海行，1999，《澜沧江－湄公河流域的水资源及其开发利用现状分析》，《云南地理环境研究》第1期。

王德丽等，2011，《近50年来铜川市气候变化特征分析》，《干旱区资源与环境》第3期。

王洪，2012，《农村“留守妇女”群体发展现状及其对农业生产的影响研究——以黑龙江省雅尔塞镇为例》，中国海洋大学硕士学位论文。

韦惠兰、欧阳青虎，2012，《气候变化对中国半干旱区农民生计影响初探——以甘肃省半干旱区为例》，《干旱区资源与环境》第1期。

魏娜、孙娴，2012，《陕西气候变化与趋势》，载《陕西省气候变化与可持续生计研讨会报告》（内部资料）。

吴小玲、廖艳阳，2011，《气候变化对农业生产的影响综述》，《现代农业科技》第11期。

夏军等，2008，《气候变化对中国水资源影响的适应性评估与管理框架》，《气候变化研究进展》第4期。

夏园、李志南，2001，《社会性别分析在贵州山区社区自然资源管理中的运用》，《贵州农业科学》第1期。

肖科丽等，2014，《2010年陕西盛夏极端多雨的气候特征及成因研究》，《气候与环境研究》第3期。

谢宏佐，2011，《农村人口应对气候变化行动参与意愿影响因素研究——基于苏、鲁、皖的调查》，《中国人口科学》第6期。

杨春华，2012，《农村家庭教育策略中的性别差异："保男顾女"的资源分配原则》，《教育教学论坛》第2期。

杨聪，1986，《大理经济发展史稿》，云南民族出版社。

姚从容，2010，《人口城市化与全球变暖——基于气候变化与人口变动的研究述评》，《现代经济探讨》第3期。

殷海燕等，2010，《陕南汉江上游历史洪水灾害与气候变化》，《干旱区研究》第4期。

尹仑，2011，《藏族对气候变化的认知与应对——云南省德钦县果念行政村的考察》，《思想战线》第4期。

尹仑等，2012，《气候变化及其灾害的社会性别研究——云南德钦红坡村的案例》，《云南师范大学学报》（哲学社会科学版）第5期。

尹仑、薛达元，2013，《藏族神山信仰与全球气候变化——以云南省德钦县红坡村为例》，《云南民族大学学报》（哲学社会科学版）第3期。

云南省博物馆编，1958，《剑川海门口古文化遗址清理简报》，《考古通讯》第6期。

云南省地方志编委会总纂，2002，《云南省志·卷六十一·民族志》，云南人民出版社。

云南省人力资源和社会保障厅、云南省财政厅，2013，《2012年云南省人力资源和社会保障事业发展统计公报》。

云南省统计局编，2012，《云南统计年鉴》（2012），中国统计出版社。

张君羊等，2010，《西方灾害应急管理理论中的女性关注》，《兰州大学学报》（社会科学版）第2期。

张笑，2006，《剑川木雕》，云南大学出版社。

张永英，2009，《改革开放三十年中公共政策对性别平等的影响》，《浙江学刊》第4期。

张玉，2008，《当代职业女性工作家庭冲突与工作倦怠的关系研究》，上海外国语大学硕士学位论文。

赵德文等，2011，《大旱之年的农村发展成就与来年展望》，载郑宝华主编《云南农村发展报告（2010～2011）》，云南大学出版社。

赵惠燕，2012，《应注重消除妇女“气候贫困”》，《中国妇女报·新女学周刊》11月6日。

赵惠燕，2013a，《陕西省气候变化，农村生计与社会性别脆弱性分析》，气候变化与社会性别关系研讨会主题发言，11月24日，昆明。

赵惠燕，2013b，《农村妇女适应气候变化脆弱性分析》，《中国妇女报》12月3日。

赵惠燕等，2015，《陕西不同气候脆弱区农村CAA调查报告》，载赵惠燕、任去刚主编《第七届农业技术传播网络年会论文集》，西北农林科技大学出版社。

赵群、张宏文，2015，《社会性别，气候变化适应性与妇女应对研究文献综述》，载杨福泉主编《中国西南文化研究——妇女与社会性别研究专辑》，云南人民出版社。

赵雪雁，2011，《生计资本对农牧民生活满意度的影响——以甘南高原为例》，《地理研究》第4期。

赵宗慈等，2003，《人类活动对20世纪中国西北地区气候变化影响检测和21世纪预测》，《气候与环境研究》第1期。

中华人民共和国国家统计局编，2013，《中国统计年鉴2013》，中国统计出版社。

周景博、冯相昭，2011，《适应气候变化的认知与政策评价》，《中国人口·资源与环境》第7期。

周锐，2015，《目中国库布其生态财富创造模式》，http://world. huanqiu. com/exclusive/2015－12/8090799. html。

朱霞、李晓岑，2000，《云南少数民族农业科技成就》，《农业考古》第1期。

邹雅卉、苏宇芳，2015，《农村妇女的林地权益问题分析与政策建议》，载杨福泉主编《中国西南文化研究——妇女与社会性别研究专辑》，云南人民出版社。

Acosta-Michlik, L., Kelkar, U., &Sharma, U. 2008. "A Critical Overview: Local Evidence on Vulnerabilities and Adaptations to Global Environmental Change in Developing Countries." *Global Environmental Change*, 18: 539 – 542.

ADB. 2012. *Toward an Environmentally Sustainable Future: Country Environmental Analysis of the People's Republic of China.* Published in Philippines.

ADB. 2013. *Climate Change in East Asia: Staying on Track to a More Sustainable Future.* Publication Stock No. ARM102233. Philippines.

Adger, N., Arnell, N. W., & Tompkins, E. L. 2005. "Successful Adaptation to Climate Change across Scales." *Global Environmental Change*, 15 (2): 77 – 86.

Adger, W. N. 1999. "Social Vulnerability to Climate Change and Extremes in Coastal Vietnam." *World Development*, 27 (2): 249 – 269.

Agarwal, B. 1994. *A Field of One's Own: Women and Land Rights in South Asia.* Cambridge: Cambridge University Press.

Alston, M. 2007. "It's Really Not Easy to Get Help: Services to Drought-Affected Families." *Australian Social Work*, 60 (4): 421 – 435.

Bates, B. C., Z. W. Kundzewicz, S. Wu, and J. P. Palutikof, Eds. 2008. "Climate Change and Water." Technical Paper of the Intergovernmental Panel on Climate Change. IPCC Secretariat, Geneva.

Blaikie, P., Cannon, T., Davis, I., and Wisner, B. 2003. *At Risk: Natural Hazards, People's Vulnerability and Disasters.* London: Routledge.

Bogdan, R. C. & Biklen, S. K. 1998. *Qualitative Research in Education: An Introduction to Theory and Methods.* Allyn and Bacon.

BRIDGE. 2008. "Gender and Climate Change: Mapping the Llinkages: A Scoping Study on Knowledge and Gaps." http://www.bridge.ids.ac.uk/reports/climate_change_ DFID. 2014 – 1 – 20.

Carr, E. R. 2008. "Between Structure and Agency: Livelihoods and Adaptation in Ghana's Central Region." *Global Environmental Change*, 18 (4): 689 – 699.

Castellan, C. M. 2010. "Quantitative and Qualitative Research: A View for

Clarity." *International Journal of Education*, 2 (2): 1 - 14.

Chambers, R. 1989. "Editorial Introduction: Vulnerability, Coping and Policy." *IDS Bulletin*, Vol. 18, No. 2.

Cheng, J. G. and Xie, M. G. 2008. "The Analysis of Regional Climate Change Features over Yunnan in Recent 50 Years." *Progress in Geography*, 27 (5): 19 - 26.

Cornhiel, S. L. 2005. "Gender and Property Rights within Postconflict Situations." USAID Issue Paper, No. 12.

Cutter, S. L. 1996. "Vulnerability to Environmental Hazards." *Progress in Human Geography*, 20: 529 - 539.

Dankelman, I. 2002. "Climate Change: Learning from Gender Analysis and Women's Experiences of Organising for Sustainable Development." *Gender and Development*, 10 (2): 21 - 29.

De Brauw, A., Li, Q., Liu, C., Rozelle, S., & Zhang, L. 2008. "Feminization of Agriculture in China? Myths Surrounding Women's Participation in Farming." *The China Quarterly*, 194: 327 - 348.

Eisenhardt, K. 1989. "Building Theories from Case Study Research." *Academy of Management Review*, 14 (4): 532 - 550.

Enarson, E. 1998. "Through Women's Eyes: A Gendered Research Agenda for Disaster Social Science." *Disasters*, 22 (2): 157 - 173.

FAO. 2003. "World Agriculture Towards 2015/2030." Food and Agriculture Organization of the Unite Nations, Rome.

FAO. 2007. "Adaptation to Climate Change in Agriculture, Forestry and Fisheries: Perspective, Framework and Priorities." Rome, Italy.

FAO. 2008. "Gender and Food Security: Agriculture." Retrieved from the World Wide Web: http://www.fao.org/Gender/en/agri-e.htm.

FAO. 2015. "Mapping the Vulnerability of Mountain Peoples to Food Insecurity." Rome, Italy.

Frank, Ellis. 2001. *Rural Livelihoods and Diversity in Developing Countries*. Oxford: Oxford University Press.

Gbetibouo, G., Rashid, H., & Claudia, R. 2010. "Modelling Farmers' Adaptation Strategies for Climate Change and Variability: The Case of the Limpopo Basin, South Africa." *Agricultural Economics Research Policy and Practice in Southern*

Africa, 9 (2): 217 - 234.

Ge, J., Resurreccion, B. P., & Elmhirst, R. 2011. "Return Migration and the Reiteration of Gender Norms in Water Management Politics: Insights from a Chinese Village." *Geoforum*, 42 (2): 133 - 142.

Guion, L. A., Diehl, D. C., and McDonald D. 2011. *Triangulation: Establishing the Validity of Qualitative Studies.* Institute of Food and Agricultural Sciences, University of Florida.

Hahn, M. B., Riederer, A. M., & Foster, S. O. 2009. "The Livelihood Vulnerability Index: A Pragmatic Approach to Assessing Risks from Climate Variability and Change—A Case Study in Mozambique". *Global Environmental Change*, 19 (1): 74 - 88.

ICIMOD. 2009. *Local Responses to Too Much and Too Little Water in the Greater Himalayan Region.* Kathmandu.

IFAD. 2010. "Climate Change Strategy." Rome, Italy.

IFAD. 2012. "Gender and Water-Securing Water for Improved Rural Livelihoods: The Multiple-uses System Approach." IFAD, Rome.

IPCC. 2001. *Climate Change 2001: The Scientific Basis.* Cambridge: Cambridge University Press.

IPCC. 2007. *Working Group II Summary for Policy Makers.* Cambridge University Press.

Kabeer, N. 2003. "Gender Mainstreaming in Poverty Eradication and the Millenium Development Goals: A Handbook for Policy-makers and Other Stakeholders." IDRC, Ottawa.

Leach, M., Joekes, S., and Green, C. 1995. "Editorial: Gender Relations and Environmental Change." *IDS Bulletin*, 26 (1).

Li, Ping. 2006. "Protecting Women's Land Rights." Paper for the Conference on Women and Land Tenure Policies, organized by the Center for Chinese Agricultural Policy of Chinese Academy of Science, Beijing, China, funded by Ford Foundation.

Li, Zongmin. 2002. "Women's Land Rights in Rural China: A Synthesis." Paper for the Conference on Women and Land Tenure Policies, organized by the Center for Chinese Agricultural Policy of Chinese Academy of Science, Beijing, China, funded by Ford Foundation.

Lu, C. 2008. "Gender Issues in Water User Associations in China: A Case Study in Gansu Province." *Rural Society*, 18: 150 - 160.

Lu, C. 2009. "Water Policies in China: A Critical Perspective on Gender Equity." *Gender, Technology and Development*, 13 (3): 319 - 339.

Lu, E., Luo, Y., Zhang, R., Wu, Q., & Liu, L. 2011. "Regional Atmospheric Anomalies Responsible for the 2009 - 2010 Severe Drought in China." *Journal of Geophysical Research: Atmospheres (1984 - 2012)*, 116 (D21).

Lund, Ragnhild. 2014. "Gender, Motilities and Livelihood Transformation: An Introduction." In Ragnhild Lund, Kyoko Kusakabe, Smita Mishra Panda, and Yunxian Wang (eds.), *Gender, Motilities and Livelihood Transformation: Comparing Indigenous People in China, India and Laos*. Routledge.

Lü, J., Ju, J., Ren, J., and Gan, W. 2012. "The Influence of the Madden-Julian Oscillation Activity Anomalies on Yunnan's Extreme Drought of 2009 - 2010." *Science China Earth Sciences*, 55 (1): 98 - 112.

Mark Davies, Bruce Guenther, Jennifer Leavy, Tom Mitchell, and Thomas Tanner. 2009. "Climate Change Adaptation, Disaster Risk Reduction and Social Protection: Complementary Roles in Agriculture and Rural Growth." IDS working paper Vol. 2009, No. 320.

Min, Ancheng, Han Qinfang, and Jia Zhikuan. 2008. "China Climate Change Partnership Framework-Enhanced Strategies for Climate-proofed and Environmentally Sound Agricultural Production in the Yellow River Basin (C-PESAP)." Situation Analysis of Shaanxi Province. 2008 Northwest Agriculture and Forestry University.

Moser, C. O. H. 1993. *Gender Planning and Development: Theory, Practice and Training*. London and New York: Routledge.

Mu, R. and van de Walle, D. 2011. "Left Behind to Farm? Women's Labor Re-allocation in Rural China." *Labour Economics*, 18: S83 - S97.

Nelson, V. and T. Stathers. 2009. "Resilience, Power, Culture, and Climate: A Case Study from Semi-arid Tanzania, and New Research Directions." *Gender and Development*, 17 (1): 81 - 94.

Nelson, V., Meadows, K., Cannon, T., Morton, J., & Martin, A. 2002. "Uncertain Predictions, Invisible Impacts, and the Need to Mainstream Gender in

Climate Change Adaptations." *Gender & Development*, 10 (2): 51 - 59.

Omolo, N. A. 2011. "Gender and Climate Change-induced Conflict in Pastoral Communities: Case Study of Turkana in Northwestern Kenya." http://www.ajol.info/index.php/ajcr/article/viewFile/63312/51195.

Paolisso, M., A. Ritchie, and A. Ramirez. 2002. "The Significance of the Gender Division of Labor in Assessing Disaster Impacts: A Case Study of Hurricane Mitch and Hillside Farmers in Honduras." *International Journal of Mass Emergencies and Disasters*, 20 (2): 171 - 195.

Pradhan, N. S., Khadgi, V. R., Schipper, L., Kaur, N., and Geoghegan, T. 2012. *Role of Policy and Institutions in Local Adaptation to Climate Change: Case Studies on Responses to Too Much and Too Little Water in the Hindu Kush Himalayas.* ICIMOD, Kathmandu.

Quisumbing, A. R., N. Kumar, and J. Behrman. 2011. "Do Shocks Affect Men's and Women's Assets Differently? A Review of Literature and New Evidence from Bangladesh and Uganda." IFPRI Discussion Paper 01113. Washington, D. C. International Food Policy Research Institute.

Raety, R. & Carlsson-Kanyama, A. 2010. "Energy Consumption by Gender in Some European Countries' Energy Policy." *Elsevier*, 38 (1).

Roncoli, C., K. Ingram, and P. Kirshen. 2001. "The Costs and Risks of Coping with Drought: Livelihood Impacts and Farmers' Responses in Burkina Faso." *Climate Research*, 19 (2): 119 - 132.

Shaanxi DOST. 2011. "Shaanxi's 12th Five Year Plan on the Development of ScienceandTechnology." http://www.shaanxi.gov.cn/0/xxgk/1/2/4/430/1374/1399/1423/9890.htm.

Shaanxi DRC, and DWR. 2011. "Shaanxi's 12th Five Year Plan for Water Resources Development." http://www.sndrc.gov.cn/view.jsp? ID = 16727. 2012 - 11 - 6

2012. "Shaanxi Provincial Government Notification of the Establishment of the Disaster Relief Committee." http://www.shaanxi.gov.cn/0/103/8787.htm.

Shaanxi Provincial Government. 2008. "Shaanxi Province's Plan to Address Climate Cange." "Shaanxi Provicial Government. 2012." "Shaanxi's Comprehensive Plan for Disaster Prevention and Mitigation (2011 - 2015)". http://knews.shaanxi.gov.cn/0/

104/9245. htm.

Skinner, E. 2011. *Gender and Climate Change-Overview Report*. Published by the Institute of Development Studies.

Smit, B., Burton, I., Klein, R. J. T., and Street, R. 1999. "The Science of Adaptation: A Framework for Assessment, Mitigation and Adaptation Strategies." *Global Environmental Change*, 4 (3-4): 199-213.

Stehlik, D., Lawrence, G., & Gray, I. 2000. "Gender and Drought: Experiences of Australian Women in the Drought of the 1990s." *Disasters*, 24 (1): 38-53.

Su, Y. F., Li, Q. H., and Fu, Y. 2009. "China Diversified Livelihoods in Changing Socio-ecological Systems of YunnanProvince, China." International Centre for Integrated Mountain Development (ICIMOD), Kathmandu.

UN Women Watch. 2009. "Fact Sheet: Women, Gender Equality and Climate Change." http://www.un.org/womenwatch/feature/climate_change/.

UNDP. 2007. "Human Development Report 2007/2008: Fighting Climate Change: Human Solidarity in a Divided World." USA: UNDP.

UNDP. 2010. "Gender, Climate Change and Community-Based Adaptation." New York.

Wang, J. and Y. Meng. 2013. "An Analysis of the Drought in Yunnan, China, from a Perspective of Society Drought Severity." *Natural Hazards*, 67 (2): 431-458.

Wang, L. & Chen, W. 2013. "A CMIP5 Multimodel Projection of Future Temperature, Precipitation, and Climatological Drought in China." *International Journal of Climatology*. doi: 10.1002/joc.3822.

WEDO. 2008. "Gender, Climate Change and Human Security: Lessons from Bangladesh, Ghana and Senegal." http://www.wedo.org/wp-content/uploads/hsn-study-final-may-20-2008.pdf.

Wieringa, Saskia. 1994. "Women's Interests and Empowerment: Gender Planning Reconsidered." *International Social Science Journal*, 46: 829-48.

World Bank. 2009. "Addressing the People's Republic of China's Water Scarcity: Recommendations for Selected Water Resource Management Issues." Washington, DC.

Xia, J. & Zhang, L. 2005. "Climate Change and Water Resources Security in NorthChina." In Wagener, T. (ed.), *Regional Hydrological Impacts of Climatic*

Change: Impact Assessment and Decision Making. Wallingford: IAHS Publication. No. 295: 167 - 173.

Yu, F. K., Huang, X. H., Liang, Q. B., Yao, P., Li, X. Y., Liao, Z. Y., ... & Shao, H. B. 2013. "Ecological Water Demand of Regional Vegetation: The Example of the 2010 Severe Drought in Southwest China. Plant Biosystems." *An International Journal Dealing with All Aspects of Plant Biology* (ahead-of-print): 1 - 11.

Yu, M., Li, Q., Hayes, M. J., Svoboda, M. D., & Heim, R. R. 2013. "Are Droughts Becoming More Frequent or Severe in China Based on the Standardized Precipitation Evapotranspiration Index: 1951 - 2010?" *International Journal of Climatology*. doi: 10. 1002/joc. 3701.

Yun, S., Y. Jun, et al. 2012. "Social Perception and Response to the Drought Process: A Case Study of the Drought During 2009 - 2010 in the Qianxi'nan Prefecture of Guizhou Province." *Natural Hazards*, 64 (1): 839 - 851.

Zhang, K. H. & Song, S. 2003. "Rural-urban Migration and Urbanization in China: Evidence From Time-series and Cross-section Analyses." *China Economic Review*, 14 (4): 386 - 400.

Zhang, Linxiu and Liu, Chengfang. 2002. "Gender and Equity Issues in Land Tenure Arrangements in China." Paper prepared for the 1st Social Analysis/Gender Analysis Learning Studies Workshop, Beijing, China. May 8 - 12, funded by IDRC.

Zhang, Linxiu and Chengfang Liu. 2006. "Equality Issues in Land Readjustments in Rural China from Gender Perspective." Paper for the Conference "Women and Land Tenure Policies" by Center for Chinese Agricultural Policy in Chinese Academy of Science, Beijing, China.

Zhao, C., Deng, X., Yuan, Y., Yan, H., & Liang, H. 2013. "Prediction of Drought Risk Based on the WRF Model in Yunnan Province of China." *Advances in Meteorology*. http://dx. doi. org/10. 1155/2013/295856.

Table of Contents & Abstracts

Abstract: This book is about gender analysis of climate change impacts on rural livelihoods. The conceptual framework for the book focuses on four elements of the linkage between gender and climate change in the context of rural livelihoods: gender impact of climate-induced resource shortage like water, and ecosystem; gender impact of climate-induced migration; gender dimension of natural disasters and gender, poverty and climate change. The research is based on case studies in Yunnan to look at gendered vulnerability and adaptation to climate change and to provide evidence and knowledge related to gender and climate change for policy makers. Three relevant analytical frameworks have been applied including Caroline Moser's gender role analysis framework, the framework for gender-aware vulnerability analysis and gender specific adaptation approach. Gender vulnerability in accessing livelihood related resources such as land, water, credit, agricultural technology, extension and training services have been examined, particular women's vulnerability. The different adaptation needs and skills between women and men have been discovered with special focus on women. The book has three sections with ten chapters. The first section is setting context including literature review (chapter one), scoping study (chapter two) and gender assessment on vulnerability and adaptation capacity (chapter three). The second section is about water stress and livelihoods including gendered responses to drought (chapter four), water stress on women's livelihoods (chapter five), gender impact analysis of climate change and adaptation on agriculture and rural livelihoods (chapter six) and women responses to drought and cropping adaptation (chapter seven). The third section is about gender, climate change and migration including policy review (chapter eight), gender, migration and adaptation to climate change (chapter nine) and gender perspective on migration and adaptation (chapter ten). Each chapter has both English title and abstract for non-Chinese readers. Each chapter follows the consistently logical narrative, namely context introduction, research methodology, research findings and policy recommendation.

Section 1 Setting the Context

Abstract: This chapter reviews the literature on climate change and gender including climate change and adaptation, climate change and gender differences, impact of climate changes on women and women's response to climate change based on the review and analysis of existing research, the paper makes conclusion of the research findings as well as specific recommendations for future studies

Abstract: Climate change is increasingly recognized as a major development issue that poses serious threats to agriculture and rural livelihoods security. In rural China and Yunnan context, women are playing crucial roles in agricultural production and livelihood maintenance. But the integration of a gender-sensitive perspective in climate change research and responses is a fairly new concern. There are few references to gender and climate change either in the research field or in the policy framework.

The study attempted to produce an overview of gender analysis of climate change impacts specifically on women and women capacity development to mitigate and adapt to climate change as well. The study explored key sectors where are not only largely relied by women for their livelihoods, but also seriously threatened by climate change in terms of water availability, agriculture and food security, biodiversity and energy security. At last the study discussed a number of important elements of gendered responsibilities in the context of climate change, women's entitlements to livelihood resources and broader socio-economic and environmental trends for a comprehensive gender impacts analysis of climate change, which carry more general implications for understanding gender issues in climate change and for making adaptation policies with gender inclusion at different levels as well.

Abstract: Vulnerability and Adaptive Capacity Assessment (VACA), which is designed to investigate livelihood vulnerability and adaptive capacity in the context of climate change has been conducted in the Upper Salween-Mekong basin in Yunnan Province, China for 1950 households in 65 villages in 2012. This chapter analyses the impacts of climate change and different responses from gender perspectives and explores the factors within the institutional system that enable mitigation and adaptation to climate change impacts with the aim of developing a gender knowledge base and a framework guidance for local policy makers. Improving understanding of vulnerabilities from gender perspectives in the context of climate change may contribute to resilience to change, and, more importantly, support the development of viable strategies and policies for climate change adaptation, and enhance adaptive capacity, especially for women.

Abstract: Yunnan Province in Southwest China suffered from a record-breaking, persistent meteorological drought with an estimated return period greater than 100 years from autumn 2009 to 2012. The farming population was confronted with decreased water availability for crop production. Using a gender perspective, we assess how men and women perceive drought and climate change, and impacted by water shortage. The study focused on two villages in Baoshan Prefecture to explore gender-differentiated perceptions and impacts of drought in Yunnan, as well as men and women's responses to drought in terms of agricultural practices and household water use. Furthermore, we explored gendered roles at the household and community levels, in determining adaptation strategies to water scarcity. We found that government-supported adaptation responses may not be designed to meet women's priority needs, may not be able to fully benefit from women's active contribution to water management, and may serve to strengthen the marginalization of rural women in public affairs.

Chapter 5 Water Stress on Women Livelihoods / 104

Abstract: In the context of climate change, water scarcity is one of the greatest challenges facing mountain people, especially women who are on the front line of climate change impact as primary providers of food, fuel and water for their families. Access to water resource for both productive and domestic use crucial for women in achieving food security and maintaining their household livelihoods. The research, conducting in three villages in Yunnan of China, has proved that women's workloads have been significantly increased due to difficulty accessing water that has further resulted in more pressures on labour shortage for women. Interactions between water scarcity, labour shortage, reduced crop yields, adding the driver of poverty have been increasing risks of women securing food provision and sustaining livelihoods intra household. Some lessons learned from the case study that women's capacity of coping with water stress are limited since water scarcity in surveyed villages is mainly caused by the lack of infrastructure for water storage and the failure of mechanism in place to ensure secure and equitable supply of water for villagers, that need a relatively high level of water resources management beyond women at community level. The chapter finally discussed the importance of addressing women needs to adaption processes at all levels and recommended appropriate adaption strategies to enhance women resilience to climate change in the policy frameworks.

Chapter 6 Gender Impact Analysis of Climate Change and Adaptation on Agriculture and Rural Livelihoods / 131

Abstract: Although China has made great efforts to mitigate climate change influences, strategies and actions to adapt climate change in rural areas are not sufficient, particularly lack of awareness pertaining women's vulnerability and adaptation. Thus, the study was conducted in seven counties of Shanxi Province to analyze climate change impacts specific on women as well as challenges faced by women in response to the change in agriculture and rural livelihoods. The case has improved understanding of the linkages between climate change and gender focusing primarily on women's agricultural livelihoods in rural China.

The study discovered that the reduction or failure of crop production has resulted women's income loss from agriculture. The researchers argued that women's status in their households is likely to be adversely affected due to the lost of their own earnings. The research in Shanxi Province examined that women are modifying their agricultural practices such as introducing drought resistant crops, building irrigation, intercropping, etc. Four suggestions has been made from the study: building climate information system at the community level, improving community-based disaster management and enhancing women's adaptation capacity, which would be helpful for formulating climate change adaptation strategy for rural women.

Chapter 7 Women Responses to Drought and Climate Change and Cropping Adaptation / 155

Abstract: Because of more rural women less opportunity to migration as a livelihood strategy to respond to climate change, the women stay at home to take care of home and doing agriculture work. So climate change result to risk and vulnerability of agriculture, it influences more to women than men. This case study focused on crop production to show the strategies of adaptation in household and community level and make the linkage between gender and adaptation. This research investigate in two villages in Jianchuan county which have 3000 years history on agriculture. It shows that because of climate change, even the pad land or mountain land are short of the water and influence seriously to crop products. It also increases women's labour related collect water to against drought. The research also shows that crop product structure change and good community government are very important strategies of adaption to climate change. In this process, women play the very important role, their agency contribute to community and family to adapted well. The paper also make suggestion to local government to raise the awareness of climate change and promote the good governance in community level to respond well to climate change in crop products.

Section 3 Gender Climate Change and Migration

Chapter 8 Policy Review of Gender, Climate Change and Migration / 181

Abstract: The policy of climate change in China goes hand in hand with the global topics of environmental protection and climate change, matters of interest to the international community. So far, there have not been any of the state policies or documents covering all the topics of climate change, migration and gender. Some sort files like the state policies and documents relating to climate change, or migration, or gender/women development, are uninterruptedly published and readjusted according to the need of socioeconomic development in China.

The policies of climate change published in recent decade in China, are closely related to the strategies of environmental protection, reduction of discharge rate of pollutant and sustainable development. More of migration policies have been yearly published and readjusted according to the state development plan and socioeconomic development stage. And policies and documents relating to gender/women development are closely related to socioeconomic development and timely political progress in China.

Abstract: Researches done in the past proved that "income of the family" and "different views of man and woman" are both playing an important role in farmer's adaptation to climate change. However, no further research ever done about how the family income is distributed, and how the family income distribution impact farmer's adaptation to climate change and how man and woman view differently from their own perspective on this. The paper, based on the research done in Baoshan City during the drought period in Yunnan, is trying to explore the different view of out-migrant farmer and non migrant farmer on the impact of drought, how different family use the remittance during their adaptation to drought; meanwhile, the paper also explore whether the out-migrant brings positive impact to local farmer's adaptation to drought. The research found that: farmer's active participation is the key for local adaptation to drought, income brought back by out-migrant is positive to local farmer's adaptation to drought in an indirect way, man and woman have different view on drought adaptation, and policy makers should take this difference into consideration for a successful policy-making.

Abstract: Migration changes the traditional livelihood strategies and opens a new path for individual subjectivity as well as flexibility and transformation of community. However, as all we know that men and women experience migration differently and the pressures to migrate, destination choices, employment prospects and implication for social relations in migrant sending households all vary by gender. There also are gender specific opportunities and vulnerabilities in the process of climate change related migration. As a result, gender lens to the analysis of climate-induced migration bears significant meaning on its role as a tool of adaptation.

To this extent, a case study based in Yunnan Province, where is a comparative under-developed mountain area in south west China, aims to explore power relations in decision making process regarding migration within the household as well as decisions around adaptation to drought through the use of remittances. At the same time, it also tries to understand if migration and mobility increases the adaptive capacity of women when compared with women from migrant and non-migrant household.

后　记

本书是“喜马拉雅气候变化适应性（HICAP）——适应性中的妇女和性别角色”子项目的研究成果。HICAP项目是国际山地综合发展中心（ICIMOD）、联合国环境署全球资源信息数据库-阿伦达尔中心（Grid-Arendal）、奥斯陆国际气候与环境研究中心（CICERO）和当地伙伴联合开展的合作项目，由挪威政府（the Government of Norway）和瑞典政府（the Government of Sweden）支持。HICAP子项目是国际山地综合发展中心和云南省社会科学院性别与社会发展研究中心的合作研究项目。该项目的主持人为云南省社会科学院性别与社会发展研究中心主任赵群，项目组成员有宣宜、孙大江、张洁、邹雅卉、欧晓鸥、张宏文和吴璟。

国际山地综合发展中心是一个区域性的政府间知识开发及学习中心，为兴都库什-喜马拉雅地区8个成员国（阿富汗、孟加拉国、不丹、中国、印度、缅甸、尼泊尔和巴基斯坦）服务，总部设在尼泊尔首都加德满都。全球化及气候变化对脆弱的山区生态系统的稳定性及山区人民的生活产生越来越大的影响。ICIMOD通过与区域性合作伙伴、机构的合作，帮助山区人民认识并适应这些变化，建立良好的山区生态系统以达到提高山区人民生活水平的目标。

感谢国际山地综合发展中心为本书的出版提供经费，特别感谢中心的社会性别专家Dr. Suman Bisht在本书的策划及章节结构方面给予的指导。感谢全体作者的辛勤工作，为本书贡献了研究成果。衷心感谢在调查过程中给予大力协助的云南省怒江傈僳族自治州、大理白族自治州、迪庆藏族自治州、临沧市、保山市各级政府和相关部门及陕西省相关政府部门。

本书仅代表作者的观点，与国际山地综合发展中心、联合国环境署全球资源信息数据库-阿伦达尔中心、奥斯陆国际气候与环境研究中心无关。本书不包含有关任何国家、领地、城市或地区或其当局的合法地位、边界划定或者对任何产品的支持或认可的观点。

章节作者信息如下：

导论：孙大江（云南省社会科学院）

第一章：赵群（云南省社会科学院）、张宏文（云南省社会科学院）

第二章：孙大江（云南省社会科学院）

第三章：苏宇芳（云南省社会科学院）、刘松（世界农用林业中心）

第四章：苏宇芳（云南省社会科学院）、邹雅卉（云南省社会科学院）、Suman Bisht（国际山地综合发展中心）、Neera Shrestha Pradhan（国际山地综合发展中心）、Andreas Wilkes（创值发展咨询公司）

第五章：孙大江（云南省社会科学院）

第六章：赵惠艳（西北农林科技大学）、胡祖庆（西北农林科技大学）、胡想顺（西北农林科技大学）、董红（西北农林科技大学）、刘淑明（西北农林科技大学）、周占琴（西北农林科技大学）

第七章：赵群（云南省社会科学院）、吴璟（云南省社会科学院）、张宏文（云南省社会科学院）、欧晓鸥（云南省社会科学院）

第八章：张洁（云南省社会科学院）

第九章：邹雅卉（云南省社会科学院）、宣宜（云南省社会科学院）、Soumyadeep Banerjee（国际山地综合发展中心）

第十章：欧晓鸥（云南省社会科学院）、赵群（云南省社会科学院）、Suman Bisht（国际山地综合发展中心）

图书在版编目(CIP)数据

气候变化影响与适应性社会性别分析 / 孙大江等著
. -- 北京 : 社会科学文献出版社, 2016.12
ISBN 978-7-5097-9800-3

Ⅰ. ①气… Ⅱ. ①孙… Ⅲ. ①气候变化-气候影响-研究-中国 Ⅳ. ①P467

中国版本图书馆 CIP 数据核字(2016)第 239184 号

气候变化影响与适应性社会性别分析

著　　者 / 孙大江　赵　群 等

出 版 人 / 谢寿光
项目统筹 / 杨桂凤
责任编辑 / 杨桂凤　吴良良

出　　版 / 社会科学文献出版社 · 社会学编辑部(010)59367159
地址：北京市北三环中路甲29号院华龙大厦　邮编：100029
网址：www.ssap.com.cn
发　　行 / 市场营销中心(010)59367081　59367018
印　　装 / 三河市尚艺印装有限公司

规　　格 / 开 本：787mm×1092mm　1/16
印 张：17.5　字 数：299 千字
版　　次 / 2016年12月第1版　2016年12月第1次印刷
书　　号 / ISBN 978-7-5097-9800-3
定　　价 / 89.00 元

本书如有印装质量问题，请与读者服务中心(010-59367028)联系